学会更聪明地提问

如何提出催化创新的好问题

[英] 山姆·诺尔斯 著
Sam Knowles
翟洪霞 译

ASKING SMARTER QUESTIONS

How to Be an Agent of Insight

新华出版社

图书在版编目（CIP）数据

学会更聪明地提问：如何提出催化创新的好问题 / （英）山姆·诺尔斯著；翟洪霞译 . — 北京：新华出版社，2024. 7. — ISBN 978-7-5166-7468-0

I. B842.5

中国国家版本馆 CIP 数据核字第 2024ST1547 号

Asking Smarter Questions: How To Be an Agent of Insight By Sam Knowles.

Copyright © 2023 by Sam Knowles

Authorized translation from English language edition published by Routledge, an imprint of Taylor & Francis Group LLC. All Rights Reserved.

本书原版由 Taylor & Francis 出版集团旗下 Routledge 出版公司出版，并经其授权翻译出版。版权所有，侵权必究。

East Babel(Beijing)Culture Media Co., Ltd. is authorized to publish and distribute exclusively the Chinese (Simplified Characters) language edition. This edition is authorized for sale throughout Mainland of China. No part of the publication may be reproduced or distributed by any means, or stored in a database or retrieval system, without the prior written permission of the publisher.

本书中文简体翻译版授权由东方巴别塔（北京）文化传媒有限公司独家出版并仅限在中国大陆地区销售。未经出版者书面许可，不得以任何方式复制或发行本书的任何部分。

Copies of this book sold without a Taylor & Francis sticker on the cover are unauthorized and illegal. 本书封面贴有 Taylor & Francis 公司防伪标签，无标签者不得销售。

本书中文简体版权归属于新华出版社和东方巴别塔（北京）文化传媒有限公司

学会更聪明地提问：如何提出催化创新的好问题

作者：	［英］山姆·诺尔斯	译者：	翟洪霞
出版发行：	新华出版社有限责任公司		
	（北京市石景山区京原路 8 号　邮编：100040）		
印刷：	天津鸿景印刷有限公司		
成品尺寸：	145mm×210mm　1/32	印张：	11.5　字数：256 千字
版次：	2024 年 7 月第 1 版	印次：	2024 年 7 月第 1 次印刷
书号：	ISBN 978-7-5166-7468-0	定价：	79.00 元

版权所有 · 侵权必究

如有印刷、装订问题，本公司负责调换。

目录 Contents

序　言　　　　　　　　　　　　　　　　　01

第一章　学会提问有怎样的意义？　　　　001
　　　　　更聪明的问题会带来更聪明、更有用的答案。

第二章　我们能从古希腊哲学家那里学到什么？　045
　　　　　苏格拉底悖论使我们能够提出更多、更好的问题，而不是急于下结论。

第三章　会问"为什么"有多重要？　　　　081
　　　　　明智而敏锐地使用"为什么"是提出更聪明问题的最强有力入手处之一。

第四章　你能一直拥有好奇心吗？　　　　119
　　　　　好奇心是进步和创新的核心，但好奇心的维持需要培养。

第五章　提出好问题的原则是什么？　　　151
　　　　问题需要在合适的环境中构建和提出，提问者也需要从多角度看待问题。

第六章　提出蠢问题的原则是什么？　　　185
　　　　我们可以利用糟糕提问技巧的反面策略来提出更聪明的问题。

第七章　提问者的话是不是太多了？　　　211
　　　　提问者要学会沉默与倾听，才能得到质量更高也更有深度的答案。

第八章　在提问题之前要做多少准备？　　　231
　　　　冷静地制定好计划，安排好问题的顺序，这会给你带来很大的优势。

第九章　如何让对方给出最好的答案？　　　　　257

　　　提问者的目的是用恰到好处的态度引导回答者讲述他们的故事。

第十章　你的问题是否冒犯到他人？　　　　　289

　　　由于既得利益和特权的存在，提问者会存在偏见或假设，从而使问题偏离轨道。

第十一章　最好的问题是什么样的？　　　　　311

　　　没有哪个问题能适用于每种情况，但我们可以利用其普遍原则。

致谢与灵感　　　　　337
更多推荐内容　　　　　341

序 言

油箱空了？

2021年10月底，第26届联合国气候变化大会在格拉斯哥举办前夕，我有条不紊地开启了这本书的创作之旅。当时，我儿子与他女朋友一家在希腊度假。在这个因新型冠状病毒肺炎被一再推迟的假期，他们努力想抓住夏日的最后一缕阳光。我和妻子则在阿普莱姆村的度假屋里待了一周。这个地方紧邻英格兰侏罗纪海岸的莱姆里吉斯镇，她在此阅读、散步或冥想——有时同时进行其中几项——而我在写作。

当世界各国领导人准备研讨低碳化未来时，我们从萨塞克斯郡的大本营出发，开车一路狂飙到阿普莱姆村，100%依靠电力，没有受到最近英国脱欧后困扰约翰逊政府的燃料分配危机的影响。我们的自鸣得意并没有持续多久。虽然多塞特郡的生命和能源已经存在了很久——莱姆里吉斯博物馆夸口自己有"1.85亿年的历史"，还用喷砂工艺把这句话写在了面朝大海的玻璃窗上——但从某种程度上讲，这个地方在绿色能源革命方面还有很长的路要走。来的路上，为了给车充电，我们好不容易才找到几个充电站，可是它们都被当地的环保出租车占用了。在此之前，我们已有两年多没使用过汽油，当我们发现似乎无法在莱姆里吉斯镇轻松充电时，本来早已消除了的困扰电动车新手的"里程焦虑"又涌上心头。

最终，我们在镇子的高处找到了一个大停车场，那里有四个充电点，其中三个已经被占用。我们迅速倒车入位，连上充电枪，下载又一个新的应用程序来接入这里的国家电网。几分钟后，我们到了一家小酒馆，这里可以俯瞰电影《法国中尉的女人》(The French Lieutenant's Woman)取景的防波堤。在这家小酒馆的院子里，我们的"里程焦虑"消除了，因为第二天我们的车子肯定会有充足的电量，使我们能够去拜访身处离此不远的萨默塞特郡的朋友。夜幕降临后很久，我们在峭壁旁用当地的啤酒和杜松子酒暖了暖身子，之后才沿着陡峭的山路回山上的住处，与我们沉默的座驾"伊里斯"[①]挥手告别。我计划第二天早上再来取车，顺便到城里跑一跑。

第二天一大早，夜色尚浓，黑色的夜空中夹杂着斑驳的煤灰色。我穿上高可见度运动背心，戴上头灯，一路走回山下的莱姆里吉斯镇。我来到海边，在小镇边缘的沿海路上跑了一公里多。风吹拂着我的后背，一直推着我往前，我感觉这个速度已经很快了。然后，一个、两个、三个、四个跑步者从我身边掠过。不一会儿，他们就到达终点，然后又转过身逆着风往回跑。风抽打在他们脸上，把他

[①] 在爱德华时代早期，我的伯祖父盖伊（Guy）创办了英国最早的汽车公司之一——伊里斯汽车有限公司（Iris Cars Ltd.）。——作者注

序　言

们的头发吹得四处翻飞。"往回跑更难！"不止一个人笑容满面地对我喊话。

我是无意中闯入了莱姆里吉斯镇的周日传统活动吗？在我的家乡刘易斯镇，人们会沿着十几条从主要商业街呈弧形延展出来的小巷慢跑。多塞特郡也有类似的街巷跑步活动吗？

在完成取回充电汽车的任务途中，我顺便奖励自己运动了一下。难道我一不小心参加了一个临时的慈善乐跑活动吗？还是说这是周日的公园跑步活动？

跑步者越来越多。有些人超了我一圈，有些人被我飞快地甩在了后面，更多人是和我并驾齐驱。这次活动是有组织的、被赞助的，还是某种快闪活动呢？

对实际情况一无所知的我——而且还是以客场身份加入的——盲目乐观地对其他跑步者进行的这些猜想，究竟是猜对了还是猜错了呢？

还是说，我只是某支随机的"恐龙小队"的一个成员，正在侏罗纪海岸上没头没脑地跑来跑去？

跑了五公里后，我停了下来。在回山的半路上，我是有机会找到答案的。经过一夜充电，停车场里的伊里斯已经"喝"得饱饱的了。我在这里遇到四五个跑友，有的在聊天，有的在喝咖啡，有的正要上车离开。我本来可以趁机问问他们，

> 我询问就是想了解啊。
> 但如果你碰巧聋又哑，
> 还完全听不懂我的话，
> 至少挥挥手示意我吧。
>
> 《希腊悲剧片段》
> 阿尔弗雷德·爱德华·豪斯曼
> （Alfred Edward Housman）

- 03 -

但我没有。我通常按照豪斯曼的《希腊悲剧片段》(*Fragment of a Greek Tragedy*)一诗给出的指导意见行事，但这次，像我这样一个通常充满好奇心的家伙竟一反常态，直接上车，开车回了山上。

正如很多时候一样，某个没问出口的问题会一直困扰我们，像挠不到的痒一般。一个进行学习，多了解来龙去脉、少进行主观猜测的机会就被剥夺了。我决心弥补自己的错误。当然，理解这个世界需要通过某种框架，那么这个框架可以是"提出问题、提出更好的问题、提出更聪明的问题"吗？

人们整天都在做什么？

那天的晚些时候（当时我还没有开始对两年的笔记进行为期一周的艰苦筛选并正式开启这本书的创作），我和妻子开车去了朋友露西和卢卡斯的家。他们住在萨默塞特郡平原区的中心，与我们相识已经超过35年了。他们原来是我们的大学同学，毕业后在伦敦生活了十多年。我们通常不到一个星期就会见一面，最长也不会超过一个月。后来，由于生活的变迁，尤其是那场讨厌的传染病大流行的影响，我们已经三年多没见了。

我们开车要去看的朋友们……在忙些什么呢？烹饪？用各处搜集来的食物开设烹饪大师班？还是开设一个意大利面厨房，在那可恶的、被封锁的几个月里为英国国家医疗服务体系（National Health Service，NHS）的工作人员供餐？我想，我们通常并不知道最亲密的朋友是怎样生活的，特别是像露西和卢卡斯这样有趣的和有创造力的人。卢卡斯曾在《星期日泰晤士报时尚特刊》(Sunday Times Style) 从事了 20 年编辑工作，负责非时尚部分的内容，担任阿德里安·安东尼·吉尔的美食评论编辑（更像是共同创作）长达十年，还撰写了《好吃的东西》(Good Things To Eat) 一书——这是我最喜欢的烹饪书之一。后来，露西和卢卡斯一起搬到了萨默塞特郡，开始……做什么呢？与食物有关的事情？很多与食物有关的事情？我决定当天和他们一起吃午饭的时候要好好弄清楚。

我记得卢卡斯曾经在某年圣诞节前的一期《时尚特刊》上写过一篇关于如何完美烹饪鹅肉的文章。写这篇文章之前，在 12 月之前的 20 个星期，他每个星期都会烹饪一只鹅。随着圣诞节越来越近，鹅也越来越肥，经过不断调整，他对烹饪时间的掌握也愈发炉火纯青。但是，20 次？就为了做好一只鹅？这未免太夸张了。还有一次，为了制作马卡龙，他休假三个月，专门跑到巴黎去学习，仅仅为了把那些五颜六色、以蛋白霜为基础的甜点做得外壳坚硬而中间有嚼劲。

现在的我很贪吃。我喜欢食物，乐于尝试新的食物，因此我有足够强大的动力，非常想更多地了解我的美食家朋友们整天在做什么。然而，我对他们的生活一无所知到令人尴尬。我有一本很喜欢的童书，它是在我出生那年出版的。最初正是这本书激起了我的好奇心，让我想更多地了解身边最亲近的人的生活。理查德·斯凯瑞的《忙忙碌碌镇》(What Do People Do All Day) 是我一岁生日时收到的礼物，来自我生活在美国的家人。从山羊农夫阿乐发到狐狸铁匠黑煤球，从兔子裁缝针线飞到开杂货店的杂货猫一家，这本书歌颂了从工作中寻找目标的世界，大胆地宣布"每个人都是劳动者"。这是一本领先于

-05-

时代的书，真正提出了一个聪明的问题①。

那些在大城市工作或从事法律工作的朋友并不是这样的。我早就发现这些职业很神秘，令人迷惑且费解。大学刚毕业的那几年，我经常与一些金融界的幼鸟和法律界的雏鹰"厮杀"到深夜。我有几个熟识的朋友进入了这些新鲜又深奥的领域。为了了解他们的工作，我与他们问答式地讨论了很久，结果也是徒劳。我逐渐长大并融入这个世界，也经历了中学和大学，因此我对同龄人的日常生活了解得非常多，以至于在成年后，当我发现自己无法理解他们的生活时，我感觉这是一种失败。但我发现了解我的朋友们越来越难了，特别是那些从事金融和法律工作的朋友。

知识的诅咒

哈佛大学心理学家史蒂芬·平克在过去的25年里写了大量科普畅销书，其内容从语言学的学术中心地带转移到我们的思维方式，从人类本性转移到理性。他最形而上的作品当属《风格感觉：21世纪写作指南》(*The Sense of Style: The Thinking Person's Guide to Writing in the 21st Century*)，这可能是他的作品中最优雅、读者最少、适用最广泛的一部。在这本书中，平克用了很大的篇幅来描写、详述一种陈述性和说明性的失礼行为，并劝阻人们不要使用它。平克称之为"知识

---

① 《忙忙碌碌镇》的英文书名直译为"人们整天都在做什么？"。——编注（除非另有说明，本书脚注均为编注）

的诅咒"。他对该现象的简要定义是:"难以想象自己所知道的事情在不知道这件事的人看来是什么样子。"这既是信息不对称的原因,也是其结果,说明说话的人根本不懂得换位思考。那些犯了这个错误的人没有停下来问:"听众是哪些人?他们对我的专业领域了解多少?"

"知识的诅咒"这个概念最早出现在1989年的《政治经济学杂志》(Journal of Political Economy)上。科林·凯莫勒和他的合著者违反了"诅咒"原则,他们的文章采用了一种令人愉快的玄妙的表达方式。

> 在信息不对称的市场经济活动分析中,人们会假设拥有信息较多的一方能预测拥有信息较少的一方的判断。我们讨论认为这一假设是一种习惯性的认知偏误,并将它称作"知识的诅咒"。拥有信息较多的一方无法忽视某些只有他们才拥有的信息,即使忽略这些信息会让他们在决策中更有利。拥有信息越多并不一定就越好。

尽管这篇论文局限于它所关注的现象,但它仍然是一条重要的象征性界限(或许也正是因为这种局限性)。在我写这本书的时候,这篇论文在其他学术论文中被引用了近400次;在所有同行评议的文章中,它的覆盖面和影响力位居前1%。在凯莫勒等人明确指出这一"诅咒"原则的第二年,斯坦福大学心理学家伊丽莎白·牛顿使这个概念更加具体和真实了。她在1990年的博士论文中描述了一系列的实验,其中参与者被分成敲击者和听猜者两组。实验中,敲击者被要

学会更聪明地提问

求敲击出一首知名曲子的节奏，而听猜者则负责根据敲击的节奏猜出正确的歌名。这对听猜者来说是一项棘手的任务，因为如果没有音高、音调和频率的提示，他们就很难识别出这些曲子。

在实验之前，敲击者认为听猜者有 50% 的概率能正确猜出他们敲击的曲子。然而事实上，听猜者只猜出了 2.5% 的曲子。由于"知识的诅咒"的存在，敲击者大大高估了听猜者的能力，误差竟有 20 倍之多。当敲击者敲击曲子的节奏时，他们的脑海中会自然响起这首歌。因为敲击者一定知道自己所敲击的切分音节拍，所以他们下意识地认为其他人也会知道。他们受限于认知捷径，出现了后见之明偏差（Hindsight Bias）[1]。其实敲击者错得很离谱。正如平克在他对作者的告诫性意见中总结的那样："'知识的诅咒'意味着我们更有可能高估而不是低估普通读者对我们这个小世界的熟悉程度。"

平克指出了那些最有可能遭受"诅咒"的知识经济工作者的类别：学者、研究人员、分析人员（在其熟悉的领域）、政府官员、科学家、律师，以及金融工作者。事实上，他甚至认为整个法律和金融服务行业都是建立在"知识的诅咒"基础之上的。在这些领域工作的人通过使用有意设计的行业术语、流行语、首字母缩略词和首字母缩写词来赚钱，就是为了让外行人看不懂。

每当我试图问那些从事法律或金融工作的人他们整天都在做什么时，我都觉得自己像英国政府召开的新型冠状病毒肺炎疫情新闻发布会上的记者。我总是觉得自己没有一个装满聪明问题的脑袋，

---

[1] 人们在事后表现出自己在事前就已预测到结果的倾向。

可以用来了解他们的世界，哪怕是其中最基本的内容。在一定程度上，这件事也促使我决定在第一本书《用数据讲故事》（Narrative by Numbers）中把"警惕知识的诅咒"列为数据叙事的六条黄金法则之一。

咫尺天涯

21世纪的头五年里，我在萨塞克斯大学攻读实验心理学的硕士和博士学位。这是我一生中最紧张和最持久的学术时期。为我成为一个数据叙事者奠定基础的正是我在这段时间度过的生活、所受的教育和从事的研究，而不是后来我对优秀实践案例的日常观察。

我所在的研究团队由优秀的西奥多拉·杜卡教授带领。这个6人团队中既有博士生也有博士后研究人员，我们所从事的工作都属于人类精神药理学这一相当狭窄的学科领域。我们都在研究一些问题，试图了解人为什么会喝酒、抽烟或嗑药（往往无视其明显的负面后果）以及我们如何通过对行为心理学的研究来帮助减少这些行为的风险和伤害。

我懵懂地开始了博士阶段的学习。那时候我只知道不同药物对大脑、心灵和身体的影响方式是不同的。不过，我乐观地认为，我作为某个研究群体的一员，与其他成员在相关但不同的精神药理学领域进行研究，会给我的研究带来可靠而有意义的捷径和交叉融合。虽然我与团队成员经常在普通本科知识学习的基础上进行有趣的对话，但令我感到失望的是，酒精、尼古丁以及亚甲二氧基甲基苯丙胺

（MDMA）[①]的专业化划分意味着各个领域之间重叠的地方非常少。专业化的领域中很快就会产生专业术语和独特的思维方式，也就是它自身的"知识的诅咒"。很快，我就发现我那些不需要大量新知识的聪明问题都问完了。

数据的力量和潜能

我们所处的大数据时代有巨大的潜力，可以帮助我们为那些表面上看起来越来越难找到的问题开发解决方案。现在正是一个大海捞针的时代。在使用大数据集，或者更正确地说，在使用解决我们今天处理的具体问题所需要的那一小部分大数据时，我们面临的挑战存在于三个层面：

1. 我们需要利用和调动正确的数据来讲述正确的故事，从而推动他人采取行动。
2. 我们需要将这些故事建立在有意义的、富含数据的洞察力，即对人、问题、话题或事物有深刻而有益的理解之上。
3. 我们需要提出更聪明的问题以获得这种洞察力。更聪明的问题会通过一种通用的语言将各个群体联结在一起，而不是造成分裂。更聪明的问题不仅能绕开"知识的诅咒"，而且能像避开瘟疫一样避开它，使敲击者和听猜者在对世界

[①] 人工合成毒品的主要有效成分之一。

的理解上更加接近。更聪明的问题能够使人们相互理解——从事截然不同工作的亲密朋友（当然其中也包括律师和会计师）之间如此，对近到同一部门的同事、远到世界另一端我们从未见过的人来说也是如此。更聪明的问题使我们能够充分利用偶遇的机会，无论是在假日跑步途中，还是在海滨小镇多塞特郡的汽车充电站里。

根据我的经验，愚蠢的问题和不当的数据使用会导致糟糕的结果。在过去九年中，我带领我的数据叙事咨询公司 Insight Agents 开展工作时一直牢记这一点。我曾经说过，我的目的是：让各个公司更有效地进行沟通；让人们在讲故事时合理运用数据，同时听起来仍然像正常人说话；让人们使用最不寻常也最精致的企业用语——人话。

这些都是我和我的团队为客户工作时需要得到的重要结果。但现在我们的任务更清楚、更简单了：帮助各种类型的组织结构更聪明地使用数据。更聪明地使用数据要求我们提出更聪明的问题。更聪明的问题使我们能够收集到需要使用的数据，从而对我们想要影响之人的生活提出真正有洞察力的见解。有了这些洞察力，并遵守数据叙事的黄金法则，我们就可以在相关数据的支持下，讲述更有力量、更有针对性、更有说服力的故事。

事实证明，我写书的顺序出了点问题。我的数据叙事经历始于 2018 年，《用数据讲故事》出版了；随后我提出了洞察力思维模型——STEP 洞察力棱镜框架™（the STEP Prism of Insight™）；两年后，《如何拥有洞察力》（*How To Be Insightful*）在新型冠状病毒肺炎疫情期间出版了。现在这本书也出版了，我终于补上了第一步。但我希望历史是仁慈的，希望你们，亲爱的读者，能从整体上看到"更聪明地使用数据"三部曲的三本书之间的联系和交叉，并忽略这些书首次出版的顺序与时间的不同步。可以想象一下，这就像你到一个餐厅用餐时先吃甜点，然后是主菜，最后是开胃菜。这实际上是一件很有趣的事情。

在力求找到最聪明的问题时，我们可以通过提出问题来理解这个世界——从琐碎的日常小事到世界上最重大的问题，从尽量减少新型冠状病毒肺炎疫情的影响到减轻人为造成的气候变化带来的破坏。我在这个领域已经深耕了很久。我遵循了我的洞察力模型中"苦思"或好奇心阶段的那些原则。实际上——剧透警告——事实证明，好奇心是支撑我们提出更聪明问题的最重要的原则之一。

因此，除了对与这个主题相关或不相关的内容进行了广泛而深入的阅读之外，我还有幸与许多成功人士进行了交谈。这些人在职业和个人方面获得成功的关键在于他们能想出更聪明的问题、问出更聪明的问题，并分析出这些问题的答案。他们来自各行各业，有科学家、警察、记者、医生、禅僧、培训师、市场调研员、冲突调解员、律师、顶级销售员，等等。我非常感谢他们给我的时间、耐心和洞察力。在本书中，上述所有人以及更多的人会陆续登场。通过他们的故事，我力求建立和编写最优方案，即ASQ（Asking Smarter Questions，提出更聪明的问题）的普遍适用原则，以及介绍如何将问题和提问当作更好地驾驭我们这个嘈杂世界的基础，如何更聪明地使用数据。

我并不会假装已经与我涉猎的每个领域内的代表专家都进行了交

序　言

谈。并非每位记者都使用《每日邮报》的简·弗莱尔爱用的写作技巧，并非每位医生都采用詹姆斯·刘易斯医生爱用的问询策略。而在探索的过程中，我发现让人吃惊的不仅是聪明问题的范围很广、类型很多，还有这些问题组合在一起时发生的情况。对面临截稿期限的专栏作家，以及面临只有10分钟的时间来准备、执行、总结和记录某位患者预约问诊压力的全科医生来说，最重要的是要天真地或假装天真地像神探可伦坡[①]那样提出问题——当患者站起身把手放在门上准备离开时，问他"还有什么事令你感到困扰吗？"，就好像要揭示一个严重的、隐藏的健康问题。这就类似于问一位明星"还发生了别的什么事情吗？"，就好像在鼓励他揭露一件能占据头版头条的社交活动事件。可伦坡式问题是这样提问的："还有一件事……有什么我应该问你但还没有问的事情吗？"

我相信，本书指出的这些更聪明的问题能帮助你获得了解这个世界所需要的信息——帮助你培养更好的洞察力和理解力，讲述更有说服力的故事，而这些故事基于真正的、由数据驱动的洞察力。这些故事发生在你的职业生活中、你的个人生活中和你的情感生活中。理解力取决于共情力，因为只有换位思考、设身处地为他人着想，我们才能真正理解他人的感受。这种独特的人类能力完全依赖证据、信息，或者用我们21世纪20年代的说法，依赖数据。获得正确的数据则要从提出更聪明的问题开始。

谢谢，一如既往地感谢你们的关照。

[①] 美国1968年电视剧《神探可伦坡》（*Columbo*）的主人公。

第一章

学会提问有怎样的意义?

更聪明的问题会带来更聪明、更有用的答案。

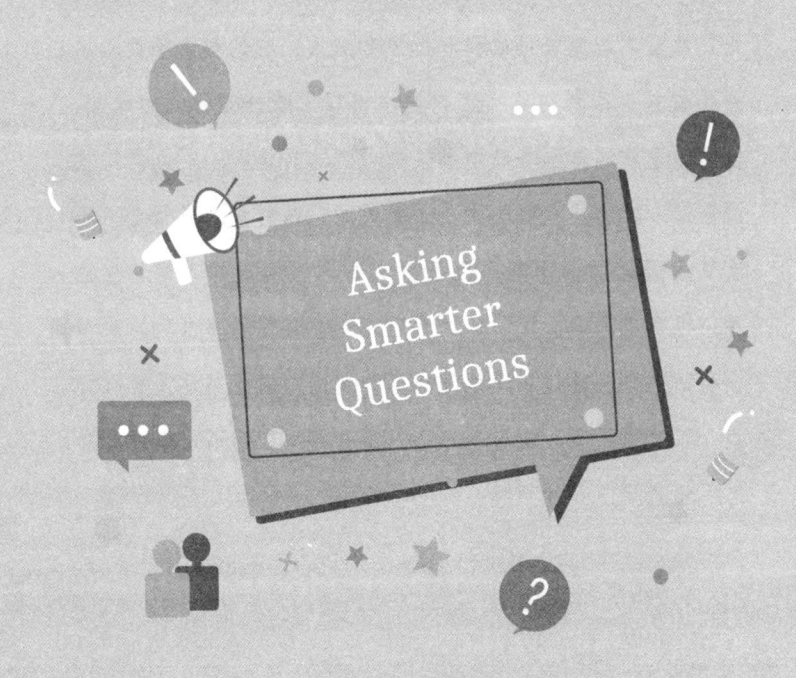

提出更聪明的问题很重要，因为更聪明的问题会带来更聪明、更有用的答案。在我们这个两极分化和话语断裂日益严重的世界里，我们需要召集尽可能多的政治写手来弥合我们的意见分歧。成熟的全球资本主义体系固有的不平等在富人和穷人之间插入了"楔子"——先是21世纪初的全球经济衰退，然后是国家强制的财政紧缩政策。这些"楔子"造成了一道鸿沟，进而引发了极右翼的崛起，激起了支持英国脱欧和特朗普当选的浪潮。

两极分化与不和谐的情况被社交媒体平台以及大科技公司那些由广告商资助的模型加剧和放大，它们根本不关心用户的权益。尽管在第一次封控中出现了亲社会行为的绿芽，但新型冠状病毒肺炎疫情并没有减缓这种情况。对立的双方像巨魔一样潜伏在阴影中，大喊大叫，逃避责难或指责，不去提出更聪明的问题，也不去听取这些问题的答案。在这种"谁声音大谁有理"的有毒氛围中，我们要将自己从深渊中拉回来只能通过建设性的对话和适度的斯多葛学派思维方式，即接受我们只能控制自己对事件的反应而不是事件本身这一现实。

有史以来最好的考题?

结束了第一轮正规教育后的30多年里,我在工作中遇到五六个会在听取同事、客户或合作者的简报时使用"考题"这个词语的人。他们介于"热衷于复习所有知识并为各种可能的情况做好准备的勤奋学霸"和"只想专注于确保考试通过所需的少量信息的懒惰学渣"之间。他们会问对方:"考题是什么?"

我喜欢这个问题,并且一直喜欢与提出这个问题的人一起工作。我更像是一个勤奋学霸,而不是一个懒惰学渣,我是一个靠考试而不是持续评估[①]逐渐成长的人。公平地说,在中学和大学里,考试是我的唯一选择。因此,每当听到有人使用这个词语时,我就会进入战时状态。我已经准备好认真参与,这需要:(1)从某个相对无知的点开始;(2)通过逐步提出更有见地的问题,寻找关于某个主题或议题的证据和数据;(3)筛选、分类和选择信息,随后进行观察,然后获得

[①] 如果学生接受对其学业的持续评估,那么他们获得学历的资格将部分或全部取决于他们的学习成果,而不是考试成绩。

洞察力，使事情在这个过程中变得越来越明朗；（4）将输入的信息进行重新包装和重新排序，使其变成易理解、有创造性的解决方案，以解决为我们设置的考题。

事实上，有史以来最好的考题可能是杜撰的。但就像很多虚构的故事一样，它也是为了提出一个好的观点。20世纪50年代末，我已故的父亲肯尼斯负责管理牛津大学经济和统计研究所。虽然他从来没有对他的众多妻子或孩子提起，但他实际上将布莱切利园——英国密码破译者的秘密基地——当作这个研究所及其求知文化的模型。正是在布莱切利，艾伦·图灵等人破解了第二次世界大战前夕和战争期间德国恩尼格玛密码机发送的军事情报密码。直到我的父亲去世20多年后，他在牛津大学的前同事阿萨·布里格斯才透露了他曾在布莱切利工作的事。

我的父亲肯尼斯不仅撰写了世界上第一本关于工业不和谐的书《罢工》(Strikes)，还积极向政治家（通常是英国工党政治家）及其公务人员提供关于如何更好地与工会组织合作的建议。他参与推动了一个（可能是单向的）渐进式交流项目，迎接了来自北京大学的高级数学研究人员。我记得他在20世纪70年代初退休后还讲过三个关于两位来访数学家的故事。

第一个故事是关于一位中国女学者的。经过一个月的默默观察，她在一个早上信心十足地大声宣布，如果不以10为基数而是以6为基数计算，即采用所谓的六进制，这个世界会更有意义。她的理由是什么？"因为那是一朵莲花上花瓣的数量。"这超出了肯尼斯的数学能力，而且他被这位学者的热情和有点儿异想天开的理由吓了一跳。

第一章　学会提问有怎样的意义?

于是他问研究所排名最高的计算天才——戴维·钱珀瑙恩对此有何看法。20世纪30年代初,钱珀瑙恩曾与图灵一起在剑桥大学国王学院攻读博士学位。钱珀瑙恩在读本科的时候就发表了他的第一篇论文,论述了钱珀瑙恩常数——数字0.1234567891011。他也曾在布莱切利工作过。令肯尼斯大吃一惊的是,钱珀瑙恩宣称:"她说得很对,你知道吗?六进制的生活会轻松得多。"

在第二个故事中,肯尼斯被中国人的礼尚往来和平安到家原则弄得晕头转向。同另一位交流教授在北牛津的家中吃完晚饭后,肯尼斯送他回家。这位中国学者——他的英语非常好——立即告诉肯尼斯,他现在必须送肯尼斯回家以感谢肯尼斯送他回家。这样来来回回了两三次,最后天都快亮了,肯尼斯终于屈服了,在自己家门口与他的客人告别。尽管已经很疲惫了,但他还是希望自己没有犯下不可原谅的错误。显然是没有的。

第三个故事,考试季的时候肯尼斯问那位倡导以6为基数的"莲花学者",她在中国大学的统计学专业期末论文中看到的最难的和最好的问题是什么。"啊!这很容易回答!"她说,"但不仅仅是统计学。不管学的是什么专业,每个本科生在结束四年的学习时都必须按要求回答这样一个问题:'把你学到的都写下来。'"据她说,考生有九个小时的时间来完成这道题,其中包括两次上厕所和两次吃饭的时间。

起初肯尼斯认为这场九小时的马拉松式考试是一种折磨,就像《耐力》(*Endurance*)或《鱿鱼游戏:大挑战》(*Squid Game*)测试版的早期冠军争夺赛那样,只不过这种电视真人秀节目在那时还没有崛起,或者说还只是一个崛起中的未成形的想法。但是,他越是与北京的学者和研究所的其他同事谈论这个问题，就越意识到这是一道多么出色的考题。能够出色回答这个命令式问题的考生并不是那些列举了一页又一页事实的人。考官和校领导根本不是想要了解学生掌握了自己的学位课程的哪些内容，因为他们答过的具体科目的试卷已经考察了这些内容。

"把你学到的都写下来"是为了测试学生的认识论——他们自己的知识理论，以及他们如何构建他们在技术科目、人际交往能力、情感、自然、社会，当然还有公民义务等领域获得的知识。"莲花学者"表示，那些理解了问题的真正意义和重要性，以及为什么要回答这个问题的学生有很大的发挥空间。而那些把这个问题曲解为要求他们展示在期末复习时死记硬背的所有事实和数据的学生则很难给出好的答案。

随着我逐渐长大，在学校参加了各种测验和考试，肯尼斯也退休了——至少从他在牛津大学的学术性日常工作中退下来了。在他人生的最后20年左右，他专注于在玻璃（通常是教堂的窗户）上进行纪念雕刻，还不断创造一些神秘字体。肯尼斯每天都在我们家后花园的工作室里花6个小时以上的时间做这些事，所以他在我的生活中非常有存在感。他也非常乐意在教育方面给予我指导和鼓励，但他对学习的热情和无法抑制的好奇心却让我对阅读失去了兴趣。直到他于1988年去世后，我对阅读的兴趣才重新燃起。"你必须读读这个！""你还没有读那个吗？""你肯定读过另一本吧？"他在餐桌上不断说出这些话，让我陷入恐慌。我就像被车灯照射的兔子一样，紧张到什么也读不进去。除此以外，他对我的探索精神和好奇心的影响是净正面的，纯粹净正面的。

第一章　学会提问有怎样的意义？

每当我的考试迫在眉睫的时候，肯尼斯对我通常都是一副放任自由、无拘无束的态度。他有六个（也可能是七个？但这是另一个故事了）孩子，由四个（或五个）妻子所生，分别出生于1933年至1967年，而我是其中最小的一个孩子。所以他已经什么都见过了。肯尼斯本身就是一个成功的学生，后来还成为许多成功学生的家长，而且作为一个退休学者，他又帮助了很多成功的学生，因此他掌握了一个简单而可靠的考试成功公式。这个公式可以总结成三个简单的首字母缩写词，RTQ（Read The Question）、RTFQ（Read The Flipping Question）和 RTFQA（Read The Flipping Question Again）：读问题，读这该死的问题，再读一遍这该死的问题。尽管随着时间的推移，"该死"听起来变得愈发搞笑，没有了骂人的语气，但RTFQA已经成为有力的家庭箴言和诀窍。直到今天，当我的儿子去考场时，无论是真实的考场还是虚拟的考场，我都会与他分享这个秘诀。

当肯尼斯了解到我有内在动力时，当他观察到我是"RTFQA俱乐部"的"签约成员"时，当他看到我可以规划好复习时间表并开始在考试中取得好成绩时，他就知道他可以放下压力了。虽然也有一次例外。

鼠标、幽灵和吃豆人的故事

在我第一次参加公开统考之前，即在我16岁读十一年级时参加普通水准教育证书（O-level）考试之前，肯尼斯逐渐发现我经常熬夜到很晚。但我不是在为考试临时抱佛脚，而是在写代码，也就是

20世纪80年代初我们所说的编程。当时的我经过一段节衣缩食、乞讨和借贷的生活，在一年前买到了一台由克里夫·辛克莱爵士发明的ZX Spectrum计算机。我当时已经是一个崭露头角的语言学家，很快就学会了BASIC语言和机器代码，并痴迷于通过编程解决问题。我甚至开始通过在当时的青少年杂志《大众计算机周刊》(*Popular Computing Weekly*)上发表我的程序打印稿来赚点儿钱。

我变得雄心勃勃（鉴于我的O-level考试即将到来，这也许有点儿大言不惭了）并开始制作《吃豆人》(*Pac-Man*)游戏。我不知道你或你的家人是否有过编程（或写代码）的经历。我想说的是，编程或写代码就像游戏一样，能够让你不知不觉地花掉几个小时、几天和几周的时间，就像吃豆人一路啃食迷宫里的点。据我所知，这两件事都是通往米哈里·契克森米哈赖提出的最佳"心流"体验知识状态的最快途径——至少在我开始在萨塞克斯的丘陵地跑步之前，我是这么认为的。

在游戏中，你"只需要"闯关——回答由游戏和关卡设计者以及叙述和表演编剧设置的越来越聪明的问题。杀死蜘蛛，吃掉硬币，然后升级。在编程方面，你"只需要"通过一些往往语法使用不当、句子成分不完整的语言说服计算机做一些你想让它做的事情。这些语言是由人类设计的，而它控制的硬件同样也是由人类设计的。与人类语言比起来，计算机语言毫无用处；同样，与人脑比起来，计算机也是毫无用处的：人脑是地球上迄今已发明出来的最强大的超级计算机，而人类的语言是迄今已发明出来的最具灵活性、匹配性和重组性的系统。比起计算机和计算机语言——特别是ZX Spectrum计算机和

Sinclair BASIC 语言——大脑和人类语言的复杂程度要高出几个数量级。不过你应该能明白我的意思。

在我参加第一场 O-level 考试前几天的一个晚上，肯尼斯在午夜过后准备睡觉时，看到台灯发出的光亮穿过我卧室门下的缝隙洒在了门外的地板上。他轻轻地敲了敲门，问我在做什么。我试图关掉连接在计算机上的便携式电视，把一大本教材打开，放在键盘上，装模作样地翻到一个似乎值得看的页面。但我还没弄好就被父亲看穿了。他生气地抱怨了几句，说"我们真的都该睡觉了"。然后我就坦白了。

还差一个关键点，我制作的这版《吃豆人》就要完成了。为了使游戏具有挑战性，我需要让四个幽灵——美国版本中的名字为英奇（Inky）、克莱德（Clyde）、平齐（Pinky）和布灵奇（Blinky），日本南梦宫公司原版中的名字为善变者（Fickle）、追逐者（Chaser）、伏击者（Ambusher）和愚笨者（Stupid）——追捕那张一直在吞食圆点和樱桃的黄色嘴巴。麻烦的是，我写的控制幽灵移动的子程序过于好用了。"追逐者"和"伏击者"较多，"善变者"和"愚笨者"很少。事实上，我的程序写得"太好了"，以至于几秒钟内就出现了"游戏结束"几个大字。你瞧，我的幽灵竟然可以穿墙漂移。

肯尼斯那亨利八世般高大威武的身躯严严实实地挡在我卧室的门口。他若有所思地在那里站了几分钟，然后脸上显出了笑意。他先是扬起嘴角，然后露出宽厚而温暖的笑容。他完全不懂 Sinclair BASIC 语言，但他懂一点儿人工智能和很多逻辑知识。他问了我这样一个问题："如果你并不相信有幽灵，那么它们的基本特征是什么？"我想，这可真是跟我谈哲学的"好时候"，现在我最不需要的就是让这个内心信奉苏格拉底的前古典主义者问我关于幽灵的柏拉图形态之类的问题。暴躁、疲惫，以及因为没能让计算机屈服于我的意志而积压了一个星期的挫折感都涌了上来。于是我开始胡诌："它们是透明的，你的视线能穿过它们；如果它们穿过你，你会感到寒冷；它们喜欢万圣节，会发出'哇哦，呜呜呜'的声音……这有什么用吗？"

"继续说。"肯尼斯催促道。

"哦，我不知道……它们能毫不费力地穿墙漂移？"

"对了！你买的那个版本的《吃豆人》不能让幽灵穿墙，但你的版本可以。你的版本更加真实。只要在幽灵的移动方式中加入一点儿随机性——构造一种算法，让它们追赶玩家，但又会突然以一种非常轻飘飘的、类似幽灵的方式游走——你的版本就会更加真实。或者至少更像你试图创造的世界。哦，还有一件事。你为什么不把它留到考试之后再做呢？"

我觉得自己就像戴着锡拉库扎国王那顶银制而非金制的王冠洗澡的阿基米德——我找到方法了！最后，我不顾父亲的建议，又熬了几个小时，重写了子程序，添加了时基误差，然后用 ZX 打印机把代码打印在臭烘烘的银箔纸上，把副本保存在一盘发出刺耳声响的磁带上，还打包了一个包裹——凌晨 3 点之前，我把这些都做完了。我只睡了一小会儿，但醒来时精神焕发。和父亲一起吃完早餐后，我提前十分钟出门，把包裹寄给了《大众计算机周刊》。在暑假初期，考试顺利通过后，我获得了杂志社的"本周最佳游戏"奖，并得到了 40 英镑的报酬。我做到这些都是因为肯尼斯与我试图解决的问题有一定的距离——这是我对外部顾问视角的最早体验——这使他能够提出一个更聪明的问题。谢谢你，爸爸。

话语断裂时代中更聪明的问题

《摇滚万岁》(This is Spɪnäl Tap)是一部具有开创性的纪录片——哦，应该说是一部开创性的摇滚乐纪录片——它有着电影史上最精彩的墓地场景。纪录片中，该乐队正在举办全美巡回演唱会。这次演出成败攸关，可他们遇到的麻烦总是一波未平，一波又起。演出不是场次被削减就是规模缩水；新专辑《闻手套》(Smell the Glove)因为封面图像有性别歧视意味而被禁止发行；因为印在餐巾纸上的设计图里有一个简单的符号错误，18' 被写成了 18"，所以舞台布景的巨石阵尺寸只有原定的十二分之一，18 英尺（约 5.5 米）的高度被做成了 18 英寸（约 0.46 米）。经纪人伊恩·费思带来坏消息的时候，总是貌似随意地低声咕哝，比如："波士顿的演出被取消了。但我并不担心。反正那个大学城规模也不大。"

为了鼓舞士气，费思安排乐队去参观猫王埃尔维斯·普雷斯利的故居兼墓地——优雅园(Graceland)。他们有点儿跑调地一起清唱了猫王的《伤心旅馆》(Heartbreak Hotel)以表敬意，随后主吉他手奈杰尔·塔夫内尔感慨道："这很令人沮丧。不过，这也让人有了看待事情的新观点，不是吗？"主唱大卫·圣胡宾斯反驳说："太多了，这些该死的观点太多了。"

图夫内尔和圣胡宾斯并不能算得上"聪明"，但他们的这番言论很适合用来描述公共话语的断裂状态。在我们蹒跚地走过 21 世纪 20

年代初时，这种状态就像烟雾一样笼罩着世界大部分地区的政治、商业和公共生活。2010年前后各四年里发生的全球金融危机和世界经济衰退造成了各种不平等现象。这些现象没有得到彻底解决，而短期紧缩政策又进一步加剧了不平等，特别是在大西洋两岸，以及欧洲大部分地区和其他一些地方。在2000年前后20年占据主导地位的多元化、全球化和个人自由流动的精神被摧毁了，罪魁祸首是狭隘的民族主义，以及右翼政客所青睐和公开鼓吹的"内群体"和"外群体"概念的猖獗回归。而这些都被一个世纪以来最严重的全球大流行病所掩盖。

第一次脱欧

在没有任何证据表明水平提高的情况下——这是许多政客惯用的险恶说辞，包括在写文章的时候——以前只是对核心支持者发起"狗哨式"呼吁的那些造成分裂的右翼政策，现在已经成为主流。特别是在英国，由奈杰尔·法拉奇创立和领导的政党——英国独立党和后来的脱欧党——利用人们对种族和种族主义早就过时的刻板印象兴风作浪。"来到这里，抢走我们的工作，享受我们的公共医疗服务，偷走我们的女人……"

由于保守党首相戴维·卡梅伦和他的财政大臣吉迪恩·奥斯本自以为是，留欧派在脱欧公投的辩论中被轻易地围攻了。这是多方因素综合作用的结果：(1)英国政府的领导力不足，留欧愿望不强烈；(2)反对党工党党魁杰里米·科尔宾灾难性的弃权行为；(3)脱欧派的邪

第一章 学会提问有怎样的意义？

恶天才多米尼克·卡明斯脸书上投放的措辞诡异、目标精准的广告和那三个单词构成的口号①。他用最糟糕、最无耻的几条广告大肆炒作土耳其及其 7600 万人口即将加入欧盟，而这是一个谎言。英国人的年平均工资约为 26,000 英镑，土耳其人的年平均工资只有不到 7,500 英镑，而广告要求被激怒的选民通过点击"是"或"否"按钮来回答"这能算是好消息吗？"。另一则广告则暗示，大量外来移民将通过土耳其这一"英国与叙利亚、伊拉克的新边界"进入英国，并邀请投票者"点击广告，拯救我们的国家医疗服务体系"。幸运的是，这些伪装成广告的谎言大部分已经从互联网上消失了。

令卡明斯及脱欧派自己都惊讶的是，他们赢得了脱欧公投。51.8% 的投票者选择脱离欧盟。事实证明，社交媒体脸书和数据公司剑桥分析（Cambridge Analytica）真是帮了大忙。这一结果也让保守党前座议员中的两位重要的脱欧支持者——前政治写手、时任外交大臣的鲍里斯·约翰逊和时任司法大臣的迈克尔·戈夫感到非常惊讶。约翰逊和戈夫是与卡明斯和脱欧派相勾结的最重要的两个英国内阁大臣，而当时他们自己都不相信会在公投中获胜。他们也是花了一些时间才掌握了权力的杠杆，在卡梅伦下台后的领导人竞选活动中，戈夫还当面对约翰逊"捅刀"。不过至少在这个过程中，他们俩共同迫使特雷莎·梅在他们尚未当值时把她自己、她的政党以及英国的大部分地区都搞得纷争不断，分裂愈演愈烈。

事实上，约翰逊曾为《每日电讯报》（*The Daily Telegraph*）写过

---

① 脱欧派的口号为 "Take back control."。

一篇文章，称该刊物是他"真正的老板"[①]——他表明，如果公投的结果能够反转，他会完全支持欧盟。在这篇文章中，他说英国保持作为欧盟成员国的身份将是"世界和欧洲的福音"。

> 这就是一个开在咱们家门口的市场，并且已经准备好让英国公司进一步开发。对所有的这些机会来说，这点儿会员费实在是个小数目。为什么我们要如此坚决地拒绝它呢？

在我写这本书的时候，约翰逊已经是强硬的脱欧派首相了——通过卡明斯的帮助和非法迫使议会休会的操作，他"完成了脱欧"。无论卡明斯是否在幕后操纵，并写下又一个三个词或三句话组成的竞选口号，约翰逊在任首相一职期间给人的印象都是不参与辩论、喜欢骂人、虚张声势。他将罔顾事实和数据、无视真相视作一种美德，将聪明的问题视作恼人的小飞虫而将其赶走。本应该讨论争辩的时候，他却仿佛耳背一样，自顾自地发表独白。

辩论终结时代乌烟瘴气的社交媒体

坦率地说，用"论述"和"对话"来描述如今这个现代的、超媒介化的世界中的辩论是错误的。人们不会停下来问更聪明的问题，也

[①] 与约翰逊反目后，卡明斯经常在推特上爆对方的猛料，其中有一条提到：约翰逊蔑视英国选民，甚至公开将右翼报纸《每日电讯报》称为"我真正的老板"。——作者注

第一章　学会提问有怎样的意义？

不愿意等待答案。他们会声嘶力竭地大喊大叫，试图用恐吓、威胁或霸凌让他人屈服。或者，他们会潜伏在数字世界中，对那些持不同意见的人发起野蛮的人身攻击，其中往往掺杂着种族主义、生理性别歧视、社会性别歧视、性取向歧视的滔天谩骂。他们在众目睽睽之下，以匿名的方式躲在虚假的或误导性的个人资料后，不受平台运营商的监管，一次又一次地逃脱惩罚。

事情不应该是这样的，靠谩骂和煽动暴力解决问题也不该成为一种常态。这本书可能会说服你，让你相信"提出更聪明的问题"可以在领导反击中发挥重要作用。但同时也请记住下面几件事。尽管我相信"提出更聪明的问题"这种方法有助于扭转社交媒体上谩骂和谣言泛滥的局面（之后我也会解释应该怎样做和为什么要这样做），但它的作用不止于此。它还可以帮助你获得比公平更多的东西，我在本书中会不时提到这一点。在前面几页中，我为"提出更聪明的问题"能发挥的一个非常重要的作用设定了背景，即便如此，我也非常理解你可能会认为我这种通过更聪明的问题来改变现状的方案根本就是白费力气，或者像法国人说的那样，"真是浪费时间"。

在这之前，让我们考虑一下：我们走到今天这一步，大型科技公司产生了何种影响，又该承担何种责任？数字技术和社交媒体平台的前景本来应该是有利于民主化的，意在与大众分享创造财富和发表评论的工具。那些所发表的意见和内容能够引起强烈共鸣的平台肯定会脱颖而出。任何拥有智能手机和网络连接顺畅的人以及有足够好的想法的人似乎都有能力改变现状，并且带来积极的变化。

《纽约客》（*New Yorker*）的常驻作家马尔科姆·格拉德威尔对社

交媒体平台推动和加速革命的潜力感到非常兴奋，跃跃欲试，但他很快就退缩了，收回了那些过于雄心勃勃而又研究不足的主张。一如既往，他比其他人更早地看到了技术创新力量的潜在优势和劣势。似乎我们这些具有号称稳定、成熟的民主制度的西方国家有点儿太盲目乐观和急功近利了。

与通过社交媒体进行的社会变革一样，社会商业中对消费者的宰割行为也要告终了。数字时代精明的消费者非常有智慧，他们会寻找最便宜的航班、众筹生产新产品。逐渐出现和崛起的去中介化、直接面向消费者的（D2C）品牌也似乎为全世界的消费者提供了更大的商业自由和民主权利。从床垫到竹纤维袜子，从披萨炉到可以每月更换的双面剃须刀，这种砍掉中间商的模式成了新的大规模分销模式。当然，后来那些因此受到打击的消费品公司以数十亿美元的价格收购了D2C新贵，于是市场又回到了老样子。

"万维网之父"蒂姆·伯纳斯-李经常听到有人感叹，他的这项伟大发明已经变成一个充斥着恶意和龌龊、主要用于从事商业活动的地方了。"它本来不是这样的。"每年三月的万维网诞生纪念日，伯纳斯-李都会发出类似的控诉。这就像剧作家汤姆·斯托帕德曾经对英国一家重量级报纸的某位戏剧评论家说的：他从来没有想过自己的剧本会被理解为评论家描述的那样。据说那位评论家是这样回复的："是的，但你只是把它写出来的人而已！"正如雕塑家和书法家埃里克·吉尔所说："艺术家负责创作作品；评论家负责从中获取灵感。"

伯纳斯-李每年为万维网失去灵魂而发出哀叹是有道理的。更夸张的是，可能你读完了整章只为读到引用汤姆·斯托帕德的话，然后只在其中的两段里读到了两句。因为斯托帕德也在哀叹，在商业压力下，新闻业的目的已经从教育、传播信息和提升（道德）水平变成了单纯的转移注意力、分散关注焦点和娱乐。几年前，他观察到：

> 从整体来看，新闻业就是一个机构，其根本目的是教育和宣传，甚至可以说是提升某种水平。而在商业压力下，这些目的也许已经发生了改变，变成了另一种目的，那就是转移注意力、分散关注焦点和娱乐。

虽然这段话是在前数字时代被提出来的，但它也适用于30多年来网络平台一路下滑的现状。随着商业压力加剧，更多的赢家（和输家）将网络媒体平台拉到了更黑、更邪恶的地狱深渊。

我在此列出五个原因来解释为什么通过网络传播的信息对话语有如此大的毒性和威胁性、这种现象是如何发生的，以及为什么"提出更聪明的问题"这种方法的复兴可以帮助扭转局势。

1. 网络以及其中的数字化和社交媒体平台就像是一个化粪池。 生活中最好的和最坏的东西都在那里面。带偏见的、狭隘的和偏执的思想一直存在，它常以低语的形式出现在酒吧或是会议的角落里。现在，它有了一个"家"，一个可以永久储存的仓库。在这里，它和它的转述者得以相遇、联合，形成了毒性思想和仇恨的回声室。恐怖分子、极右翼阴谋论团体"匿名者Q"（QAnon）、非自愿独身者（incel）和极右翼政党"德国的选择"（AfD）都在这里找到了"家园"。获胜的是那些最响亮、最具胁迫性、最具侵略性的声音（通常来自男性以及白人）。在这里，没有人辩论，没有人讨论，没有人真正想寻求问题的答案，也没有人会听取答案。作为一个理应能够在技术层面呈现、分享和保存多种观点的媒体，互联网其实做得非常糟糕。

2. 随意发表意见、呼吁采取行动（包括对他人造成精神和身体伤害的行动）的行为都可以在匿名的掩饰下进行。脸书和其他社交媒体平台声称，只有绑定了真实个人信息的、经过身份认证的真实账户才能在他们的平台上活动。一些独立观察家——如自称"广告非常人"（AdContrarian）的鲍勃·霍夫曼——发现脸书在2020年删除了70亿个虚假、重复或休眠的账户。这些独立观察家质疑：在这个声称受围墙严密保护的花园里，平台的用户到底是怎样的？（2）平台对于根除有害或匿名的账户的态度到底有多认真？

3. 不良行为者可以被清除，有时也的确会被清除，但往往是在事件发生后很久。特朗普可能会被推特和脸书无限期封禁账号。2021年1月美国国会暴乱发生后，特朗普的社交账号被封，他和他的追随者继而转移到新的社交媒体平台Parler。Google Play和苹果公司将Parler从应用程序商店中下架，直到它封禁了特朗普及其追随者的账号；亚马逊公司也将Parler移出了云计算服务平台。特朗普等人比禁令先行一步，转移到了他自己的网站。而现在他们正在谈论创设自己的、有围墙的花园另类右翼平台，从而搭建一个新的回声室。该平台由一家名为RightForge的公司创建，取名"真实社交"。这简直令人哭笑不得。

但冻结账户和禁用会员的行动往往都为时已晚。2021年，前脸书员工弗朗西斯·豪根作为"吹哨人",先后向美国国会和英国下议院特别委员会提交了一份证词,指出其前雇主的企业文化如何将个人盈利置于公共利益之上。我们应该感谢2018年的"吹哨人"克里斯托弗·怀利,以及他在英国《卫报》和《观察家报》的代笔记者卡罗尔·卡德瓦拉德——正是在他们的检举下,鬼鬼祟祟的咨询公司剑桥分析倒闭了。而豪根的多次证词将针对脸书的举报提升到一个全新的高度。事实上,这甚至威胁到了该平台的存在,并使该公司在反垄断诉讼下解体的可能性越来越大。至少,大众媒体(传统媒体和大科技公司的竞争对手)是这样报道的。

4. 大科技公司存在是为了从广告中赚钱。不论是Alphabet(谷歌和优兔的母公司)、Meta(2021年10月成立的新公司实体,其子公司包括脸书、Instagram和WhatsApp)、推特,还是在这些华丽的社交媒体平台上的其他众多小角色,它们都是这样的。这一点也许没能体现在它们崇高的创办宗旨中——也许你还记得,谷歌早期的宗旨是"不作恶"。然而,大科技公司90%的工作内容都是经过美化的广告销售。事实上,尽管它们给出的工资通常远高于市场价格,但许多工作并没有看上去那么光鲜。大多数平台在美国以外开展的业务都很少或完全没有支付公司所得税,并且平台还激励员工去实现收益最大化。

这些平台是免费使用的。因为它们对用户是免费的,所以用户就是产品——正如网飞(Netflix)纪录片《隐私大盗》(*The Great Hack*)和《监视资本主义:智能陷阱》(*The Social Dilemma*)等作品中多次展示的。我们都是货物,我们的眼球、大脑,以及整个人群,都是待售的货物。社交平台的资金就是依靠根据用户的搜索历史提供有针对性

- 019 -

的广告而来的。不过至少对广告商来说，这种工作也将变得越来越复杂，因为谷歌浏览器将于 2022 年或 2023 年终止使用第三方 cookie[①]。

5. 科技巨头对于在内容审核上受到的监管和罚款警告远远不够重视。如果你录制了一个孩子在阳光明媚的海滩上嬉戏玩耍的视频，将其上传到某个社交平台，然后将披头士乐队《阳光午后》（Sunny Afternoon）的片段用作背景音乐，你的视频将立刻被平台下架。你会收到一条恶心的信息，告知你被暂时或永久禁止使用该平台。就像 20 世纪 70 年代系列电影《无敌金刚》（The Six Million Dollar Man）和《无敌女金刚》（The Bionic Woman）中虚构的科学情报局一样，大科技公司显然"拥有技术"以及人员来监测和删除它认为不恰当的内容。在《阳光午后》配乐视频事件中，这段内容可能会让平台因侵犯音乐版权所有者索尼音乐的版权而损失金钱。

2017 年，14 岁的英国少女莫莉·拉塞尔在脸书的照片分享应用程序 Instagram 上看到了自残和自杀的图片后自杀身亡。情有可原，莫莉之死理所当然地引发了人们强烈的抗议，她的父亲也不断四处奔走，呼吁网络公司清理平台上有关自残和自杀的内容。在群情激愤下，脸书不得不让大人物出场，向全世界保证它对这个问题非常重视。我仍然能回忆起那两次采访的画面，即脸书高管史蒂夫·哈奇和英国前副首相、脸书全球事务副总裁尼克·克莱格就莫莉的悲剧和公司的应对措施接受采访。在发言并回答采访者的问题（这些问题都非

[①] cookie 是服务器发送到用户浏览器并保存在本地的一小段文本信息。2022 年 7 月，谷歌将该计划再次推迟至 2024 年。该举措将限制第三方获取用户信息。

常聪明）时，两位高管都声称当时在 Instagram 上"几乎找不到"自残的内容。在观看这两次采访时，我用关键词"自残"进行了简单的搜索。大量不堪入目的图片扑面而来，所以我决定退出该平台。然而，如果这些图片被做成视频并配上《阳光午后》的背景音乐，那么，我觉得我可能什么也搜不到。

最后，大科技公司并没有被国家和跨国政府机构（包括欧盟）的罚款能力吓倒。大科技公司的口袋很深，可以轻易消化数千万、数亿甚至数十亿英镑、欧元或美元的罚金。事实上，也只有大科技公司能眼也不眨一下地承受和消化这些警告以及相应的罚金。脸书的广告服务覆盖几乎半个地球，而 Alphabet 也不甘落后。

我们该何去何从？

现在你已经读了几十页了。也许本书中的内容与你购买这本书时的期望完全相反。它告诉你，我们似乎正处于一场反乌托邦的噩梦中，而这和本书的内容简介里说的不一样。这是一本关于提出更聪明的问题的书，但在这个谣言和诡辩盛行、人们只喊不听的时代，在大科技平台显然会让情况继续恶化的情况下，该从哪里开始提出更聪明的问题呢？该从哪里入手来修补这个话语断裂的世界呢？（画外音：这是个好问题，山姆。）那些有趣的东西，关于中国的考试和吃豆人被穿墙的幽灵追赶的问题都到哪里去了？为了回到正轨，我建议求助于现代的斯多葛学派哲学。

我已经把特朗普的及时隐退（至少目前是这样）列为这场大流行

病带来的持续积极影响之一。除此之外还有两个积极影响。一个是我与朋友蒂姆会每隔两周定期在萨塞克斯的丘陵地散步。散步的途中，我们还可以喝咖啡、吃杏仁可颂，以及漫无边际地聊天。我们走遍了刘易斯小镇及其周边各种风格的小路，对这里熟悉到能叫得上来每只羊的名字。

另一个是我会定期抽出时间阅读各种各样的书。在这一年多的时间里，我加入了一个充满活力的商业读书俱乐部。当然是在Zoom①上参加的，不然我还能去哪儿？在我印象中最糟糕的三个月——2021年1月至3月，我称之为封控3.0时期——接近尾声的时候，我们读了瑞安·霍利迪的《绝对自控》（Ego Is the Enemy）。仅从书名我就可以看出，它和许多其他商业书籍不一样，尤其有别于那些自传——我通常认为自传是华而不实的——和命名为《网飞：成功之路有我》之类的书。从《绝对自控》的书名和它封面上被打掉脑袋的罗马贵族半身像来看，这本书显然会有所不同。然而，霍利迪这位"当代的马可·奥勒留"（latter-day Marcus Aurelius）完全出乎我的意料。他出生于我读大学二年级的时候，现在已经是AA美国服饰公司的营销总监，而且还能写出如此精彩、引人入胜和励志的好书。

《绝对自控》注入了斯多葛学派的思想——来自马可·奥勒留、塞涅卡（Seneca）和爱比克泰德（Epictetus）的古代斯多葛学派思想。我在求学期间一直是古典主义者，但很少阅读这些作者的作品，主要是因为比起罗马主义，我更喜欢希腊主义。但是霍利迪以一种前所未

---

① 一款多人手机云视频会议软件。

有的方式将这种被误解的哲学带到生活中。他在《绝对自控》中，特别是在《每日斯多葛》(*The Daily Stoic*)中，每天引用一位哲学英雄的一句话，并将之应用到现代知识经济和商业环境中。

关于斯多葛学派，我无法在此逐一阐述的内容还有很多。总之，那是霍利迪的工作，而且他做得很出色。斯多葛学派其实与盛行已久的斯多葛主义者漫画形象的隐忍、咬紧牙关以及其他种种元素并不相关。斯多葛学派与思维方式有关，它让人接受这样一个事实：我周围的世界中有许多我们无法控制的事，这些事发生在我们与家人、朋友和合作伙伴的关系中，发生在我们的社区和国家中，发生在人类社会和大千世界中，但我们可以控制自己对它们的反应。面对政治、商业和公共生活中那些有毒的淤泥、不合逻辑的海啸式咆哮以及非理性的狂怒，我们可以感到沮丧。又或者，我们也可以用自己的智慧、经验和创造力来驾驭当下的情绪，换一个视角，冷静下来，再作出回应。这就要求我们能够提出更聪明的问题，而且无疑还需要更好地倾听。

弥合分歧

有人给你发来一个他们喜欢的视频或博客的链接，建议你观看或阅读时，你会怎么做？你或许会像我一样，把它标记成书签，放进一个不断壮大的、名为"必须看"或"有时间就读"的文件夹里；一年后，你发现文件夹里有30个书签，而你一个也没有看，这太让人郁闷了。或者，就像最近发生在我身上的那样，你认真地坐下来计划撰写下一本书，由衷感谢圈子里的某位朋友曾经给你发送这些链接，开始愉快地研读它们；最初的喜悦很快就变成了无聊和失望，因为它们似乎没有像你期待的那样给你带来灵感——然后，你在不经意间挖到了宝藏。

我偶然间翻到了朱莉娅·达尔的 TED 沙龙的视频。她在戴尔全球女性企业家高峰论坛（DWEN）演讲的题目是"如何进行有建设性的对话"。这个题目看起来很有吸引力。我挖到宝藏了！视频时长只有 10 分 31 秒，我瞠目结舌地看完了第一遍；然后又看了一遍，边看边做笔记；接着又看了第三遍，只是为了确保我大受震撼时写下的潦草笔记没出错。我的笔记确实没出错。

达尔获得过三次学校辩论赛的冠军，精通雄辩术。她演讲的亮点都与进行有建设性的对话相关；她的副标题（和潜台词）也都是关于"在感觉鸿沟无法弥合时"尝试进行这种对话。在短短的十分钟里，达尔讲述了她父亲的故事。他在 2016 年带着相机巡游美国，记录了特朗普当选前后的社会变化。很明显，他和他的女儿并不支持那个后来成为第 45 任美国总统的人。相反，他想找到一种方法来弄明白为什么原本理性、明智、善良的人们会被一个如此分裂、偏执，而且不能容忍异议和意见分歧的人所吸引。这是现实版的羊入虎口。

达尔的父亲性格温和、不喜欢与人对峙，但很明显他不是胆小如鼠的人。每次他想要进行有建设性的对话时，他会这样回应对方给出的观点："我以前从未这样想过。你能给我讲讲吗？让我也了解一下你的想法？"达尔透露，这种方法的影响是惊人的。她的父亲理解了为什么对方会有这样的想法；对方也理解了为什么他不同意他们的想法。双方都让步了，缓和了各自的观点。这并不是将不同的观点同质化地杂糅在一起,得到一个平淡无奇和毫无意义的结论。双方没有达成一致,也没有哪一方改变了立场。但是他们彼此有了理解。这种理解只能来自有建设性的对话,而这样的对话是由一种聪明的方式和一个更聪明的问题驱动的。

正如我在上面所探讨的,21世纪20年代以来,人们很少提问,且问的问题都很糟糕。他们只会固执己见地大喊大叫,不会耐心地倾听。达尔父亲的实验证实了这一点,他的职责并不是改变现状,而是控制自己能控制的东西——他的情绪和他对情况的反应,而不是情况本身。这是非常有斯多葛学派风格的做法。瑞安·霍利迪会为此自豪的。

达尔从这个实验中得出了三个原则。

1. 如果你想进行有建设性的对话并理解对方的观点,**在激烈的辩论中,至少有一方需要愿意选择好奇心而不是冲突**。欧盟首席谈判代表米歇尔·巴尼耶就英国脱欧问题与英国谈判时一贯采取的就是这种方法,但他的英国对手大卫·弗罗斯特则不然。

2. 正如即兴戏剧和喜剧表演一样,如果你想进行有建设性的对话,你需要**把讨论当作攀爬高墙,而不是在笼子里作战**。这意味着你需要找到手可以抓住的地方往上爬,然后把自己拉上去;而不是像古典式摔跤那样,除了口头禁止的抠眼睛和掰脚趾外,不受任何规则约束。

3. **讨论需要立足于目的**。目的即使不是达成一致,至少也应该是相互理解。这样一来,人们就会怀揣着一种未来的可能性。这就像虚拟时间旅行。通过消除紧张，它把一种未来的可能性带到了我们面前。

因此，这就是我们第一组更聪明的问题之一，也是世界上最好的问题之一。我们在最后一章还会再讨论。在剑拔弩张的公司会议上，你可以试试。当一个十几岁的孩子在饭桌上怒不可遏地和你争辩大事小情时，你可以试试。在新型冠状病毒肺炎疫情过后的家庭聚会上，当你发现亲戚们（想想玛姬·辛普森的姐姐们——帕蒂·玛琳菲森·布维尔和塞玛·布维尔①）是狂热的反疫苗主义者而你不是时，你不妨也试试。

> 我以前从未这样想过。
> 你能给我讲讲吗？让我也了解一下你的想法？

这不仅仅是为了拯救世界；这比拯救世界更重要

在封控 1.0 期间，我参加了一个由英国《金融时报》和麦肯锡咨询公司举办的网络研讨会。这些机构共同举办了一个年度商业书籍评选。这次网络研讨会由《金融时报》的执行编辑安德鲁·希尔主持。这是一个由商业写作和出版领域的权威人士组成的专家论坛，其成员都是知名作家、编辑和出版商。在网络研讨会接近尾声时，希尔提

---

① 美国动画情景喜剧《辛普森一家》中的人物，是一对喜欢嘲笑别人、令人讨厌的双胞胎姐妹。

议参会人员将时间往前推一年，设想他们希望在2021年出版的商业书籍中看到哪些主题。更有趣的是他又提出了第二个更聪明的问题：他们不希望看到什么主题？哪些问题已经得到了足够关注，不必再提了？

在希望增加的话题中，很多人提到了关于"新常态""混合办公""灵活工作"和"后办公室文化时期的领导力"。当时是2020年5月，疫情暴发还不到六周，这些话题还是不错的。虽然自这次网络研讨会之后，其中一些话题已经变得有些老套和过时了，但要知道，那还是一个完全可以在新闻稿和企业博客中使用"前所未有"这种词的时代。时代变得真快啊！

在谈到不再需要哪些话题的书籍时，论坛成员的想法和观点都是一致的。被过度讨论、过度传达得最多的就是"目的"这个话题，不应该再就此过多着墨了。在过去十年的大部分时间里，许多公司投入了大量时间进行自我审视，甚至投入了大量资金请顾问来和他们一起审视整个商业体系及他们具体业务的目的。一个完整的"目的"行业已经出现，它负责帮助公司和品牌找到并阐明他们所做事情的目的，而不仅仅是赚钱和追求投资回报。《金融时报》—麦肯锡研讨小组的每一位成员都强烈表示，在"目的"这个话题上，我们花费的时间、金钱和墨水都足够多了。

起初我觉得这很麻烦。随着我的第二本书《如何拥有洞察力》出版，我开始构思"更聪明地使用数据"三部曲的第三本书。在帮助各个公司更聪明地使用数据的过程中，我经常与他们一起工作，研究如何更清楚地阐述他们公司业务的目的。我的咨询公司 Insight Agents 刚刚完成了与国际物流企业嘉柏国际的合作项目。这个项目非常成功，我们帮助嘉柏国际制定了一个口号，真实而有力量地表达出他们的商业目的："让世界上任何地方的生活、工作和商业运营都变得更简单。"在接下来的一年里，嘉柏国际将这句很简单的话融入其运营工作，赢得了大量的行业奖项。

在我参与的"目的"项目中，这不是第一个获得成功的，也不会是最后一个。我调查了关于目的的商业书籍，认为自己找到了一个商机——写一本关于如何在企业中创造和实现目的的实用且可操作的指南。这个领域的许多其他书籍都不注重实用性，而撰写实用的商业书籍已经成为我的标志。另外，许多从事目的业务的人执着于挖掘其"善行"，也就是企业能够对环境、社会和公司治理（environmental, social and governance, ESG）的影响，而忘记了一个企业经营良好的主要结果是资金：投资者的资金、股东的资金、员工的资金，还有以所得税和公司税形式反哺经济的资金（至少非大科技集团的企业是需要缴纳的）。

该死的，我甚至在工作笔记中为这本书起了一个标题——"这不是为了拯救世界：这比拯救世界更重要"，想以此打击一下那些宣扬"唤醒式洗礼"（woke-washing）目的人。我想设计一个路线图和目标宣言来帮助其他企业像嘉柏国际一样获得成功，使ESG在企业需求层次结构中占据合理的位置。而安德鲁·希尔和这些尊敬的专家们在研讨会上给我泼了冷水。所以，这本有关目的的书被我搁置了。我转而把它当作一个咨询项目保留下来，并把这个标题当作下一本书的指导原则。

第一章 学会提问有怎样的意义？

几个月后，我的客户卡林·杜图瓦让我明白，用现在这本书作为"更聪明地使用数据"三部曲的收尾之作更有意义。我意识到应该把重点放在如何用提出更聪明的问题来帮助我们实现目标上。随后，我便开始着眼于生活中哪些情况下提出更聪明的问题会有帮助。我计划涵盖 21 世纪 20 年代我们个人和职业生活的大背景（英国脱欧、特朗普和新型冠状病毒带来的震荡及其余波），我们和它们之间的分歧，以及内群体和外群体之间的分歧如何被想要牟利的大科技公司用不辨是非的数字和社交媒体平台成功且有害地放大。当然，单纯指望通过提出更聪明的问题来改变这一切是徒劳的——正如我那本有关目的的夭折作品之标题所说的，这不是为了改变世界。这比改变世界更重要。

因此，我们提出更聪明问题的旅程开始于解答两个……嗯，问题。第一个是"为什么"，第二个是"什么时候"。"为什么"是指要弄清楚提问的目的是什么——看吧，希尔先生，你不可能那么轻易地把"目的"从我身上抖出来。"什么时候"是指要弄清楚什么时候提出更聪明的问题会有帮助。这些内容短小精悍，更像是列举而不是叙述。对于首要的"为什么"的问题，每一个答案我都会举例来说明。现阶段，我们就只做这件事。至于好问题和坏问题的基本特征，我们将在后面的章节中介绍。

那么现在，我们将集中讨论为什么和什么时候"提出更聪明的问题"，并举例说明。其中一些内容可能是你熟悉的，会引发你进一步思考。在本书的主题和专题章节中，以及在帮助你形成和提出更聪明问题的练习中，大部分内容会再次出现。我在本章末尾以这样的方式将它们列举出来，是为了激发你的潜意识，让你思考你目前是如何使

学会更聪明地提问

用问题的,以及你如何才能提出更聪明的问题。

提问的目的是什么?

为了了解他人——他们的观点、意见和行动的动机。

"为什么你在封闭的公共场所不戴口罩了?"

为了理解这个世界。

"在人的观念中究竟哪种行为更高尚呢?是默然忍受命运暴虐的毒箭,还是拿起武器同如海的苦难抗争以求了断?"

为了了解我们在世界中所处的位置。

"我们为什么在这里?生命的意义何在?上帝的存在是真的,还是应当存疑?"

为了寻求和获得明确的说明。

"我15分钟前才给你打电话。你怎么这么快就来了,沃尔夫先生?"

因为我们爱管闲事。

"在威尼斯举办的那次会议,为什么埃皮法尼和约翰住在同一家酒店?"

为了满足我们的好奇心。

"谁在午夜之后拜访了斯蒂芬?"(本书第四章是关于好奇心的力量和作用的内容。)

为了质疑你认为不正确的事情。

"你介意在我的房子里工作时戴上面具吗?"

第一章　学会提问有怎样的意义？

为了揭示和厘清因果关系。

"是 A 导致 B，B 导致 A，还是 A 和 B 都是隐藏的第三原因 C 的结果？"

为了确定是否有数据模式支持或否定我们的假设。

"接种疫苗是否成功地阻断了感染、重症和死亡之间的联系？"

为了获得或分享观点。

"幽灵的基本特征是什么，你的这版《吃豆人》中的幽灵是否表现出了这些特征？"

了解他人对某一主题或问题的看法。

"我支持脱欧，我选择戴'让美国再次伟大'的棒球帽，并且永远不会接种新冠疫苗——你呢？"

为了澄清我们对一个主题或问题的看法。

"我应该放心地把自己的个人数据交给社交媒体平台公司吗？毕竟，它们确实非常慷慨地为我提供了免费使用它们的服务的机会。"

为了收集具体的信息。

"你能告诉我，上周四晚上 9 点 45 分至 10 点 15 分之间，你在哪里、做了什么吗？"

为了以你已知的特定信息为基础，去获得其他信息。

"你能描述一下上周四晚上 10 点左右'狗与鸭'酒吧的气氛怎么样吗？你觉得有什么不寻常的地方吗？"

为了拼凑起一个故事并验证其连贯性。

"你对培根先生做的唯一一件事是——碰到他的胳膊，弄洒了他几滴酒？在他从包里掏出棒球棍来打你的头之前，就没有别的事了吗？"

为了揭示本来可以保持隐蔽的行程。

"除了喝酒之外,你去这间酒吧还有其他原因吗?"

为了深入到表面之下。

"你真的是这样的吗?"(这句话里的"真的"是关键。)

为了了解一个问题或事件的根本原因。

"为什么?为什么?为什么?为什么?为什么?"(我们将在第三、四、五章中再次讨论根本原因,分析这五个"为什么"作为问题的力量和局限性。)

为了窥见和阐明真知灼见,影响那些我们想要影响的人的生活。

"在如今的国家医疗服务体系中做一名全科医生是什么感觉?"

为了窥见和阐明真知灼见,影响那些我们想要帮助的人的生活。

"你能描述一下你现在的生活与被诊断出患有心脏病之前相比有什么变化吗?"

为了表现同情心。

"你能说说与被学校开除的青少年一起工作是什么感觉吗?"

为了表现反感。

"你怎么能如此愚蠢?"

为了在谈话中维护控制权。

"暂且不说突然出现的不明飞行物,我们能不能关注一下,你在打翻培根先生的酒后对他说了什么?"

为了在谈话中让出控制权。

"你认为这次事件中最重要的是什么?"

当我们不知道信息但需要知道的时候。

"那么，当时这里发生了什么？"

为了给我们的决策提供信息。

"这款车型的车充满电后的续航里程是多少？与加满汽油的费用相比，充满电的费用相差多少？"

为了验证我们的假设。

"如果我不飞去雅加达参加会议，对我孙子的未来真的会有影响吗？"

为了在选项中做出选择。

"生存还是毁灭？这就是问题所在。"

为了发现我们甚至从不知道会存在的选项。

"你的意思是，不一定非得是繁荣或萧条，真的有一条中间的道路？你能再和我多聊聊吗，布朗先生？"

为了确认我们的偏见，并证明一个决策的合理性。

"如果不飞去雅加达参加那个会议，我能拯救多少北极熊的生命呢？"

为了得到简要的汇报。

"你想要实现什么？想什么时候实现？想有什么样的结果？"

为了开始与一个陌生人的对话。

"你如何度过你的时间？"（这是心理学家、魔术师和作家达伦·布朗最喜欢问的问题。这个问题比问别人"你在做些什么"要好得多。）

为了开始与朋友对话。

"上次见面之后，你一直在忙什么呢？"

为了了解一个人热衷的事物。

"是什么鼓舞了你?"

为了避免犯错。

"怎样分享屏幕才能让你只能看到我的幻灯片而看不到我的电子邮件呢?"

为了尽量减少麻烦。

"我怎么做才能让你不再因为我出席了我们女儿的婚礼而生气呢?"

为了避免猜测或做出假设,推测我们想象中可能的答案。

"我想,在你突然失去视力后,在家里走动一定很困难。但你不妨说一说,你对此是什么感觉呢?"

为了从历史或经验中学习。

"1918 年,人们是如何阻止西班牙大流感传播的?虽然如今的世界已经大不相同,但有什么是我们的祖先做过而我们今天也应该做的吗?"[见《点球成金》(*Moneyball*)作者迈克尔·刘易斯的另一本书《预感》(*The Premonition*)。]

为了找出你怀疑别人掌握的有用信息。

"还有一件事……有什么我应该问你但还没有问的事情吗?"(关于这个问题,即可伦坡式问题,第八章和第九章涉及得更多。)

什么时候提出更聪明的问题会有帮助

当你第一次见到某个人时。

当你第 N 次见到你非常熟悉的人时。

当你约会时。

第一章　学会提问有怎样的意义？

当你参加各种面试（求职、入学、晋升）时。

当你编辑博客或视频博客、播客、新闻或专题文章的采访，或者写书时。

当你参与任何形式的谈判，特别是存在信息不对称的谈判时。具体来说就是当你比谈判的另一方知道的信息少时。

当你比较不同供应商为你的业务投标的报价时。

当你评估某项资金申请是否值得、是否可能带来有意义的投资回报、是否会产生影响时。

当你要从客户或潜在客户、同事以及合作者那里了解一些情况时。

当你构建、塑造或进行市场调研时。

当你希望在学术研究中取得突破性发现时。

当你尝试挖掘真正具有相关性的数据时——这些数据可以支撑和充实一个故事，使它更有力量和意义（见《用数据讲故事》中的方法）。

当你寻求真正的洞察力，即对某个故事、问题、话题或事物的深刻而有用的理解时（见《如何拥有洞察力》中的方法）。

当你想在各个领域进行真正的创新时（从社会政策到产品，从服务到药物开发）。

当你想颠覆一个总是按相同规则运行的旧有市场时。

当你试图确定到底发生了什么事时（在发生某次个人或工业事故、某起案件发生或某次政治灾难之后）。

当你购买商品（任何商品，特别是房产或车辆等昂贵的大件商品)时。

当你不知道答案,也接受自己不知道答案,并且意识到这是一个向别人学习的机会时。

当你认为自己陷入了死胡同,尝试了所有可能的路线后还是无解时。

当"狗吠"并暗示事情好像有点儿不对劲时。

当"狗不吠"而且一切似乎都很正常、井然有序时。[杰出的法医科学家安琪拉·盖洛普在她2019年的著作《沉默的铁证》(*When the Dogs Don't Bark: A Forensic Scientist's Search for the Truth*)(直译《当狗不吠时:一位法医科学家对真相的探索》)的书名中使用了这个概念。《如何拥有洞察力》一书中有对安琪拉的访谈。]

当你想找到你所拜访之地的真实或纯正的文化时。

当你协调繁文缛节时(例如,弄明白在新型冠状病毒肺炎疫情限制下不断变化的最新出行规定)。

当你的好奇心被激起时。

小　结

阅读本章下面这些更郑重其事的内容时,我希望你能代入詹姆斯·厄尔·琼斯的声音,带上一些黑暗尊主达斯·维达的气势,再带上一些你看过的那些恐怖电影预告片的氛围。我并没有天真到认为斯多葛学派的思维方式与提出更聪明问题的简单行为相结合就会"使原力重归平衡"[1]，并消除由不平等和财政紧缩、大科技公司以及新型冠状病毒肺炎疫情在公共话语中造成的两极分化。但我确实热切地相信，这两种策略在促进更具建设性的对话方面具有重要作用，而它们的作用至今仍被低估。

我们会讨论"为什么"的力量（以及它的致命弱点），会讨论好奇心和开放心态在"提出更聪明的问题"中的至关重要性，还会讨论好问题和坏问题的基本特征。不过在此之前，我们需要进行一次穿越时间和空间的旅行。我们需要穿越很多个世纪，回到雅典帝国建立之初。

如何提问——第1段采访（共14段）

姓名	文卡·拉马克里希南
组织机构	剑桥大学分子生物学实验室
身份	诺贝尔奖获得者

文卡·拉马克里希南是一位杰出的结构生物学家。目前，在剑桥大学生物医学校区的医学研究委员会（Medical Research Council, MRC）分子生物学实验室里，他有一个以自己名字命名的拉马克里希南实验室。文卡1952年出生于印度，在大西洋两岸的研究工作和学术生涯都成绩斐然，并于2009年与托马斯·施泰茨和阿达·约纳特共同获得诺贝尔化学奖。2012年他因对分子生物学的贡献而被授予爵

---

[1] 达斯·维达出自电影《星球大战》，他的两次改变影响了原力的光明面与黑暗面的互相变化，使他实现了平衡原力的预言。

学会更聪明地提问

士称号。文卡在2015年至2020年期间担任英国皇家学会第62任主席。除了领导自己在剑桥大学的MRC实验室，他还在分子生物学相关的风险投资领域工作。就科学探索和风险投资中提出更聪明问题的重要性，我们进行了谈话。

提出问题在科学中起着关键作用。问题决定了实际追求的目标，即要解决的问题是什么。而一旦确定了这一点，我们就会进一步通过提问找到方法。有一系列的选择要做，每一个选择都被表述为一个问题，从而形成一个问题树。但最基本的问题是：我们真正想知道的是什么？

对拉马克里希南来说，真正聪明的问题是有趣到没有明显答案的问题，但又不能遥不可及、不切实际。他指出："要达到一种微妙的平衡。一方面是那些琐碎的、仅增量的、无聊的研究问题，另一方面是那些以目前的科学水平还无法解决的问题。最好的科学发现就在两者的交界线上。那是科研突破的最佳位置。"

21世纪10年代初，我曾在英国有史以来最成功的"疯子"之一——迈克尔·格林利斯的手下工作。作为现代英国广告业的教父，迈克尔是20世纪80至90年代的商业巨头Gold Greenlees Trott（GGT）的创始人之一。在谈到咨询服务的创新时，他与文卡的想法一致，并借用冰球运动表达了自己的观点："不要把冰球投到你认为球会落地的地方，而是投到你预计它在18到24个月后会落地的地方。"

保持开放的思维，并提出开放式的问题。这个主题兼最佳实践建议将在本书中多次被提到。禅宗佛教被引入西方（尤其是美国），很大程度上是由于铃木俊隆禅师的传教布道和其畅销书《禅者的初心》（*Zen Mind, Beginner's Mind*）的影响。他提出："在西方，人们只尊重专家。但专家的思想是封闭的思想。"而迈克尔和文卡所推崇的专家方法与其恰恰相反。

在拉马克里希南看来，能提出聪明问题的人是思想开放的，并且有能力或有勇气离开他们的舒适区。大多数人只会在已有发现的基础上就近提出一个明显的问题。但更难的问题不是"下一步是什么"，而是"我到底想知道什么"。这可能要比我们目前的水平高出好几个台阶，而且实现这一未来目标的道路也未必清晰可见。不明朗的东西本质上就会让人觉得不舒服，就好像陷入了未知的混沌。新闻工作者迪恩·尼尔森写了一本关于如何在采访中提出更好问题和获得更好答案的书——《与我交谈》（*Talk to Me*）。正如他在书中所说的："问一些明显的问题就像在写作中使用陈词滥调……永远不要使用第一个想到的比喻或隐喻。"

为了摆脱只会就近提出一个明显问题的困境——在基础科学以及更广泛的生活中——文卡建议不断进行自我监控和自我监督。他认为："如果我们在一生中能提出几个真正重要的问题，就已经是幸运的了。"在科学领域，一个突破会带来许多明确的下一步，我们不需要为此再提出具体的、聪明的问题。在这一阶段，研究人员忙着有效地利用这一突破。然后，他们会进入一个平台期或僵局。此时全世界都在关注这个领域，并发表一些数据来证实这个突破，或显示一些有趣的细微差别，但没有新的发现。这个时候，我们就需要退一步，问一

学会更聪明地提问

问自己下一个想要了解的真正的大事是什么。

拉马克里希南是2009年获得诺贝尔化学奖的三位科学家之一。诺贝尔奖就是一件大事；坦率地说，是最大的事。表面看来，它似乎只会授予那些能提出（和回答）最聪明问题的人。和他交谈时，我很想知道，能让诺贝尔委员会满意的提问（和回答）方式是否有什么不同：

> 说实话，诺贝尔奖只是一个副产品，而不是一个目标——我是这样想的。如果你能让自己做到只问真正重要的问题，例如"我真正想了解的是什么？我的研究领域在等待什么新发现？"，并持之以恒地坚持下去，那么，无论是否获得诺贝尔奖，你所做的都是非常有意义的事。但正如我所说，诺贝尔奖是一个非常偶然的副产品——当然也是一个非常伟大的荣誉。

文卡的另一项工作是为风险投资基金提供建议，分析其所在的领域中哪些有前途的企业值得投资。他发现在学术研究中构建聪明问题所需要考量的一些因素同样也适用于风险投资：

> 你想要支持的是那些会脱颖而出的企业——它们正在做的事会大大推动一个领域的发展——而不是成百上千家做同样事情的企业中的一员。因此，明智的投资——在聪明的问题指导下——会追随真正原创的想法或方法。在能够实现知识产权突破的情况下，这些想法或方法有可能开辟一个细分

市场并占得先机。这一点和做学术研究是一样的。

在风险投资中的考量思维方式和提问方式的不同之处在于，你必须考虑到市场，并且评估正在取得进展的突破是否确实有市场。你还需要找到一种方法使科研产品能够脱颖而出，让人们看到它有别于竞争对手，或者比同一问题的其他答案更有效：

但是这并不适用于学术界。学术界不必担心市场的问题。一项重要的学术突破因其本身受到重视，因为它能够创造一个新的领域或大大促进一个现有领域的发展。一个领域就是学术界的一个市场。纯粹的研究本身就是一种回报。此外，学术界和风险投资公司的时间表也有很大的不同。从短期来看，它们是相似的；但从长期来看，它们是截然不同的。投资的回报是什么，对于生物技术资助机构和生物技术风险投资基金来说是完全不同的。

下一章的标题是"希腊人到底为我们做了什么？"，我们将讨论古典主义时期希腊哲学家——柏拉图、亚里士多德以及柏拉图的老师和灵感来源苏格拉底——为我们留下的遗产。在详细探讨相关内容时，我们会谈到苏格拉底式教育法（Socratic method），也就是从无知的状态出发，通过不断提出问题来获取知识。据说，苏格拉底曾多次提到"我唯一知道的就是我一无所知"。苏格拉底认为，接受无知并由此出发是获得智慧的根本，这也是东方和西方哲学传统中共有的一种思想。据称，

《道德经》的作者老子也曾说过:"知不知,尚矣;不知知,病也。[①]"

苏格拉底式教育法从无知的状态出发,逐步测试各种假设并消除那些经论证会导致矛盾的假设。我很想知道这种方法——以及在其影响下诞生的诸多科学方法之一的波普尔式零假设显著性检验——是否在文卡通过"提出更聪明问题"进行一般的基础科学研究,尤其是分子生物学研究时,也有所体现:

确实有所体现。但我不喜欢对科学的运作方式持教条主义态度。假设检验——检验,随后证实或反驳——是哲学家们在理论上看待科学的方式。但哲学家们并不了解如何在实践中做科学研究。真正的科研有时是这样运作的,但有时也会遵循直觉或预感——在一个意想不到的地方发现了一些有趣的东西,然后通过实验进行探索。科学是具有多面性的,不能把它全部归结为苏格拉底式的思考。

当谈到为一个鲜为人知的主题领域创建问题时,拉马克里希南鼓励研究人员采纳探索者的思维方式。探索性研究可以用三个问题来指导。

1. 我为什么要在这个领域进行探索?
2. 我希望/期望能找到什么?我期望的范围是什么?
3. 如果我发现了一些有趣的东西,但它并不符合一个先入为主的既定框架,那么我为什么认为它有趣?

[①] 译文:知道自己还有所不知,这是高明的。不知道却自以为知道,这是糟糕的。

第一章　学会提问有怎样的意义？

这种方法绝对是非苏格拉底式的。而且据我们了解，它已经远远超出了大多数科学家的舒适区。它更加模糊不清、难以把握，而这也正是它如此吸引人和富有成效的根本原因。虽然西方教育取得的一些成就值得我们骄傲——基本实现了人人识字，目前的毕业率也创了新纪录，但文卡认为，与繁荣的古雅典时期相比，我们的发展速度还不够快：

> 这种方法涉及的方面过于狭窄和千篇一律，过分强调死记硬背和复述事实。特别是在英国，这里课程的覆盖面比其他国家要狭窄得多。普通中等教育证书考试高级水平课程（A-level），甚至剑桥大学的专业课程，其体系都是限制性的，而非讨论式、开放式的。这样的课程体系对应填鸭式的学习方式。教学内容的范围狭窄意味着培养对象被引导到一个狭窄路径上的思维框架中，他只能提出狭隘的问题。而接受过更宽广知识培养的人，则更有可能发现通常被认为互不相关的领域之间的联系。现实生活比西方（特别是英国）教育认为的要开放得多。教育的现状需要改变。

对拉马克里希南来说，一个问题是糟糕的意味着我们虽然发现了它的答案，但是并没有从中学到任何新的东西：

> 我总是要求我的学生和博士后思考：如果他们的实验成功了，那么我们是否会从中学到新东西。如果一个问题的答

- 043 -

案不能进一步引出独有的、新的、有趣的问题,那么最初的那个问题就不会是个好问题。

我们还应该避免诱导性的问题,因为它们不是提出质询,而是固化偏见,引导人把问题当作答案来思考。这样一来,我们思考的方向就会暗含在一个引导性的问题中,因此思考就会是封闭的而不是开放的。"我们应该努力在提问中将保持开放性放在首要的位置。因为当你的思维和提出的问题具有开放性时,你就会关注到意料之外的情况。而意料之外的东西可能就是真正能带来变革的东西。"

文卡·拉马克里希南关于"提出更聪明的问题"的五大要诀

1. 经常问自己:我们真正想知道的是什么?
2. 确保你的问题没有明显的答案,但同时也要避免那些答案过于虚无缥缈、遥不可及以至于无法在实际中应用的问题。
3. 既要准备好跟随直觉和预感提出问题,也要准备好合乎逻辑地推进后续行动。
4. 采纳探索者的思维方式,问自己:我为什么要在这个领域进行探索、我期望发现什么,以及如果我的发现不符合现状要怎么做。
5. 如果答案不能引发更多问题,那么最初的问题可能就不是那么有趣。

第二章

我们能从古希腊哲学家那里学到什么？

苏格拉底悖论使我们能够提出更多、更好的问题，而不是急于下结论。

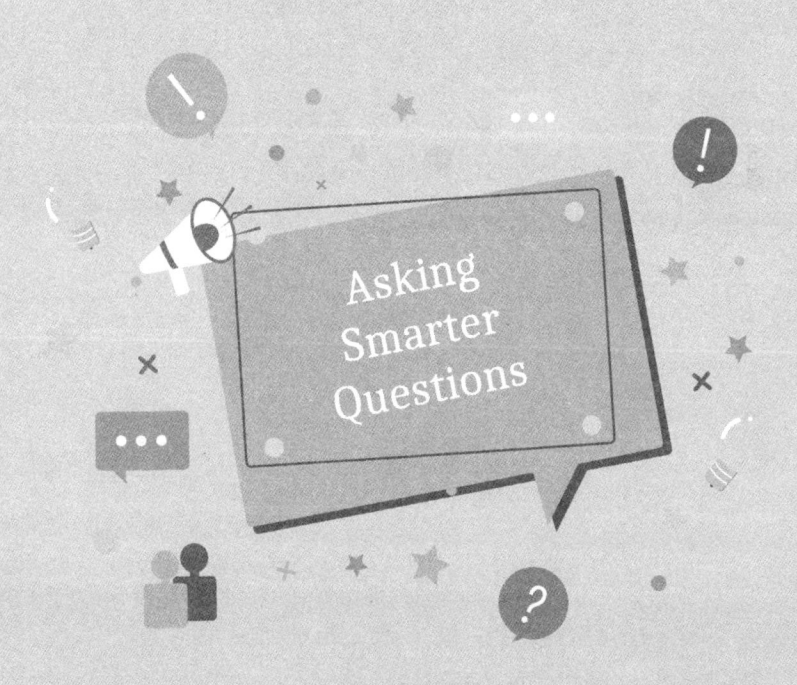

经典正在回归，当谈到在现代知识经济中提出更聪明的问题时，没有什么地方比公元前5世纪的雅典更适合寻找灵感了。苏格拉底、柏拉图和亚里士多德一脉相承，为西方的哲学、科学和探究传统设定了方向，而这个方向已经延续了近2500年。尽管这一路走来，有很多不足之处被摒弃了——尤其是亚里士多德拒绝并纠正了他的老师柏拉图看重的一些原则——但我们还是要深深地感谢他们确立了许多基本原则。

首先要说的就是，苏格拉底多次强调自己的无知以及他"我唯一知道的就是我一无所知"这个事实。这一点，即苏格拉底悖论，对任何有求知欲的人来说，都是一个完美的起点，因为它把所有的假设和偏见都拒之门外。这样一来，这种天真的、开放式的方法使我们能够提出更多、更好的问题，而不是急于下结论。

斯塔夫罗斯版万世魔星

想象一下发生在平行宇宙中的场景。我们可以参考电影《万世魔星》(*Life of Brian*)的情节。但是,我们想象的这个版本没有取笑罗马帝国统治下、耶稣生活的时代中的邪教领袖多么容易获得追随者的喜剧团体巨蟒组,而是把时代背景再往前推几百年,让另一个组织去讽刺雅典帝国统治下的种种情形。我们这个版本中,一群脾气暴躁的革命者——也许可以称之为纳克索斯人民阵线(简称PFN)——挤在纳克索斯岛的一个秘密庄园里,正在抱怨在雅典人统治下的生活是多么艰难和不公平:"拿走了我们所有的银子……砍掉了我们的树。"为了使这次集会进入狂热状态,并鼓动人们采取行动,反对他们的帝国主义霸主,PFN的领头人扬尼斯问道:"该死的雅典人又曾为我们做过什么?"

"民主?"从阴暗处传来一声嘀咕。

"哦,是的,民主——显然是民主!"

"建筑?"

学会更聪明地提问

"他说得很有道理,扬尼斯。如果没有设计精美的寺庙,我们会在哪里呢?"

房间四周响起其他人的声音:"闹钟!""陪审团审判!""历史!""随机分配公民担任公职!""悲剧、喜剧——噢,剧院!""灯塔!"

是的,是的,是的,但除了民主、建筑、闹钟、陪审团审判、历史、随机分配公民担任公职、悲剧、喜剧——剧院——和灯塔……除了这些之外,该死的雅典人又曾为我们做过什么?

大家沉默了。作为自封的 PFN 领袖,扬尼斯身上散发出一种自鸣得意的满足感。他相信自己已经赢得了这场争论,激起了反抗雅典占领者的革命行动。他正准备继续谈论武装起义,反对寄生的帝国主义霸主和每年都来征收"贡金"的邪恶雅典征税员,突然,从黑漆漆的房间里的一个黑漆漆的角落中传出一个胆怯的声音。我们能隐约辨认出坐在那里的斯塔夫罗斯的身影。他是影片的主角,性格胆怯,但逐渐崭露头角。他第一次参加 PFN 的集会,希望能引起令他心仪的少女狄奥蒂玛的注意。

"呃,哲、哲学?"他结结巴巴地说道。

欢迎来到这个平行宇宙——"斯塔夫罗斯版万世魔星"(Life of Stavros)。

第二章 我们能从古希腊哲学家那里学到什么？

古典文学的兴衰成败

让人泪眼蒙眬的关于古雅典的浪漫故事有很多。这些故事留在那些单纯研究其文化和文明的人心中，也留在那些欣赏其文学、哲学甚至科学成果的人心中——这些成果在随后的2500年里激起了涟漪，或者说更像是冲击波，为西方传统打下了坚实的基础。许多关于公平和文明社会的格言和准则都源于此阶段一些思想家的实践和著作，而这些思想家是古代欧洲乃至全世界有史以来最优秀和最清醒的。

在很长一段时间中，拉丁语和希腊语相关课程（语言文学、历史学和建筑学）在最早的几所主要大学里占了主导地位，有时甚至是仅有的课程。即使在更广泛的科学学科发展起来后，学生们在校期间也必须先学习古典文学，然后才能进入其他课程的学习。近代的大学曾要求将高级拉丁语或希腊语设为学习医学之前的必修课程。这种想法在今天看来是不可思议的，但在英国和其他一些地方，这种情况一直持续到20世纪。

不要误解我的意思，我并不是要削弱或贬低古希腊和古罗马长久以来的重要性。我自己也研究过这些文化和文明，且达到了硕士水平。而且你会在这本书以及这套三部曲的另外两本书中发现，我经常借鉴两者的影响力和留给后世的遗产来制定准则，从而使我们能更聪明地使用数据、提出更聪明的问题、显露和表达见解，以及讲述更有说服力的故事。毫无疑问，我们仍然可以从古人那里学到很多东西。我很高兴地看到古典文学目前正在西方的小学、中学和大学教育中逐渐复兴。

1985年，也就是我在学校的最后一年，我参加了希腊语的A-level考试。当年全英国有近70万名考生，参加这门考试的只有400人（见2014年史密瑟斯研究报告）。"二战"结束后，英国注重的是偏实践和职业的教育，因此，古典文学逐渐被视为过时的和老派的。科学——源于拉丁语的"*scientia*"，简单来说，就是"知识"——正在全面接管各个领域，从化学、物理学和生物学，到数学、经济学和统计学，再到社会学、心理学和神经科学。随着各个成员国加入欧盟，人们可以自由地在整个欧洲大陆范围内工作和娱乐，现代语言变得更受欢迎，也更有用。拉丁语和希腊语被嘲笑为"已经死去的"语言，学生、家长和雇主对这些科目的需求减少了，而这意味着接受培训教授这些科目的教师也减少了。

我认为，近年来古典文学流行的逆转有三个主要原因。

1. 新的教学和学习方式。大学的领导们发现，要让学生在大学学习古典文学，其实并不需要学生在整个中学阶段都学习相关的语言。他们现在意识到，学生既可以在学位课程的第一年集中学习语言，也可以通过翻译实现阅读。古典文化课程先在中学阶段兴起，随后在普通中等教育证书（General Certificate of Secondary Education，GCSE）和A-level的课程中兴起，这也进一步加速了古典文学的回归。

2. 错误的逻辑。虽然表面上这些"已经死去的"语言让人难以理解，尤其是字母与英语字母差异相当大的希腊语，但实际上这些古典文化的文学、历史和哲学对当代思想的永恒诱惑和持续影响一直都在，只不过被隐藏了起来。

3. 现代媒体。在主流文化（电视）中出现了身为现代超级明星的古典主义者，其中包括玛丽·比尔德、贝塔妮·休斯、迈克尔·伍德，还有以现代视角重述古代神话的娜塔莉·海恩斯和雷克·莱尔顿。其中娜塔莉·海恩斯取得了尤为重要的成就。她从女性的角度重新讲述了荷马史诗和底比斯史诗中的故事——既讲到了特洛伊战争，也讲到了俄狄浦斯一家。

你看，古典文学一直存在一个问题。几乎所有的悲剧、喜剧、史诗和历史都是由男人为男人写的。古希腊和古罗马的社会也是由男人为男人管理的。女性（即使是女性公民）不像男性那样拥有合法的权利、被保护的权益，以及拥有财产或金钱的能力。而所谓的伟大的雅典的民主制度——雅典也正是这一概念的发源地——也只有在你是约4万名公民的一员时才是伟大的。如果你是女人、非公民或奴隶，你就会被明确禁止参与政治、大部分商业活动以及公共生活。而奴隶和非公民的人数被认为超过了公民总人数的五分之一甚至更多。作为非公民，你没有获得正式教育以提升自己的机会，只能生活在阴暗的平行世界里。

因此，像现在这样反思文学、艺术、建筑，特别是哲学的伟大遗产时，我们必须记住这一点——这笔遗产主要来自单一性别的、一小部分享有极高权利的人。社会里的这一小部分人之所以有足够的时间和资本创造出如此有趣的思想和思想家，是因为他们从其他较弱的城邦那里偷取金银，并胁迫他人做奴隶，替他们做不愿做的事。我们还应该反思，是谁创造了这些作品、这些作品是为谁创造的、哪些人又会是这些作品的消费者。答案是,像他们一样的男性公民。

21世纪20年代面临着现代社会的话语断裂,鱼龙混杂的社交媒体还加剧了这一现状。而公元前5世纪和公元前4世纪的雅典哲学中有大量相关内容,能够帮我们提出更聪明的问题,让我们走上正确的道路。柏拉图的对话录、亚里士多德的论著以及柏拉图所记载的苏格拉底的思想和言论,都能给我们启发。我认为古典哲学确实经得起时间的考验。但与此同时,我们也应该把握住玛丽·比尔德和娜塔莉·海恩斯等人的精神和气质。这样我们就可以避免过于感性地看待作品的创作环境,因为那些文化确实与我们今天所认为的公平、平等和公正相去甚远。

"没常识"

约翰·劳埃德是英国电视和广播史上最具影响力的喜剧作家之一。他的作品包括《非九点档新闻》(*Not the Nine O'Clock News*)、《黑爵士》(*Blackadder*)、《吐槽》(*Spitting Image*)和《QI》(*Quite Interesting*)(又译《真有趣》)。事实上,《QI》不仅仅是一档颠覆性的电视问答节目。自2003年以来,《QI》已经播出了19个系列,近300集。QI还是一个咨询机构、牛津的一个俱乐部,同时也是劳埃德的一种生活方式。在年及古稀之后的大部分时间里,劳埃德一直在收集和整理一些晦涩但"QI"的事实——阿尔卡那塔罗牌、秘密,以及神秘事件。了解这些为他的生活平添了趣味。

游戏节目《QI》的决赛轮名为"没常识"(General Ignorance),

第二章 我们能从古希腊哲学家那里学到什么？

是对常识问答游戏的模仿。在这轮比赛中，小组成员需要回答一些人们会想当然，但常常搞错的常识问题。这一轮比赛就像斯特鲁普色词测验（colour-naming Stroop test）一样，难度很大。这一比赛衍生了一系列出版物，其中至少有三本以"QI 节目没常识之书"（The QI Book of General Ignorance）命名。在另一档由劳埃德创作和主持的 BBC 长期广播喜剧谈话节目《好奇博物馆》（The Museum of Curiosity）中，他自称南安普顿索伦特大学的"没常识教授"。劳埃德获得该校的荣誉学位，很大程度上要归功于他作为问答节目主持人鼓励的知识探索精神。正因为提出了更聪明的问题，他被南安普顿索伦特大学授予了荣誉。

QI 的开发人员被称为"精灵"。出生于乌克兰的记者维塔利·维塔利耶夫这位前"精灵"于 2018 年代表《工程技术杂志》（Engineering & Technology）采访了劳埃德。他问前老板开发这个节目的动机是什么。劳埃德回答说：

> 1993 年，我 42 岁。我那时感到不快乐、无力和无知——也许这是一种中年危机。我突然清楚地意识到，尽管我接受了这么多教育，也有了一定的经验，但我其实什么都不知道。比如说，一棵树究竟是如何生长的？在电视行业工作了这么多年，我对电视摄像机工作原理的认识仍然很模糊。这让我想到了"无知"的力量——不是因缺乏信息而傲慢的那种无知，而是苏格拉底式的"即使我知道的事情我也不知道"。从这一点来说，无知比有知更重要，因为它能推

- 053 -

动创造力、鼓励学习。

然后我想，如果有一个电视节目，让一群中年喜剧演员对鲜为人知的事实进行戏谑，让观众在笑声中学习，那该多好啊。这样的节目应该起个好名字，比如"QI"，代表着"真有趣"，而且反过来恰好就是"IQ"。它的目标可以是成为世界上第一本不无聊的电视版百科全书。

劳埃德讲述了他的中年无知危机和他的认识，即无知以及有意识地接受无知是对好奇心和学习的解放，同时也是好奇心和学习的基础——这是向提出更聪明问题迈进的第一步。

来自希腊的他，求知若渴

公元前5世纪的雅典哲学家苏格拉底从未写下任何东西，或者说至少没有任何作品从古代流传下来，而我们对他的头脑、思想和生活了解得非常多。他放弃了写作，更喜欢谈话和提问，毕生追求了解能使人类和社会伟大的品质的本质——真理、美、正义，以及类似的东西。我们要感谢他的学生柏拉图，因为我们对苏格拉底的一切了解都是透过其他人的文字获得的，而他几乎所有的思想和言行都是通过柏拉图传递的。

柏拉图于公元前5世纪20年代初出生在雅典附近。当时雅典与斯巴达之间的伯罗奔尼撒战争刚进行了几年。在这场战争中，双方夏季交战，冬季休战，断断续续一直拖到了公元前404年。柏拉图是苏

第二章 我们能从古希腊哲学家那里学到什么？

格拉底的学生，但不是我们所理解的那种学生。苏格拉底没有经营任何类型的教育机构。柏拉图就不一样了，他在公元前4世纪以柏拉图学园（Academy）[①]的形式建立了可能是世界上第一个高等教育机构，他的（明星）学生之一就是亚里士多德。为了更好地理解这个世界，苏格拉底向对话者提出了一个又一个问题——柏拉图就在这个哲学战场上学习、聆听，当然也参与其中。

人们认为，与古代几乎所有其他作家的作品都不同的是，柏拉图的全部作品都流传到了今天。他的35部作品几乎都是以苏格拉底和其他人（通常是几个人之间）的对话形式写成的。无论如何，我们都不会认为柏拉图的作品是对真实个人之间实际对话的逐字记录和新闻报道式写作——即使它们读起来似乎是这样，而且其标题常常是与苏格拉底争论和辩论的其中一个人的名字，例如《亚西比德篇》（*Alcibiades*）、《美诺篇》（*Meno*）、《斐多篇》（*Phaedo*）和《蒂迈欧篇》（*Timaeus*）。毫无疑问，这些作品中表达的论点和运用的论证技巧展现了苏格拉底的生活：有时在公共空间，有时在私人空间，有时在体育馆，有时在雅典周围散步，有时在聚会上用晚餐（或饮酒）——随时随地都能展开讨论。

柏拉图长大的城市会定期举办节日庆典，以及悲剧和喜剧表演——这是两种经久不衰的娱乐形式，即使不是由柏拉图的同胞雅典人发明的，也肯定是由他们完善的。他的生活中出现了三位最

[①] 简称"学园"，因其地址在阿卡德谟（Akadcmos）圣殿附近的园林，故命名为"Academy"。柏拉图学园是古希腊罗马传播哲学和知识的中心之一，由此形成的学派称为学园派。

伟大的人物，即悲剧作家索福克勒斯（Sophocles）和欧里庇得斯（Euripides），以及讽刺喜剧作家阿里斯托芬（Aristophanes）。柏拉图用对话录捕捉苏格拉底的好奇心和探究精神，将苏格拉底的哲学论述方法鲜活地展现在一种充满戏剧性对话的文化中。从柏拉图一贯使用的哲学辩论体裁中可以看出，他相信这种形式可以激励读者做同样的事情——加入辩论，使用他所展示的技巧，并形成他们自己的论点。苏格拉底的对话旨在传递知识，在寓教于乐中指导他人。当柏拉图在公元前4世纪初开办柏拉图学园时，他使用这些对话录为学生重现了苏格拉底的经验。而这件事的一个意外收获是，这些对话录使他的思想以及导师苏格拉底得以永生。在文学作品中，几乎找不到哪个人物能比苏格拉底说的话更多了。

幸福的无知与苏格拉底反诘法

苏格拉底对哲学的探索是以某种方法为起点的，这种方法也正是"提出更聪明的问题"的核心所在。它是《皆大欢喜》(*As You Like It*)第五幕第一场中，莎士比亚笔下的傻瓜试金石所主张的立场："傻瓜自以为聪明，但聪明人却有自知之明。"它是约翰·劳埃德的灵感，启发他在人生失去方向和目标的时候创造出了《QI》。它还是一种观察世界和锻炼好奇心的方式，能够将假设拒之门外，从而使人尽量轻装上阵。它允许从零开始建立论点，而不是自上而下地解构。无知，即公开承认无知并接受将无知当作获取知识的基石，这被称为苏格拉底悖论。

第二章　我们能从古希腊哲学家那里学到什么？

在柏拉图的《申辩篇》(*Apology*)中，苏格拉底在他的审判辩护开始时说："我既不知道，也不认为我知道。"当被问及谁是最聪明的人时，德尔斐的阿波罗神庙的女祭司——她发布所谓的德尔斐神谕，希腊人经常去寻求指导以回答最棘手的问题——说是苏格拉底。她给出的理由不是苏格拉底学识渊博，而是一个简单的事实，即他承认并接受自己的无知。英国创意广告大师戴夫·特罗特于2021年出版了《无知的力量》(*The Power of Ignorance*)一书，这本书在标题和内容上都体现了苏格拉底的精神。例如，在序言中，特罗特以典型的精辟而犀利的语句宣称："无知，如果能与好奇心结合在一起正确使用，能够让我们发现我们不知道的事情。"

在柏拉图的对话录中，苏格拉底一次又一次地表明，自以为对一个问题有所了解——哪怕是一点点——很快就会让你陷入矛盾的死结。苏格拉底式教育法被称为"反诘法"，新出版的《剑桥希腊语词典》(*Cambridge Greek Lexicon*)将其定义为"以反证或驳斥为目的的论证技巧……检查、调查（人或事物）；提问；测试、检查、审视、审判（作为确定事物真实性质的一种手段）；证明"。反诘法是这样的：

- 苏格拉底要求与他对话者给他们想了解的概念，例如真理、美德、勇气下定义。在柏拉图所著的苏格拉底对话录中可以看到，苏格拉底尝试使用反诘法定义这种抽象概念的本质属性。
- 苏格拉底牢记最初的定义或例子，进一步提出有关概念的其他特点或定义，然后让与他对话者同意这个定义。

- 苏格拉底说:"等等,这些立场是不相容的。第二个立场破坏了第一个立场,两者都不可能是真的。我们如果接受第二个,就必须拒绝第一个,否则我们就被迫相信矛盾的想法——认知失调[①]可并不好受。"

- 最初的定义和其他来自表面知识立场的定义都被否定。这可能导致一种自相矛盾感或绝望感,使人认为永远不会得到一个令自己满意的定义。

- 为了得到一个他们认为可以接受的有效定义,苏格拉底和与他对话者要么在自相矛盾中放弃,要么开始从头开始建立论点,看看哪些是兼容的,哪些是不兼容的。

可以说,苏格拉底式教育法并不容易,而且它也不总是受欢迎。正如教授组织机构如何应用苏格拉底式对话的当代实践哲学家埃尔克·维斯在她的《如何了解一切》(How to Know Everything)一书中谈到的:

> 通过这个过程,苏格拉底展示了他人的知识匮乏……以及使他们痛苦地意识到自己并不像自以为的那样有知识。由于这并不符合这些人与苏格拉底交谈的初衷,他最终惹怒了

[①] 苏格拉底实际上从未谈到过认知失调这个概念。事实上,直到社会心理学家利昂·费斯廷格(Leon Festinger)和其他人在研究中发现,在现实世界中,人们如果想要自己的精神正常发挥作用,就普遍需要保持内在心理的协调一致,认知失调的概念才被提了出来。——作者注

第二章 我们能从古希腊哲学家那里学到什么？

很多人。

提出问题并为答案留出空间，需要勇气和面对自身脆弱性的能力……这意味着放弃大部分控制权，任由事情发生。

尽管苏格拉底通过学生柏拉图产生了持久的影响力——不过在他被判"腐化青年罪"并被罚喝下一杯毒芹酒身亡后，柏拉图才写下了这些对话录——但苏格拉底最积极实践反诘法的时期是狂热的、不可预测的。公元前5世纪末的战时雅典与我们现在的话语断裂时代有相似之处。当时的喜剧演员和讽刺作家阿里斯托芬以及后来的历史学家修昔底德各自以文学形式对煽动者的崛起进行了讽刺和描绘。其中包括仇外的战争贩子克勒翁，他与美国前总统特朗普的行事方式有几分相似，一样口出狂言、蛊惑人心和惯用"另类事实"。

在这样一个有害且充满政治色彩的氛围中，苏格拉底不妥协的哲学方法最终使他付出了生命的代价也不算奇怪。他并不能像我们一样，以社交媒体平台和网络连接为中介进行游说。当时的公民集会上也有滑稽场面和八卦新闻，但是雅典只有4万公民，直接民主也不需要这些中介。当亚里士多德在他的《政治学》(Politics)中说"人在本质上是一种政治动物"时，他并不是说我们都会对政党政治阴谋中的短兵相接感兴趣。他的意思是，人类通过生活在一个城邦中发展和繁荣。由于古希腊城邦的公民人数相对较少且易于管理，因此实行的不是代议制民主，而是直接民主。

学会更聪明地提问

在提出更聪明问题时呈现出理性的崛起和谦逊的力量

苏格拉底通过反诘法曾经确实（但通常并没有）成功得出过抽象概念的本质属性，但比起这一结论更重要的是，他在提出更聪明的问题时承认和赞美无知的行为呈现出了谦逊的真正力量。事实上，这条由苏格拉底倡导、柏拉图记录并多次重申的原则是一条基本原则，支撑着许多哲学、探究、科学、好奇心和学习的方法。当然，它在几十篇对话录中的多个不同观点中都明确出现过。每当苏格拉底使用反诘法时，它就会隐含地出现。

思想开放、搁置偏见和避免臆断并不会让人丢掉以前获得的知识。通过以一种更聪明的方式提问和回答问题，"什么都别假设，什么都要考虑"这句箴言使得证真偏差（confirmation bias）[1]导致我们得出惯常结论的概率降到了最低。这反过来又鼓励了更大的思维多样性。它可以容纳更多的多样化观点，还扩大了创新的范围。矛盾的是，一张白纸反而更有可能被有意义的内容填充。这也是第五章将提到的以不加评判的方法使用语言的基本原则之一，它被称为"干净的语言"（例如，Sullivan & Rees，2008；2019）。"干净的语言"这个概念是由心理治疗师大卫·格罗夫提出的，至今仍在咨询、培训以及培养领导力领域备受青睐。

通过引导我们内心的苏格拉底，并在我们开始提问时接受自己不

---

[1] 人们希望去寻找与他们持有观点相一致信息的现象，任何与其观点相冲突的信息会被忽略掉，而一致的信息则会被高估。

第二章 我们能从古希腊哲学家那里学到什么？

知道答案这一事实，我们可以事半功倍。这种方法的优势包括：

- **能够使我们受到工作伙伴的尊重**，因为我们避开了明显的、简单化的或老套的问题和答案——正如文卡·拉马克里希南在上一章的采访中详述的那样。
- **能够使各方广泛参与**，避免有人单独行动。
- **能够使我们更有效地利用时间**，耗费尽可能少的时间用于破坏性地重复同样的老路。
- **能够使我们真正适应来自过去的东西**，即我们已知的东西，但不是让其主导讨论。现有的知识非常重要，但如果纵容我们已知的东西主导或支配关于未来的讨论，那么我们变革和真正创新的能力就会受到限制。
- **能够使我们在起点与目标之间取得平衡**，在提问者进退维谷的辩论与讨论的漩涡中开辟出一条安全航线。

考虑到苏格拉底所遵循的"我唯一知道的就是我一无所知"的探究方法有着持久的影响，接下来我们将探讨更现代的苏格拉底式的销售方法。

走向信息对称

苏格拉底有幸过着哲学探究的生活，因为他出生在公元前5世纪的雅典，是一个自由公民。雅典繁荣有很多原因。它在陆上享有有利的地理位置，正位于希腊世界的中心。它附近有银矿，而且容易抵达爱琴海盆地。爱琴海盆地岩石较多，不适宜人类居住，但是有适宜种植农作物和放牧的平原。在青铜时代晚期的迈锡尼文明灭亡后——也就是半神话的特洛伊战争时期——雅典相对较早地发展和繁荣起来。与其他许多邻近的城邦相比，雅典建立了更先进和更稳定的政治结构。

在公元前490年和公元前480年波斯两次入侵希腊期间，雅典城邦在战争中遭到洗劫，几乎被击溃，遭受了巨大损失。但这个城邦的人很聪明，他们有效联合了许多单个城邦，组成泛希腊力量来对抗强大的波斯，特别是确保了与拥有传奇勇士的军事寡头斯巴达结盟。雅典的领导人曾问："我们怎样才能组成一个足够强大的联盟来抵抗我们的老对手波斯呢？"在公元前479年波斯最终被打败后，雅典人认为可以直接建立一个名为提洛同盟（Delian League）的联盟——其金库位于爱琴海中部的提洛岛——来对抗波斯扩张主义的持久威胁。

一直由雅典人主导和管理的提洛同盟逐渐演变成一个实际上的雅典帝国，只是未被道明罢了。雅典将军和政治宠儿伯里克利在公元前454年将金库迁至雅典。雅典人对同盟成员收取的黄金"贡品"使雅典得以创建希腊有史以来最大的海军。它当然可以用来保护希腊不受波斯侵扰，但它也可以用来向不断增加的成员城邦（最多时达到330座）勒索更多贡品。单个城邦没有力量抵制雅典这种索取有效保护费的行为——这是国家支持的黑手党活动。这笔钱还被用来资助帕特农神庙等的建设。雅典卫城上宏伟的雅典娜·帕特农神庙配备了一座12米高的由金子和象牙做成的女神雕像，这位女神与雅典同名，是这座

第二章　我们能从古希腊哲学家那里学到什么？

城邦的保护神。评论家称雅典"把自己打扮得像个妓女"也有一定道理。

苏格拉底正是在这种环境和文化中成长起来的，并拥有成为哲学家的自由。虽然从柏拉图的对话录中可以看出，苏格拉底参与了公民生活，包括在雅典军队中当重装步兵（一种富有的、装备精良的步兵），并担任各种公共职务，但在他生命的大部分时间里，他都是与"正常"社会半分离的。在当时的描述中，尽管他的条件相对富裕，但仍过着清苦的生活，不大吃大喝，对积累或持有财富不感兴趣。然而，正是由于他出生的时间和地点，他才能够整天提问题。

如果说一位清苦、反社会的哲学家能为现代资本主义核心的销售方法提供灵感，这可能会令人惊讶。但是，正是苏格拉底的谦逊、对无知的坦然接受，以及他"通过问题学习的坚定信念"，推动了Communispond公司的发展。这是一个进步的美国销售培训企业，旨在发展苏格拉底式的销售技巧，并用苏格拉底的名字来命名以客户为中心的销售课程。2005年，该公司的凯文·戴利在其撰写的同名书籍《苏格拉底式销售技巧》(*Socratic Selling Skills*)中对这些原则进行了总结。

"（苏格拉底）从不认为自己知道别人在想什么，"戴利说，"他相信向他们提问是帮助他们达成新理解的最好方式。"提出更聪明问题所使用的很多重要技巧都能横向联系各个学科，正是这一点启发我写这本书。这也是为什么在开始编写这些原则之前的一年里，我花了很多时间与许多不同身份的人交谈，而这些人的成功就建立在他们提出聪明问题的能力之上。他们的访谈内容放在每个主题章节的末尾。

"苏格拉底式销售是一门学科，它通过积极的倾听和有效的提问来发现客户的需求，从而使客户和销售人员共同满足这些需求。"戴利写道，"如果你想掌握这门学问，你需要把你个人的议程放在一边，专注于客户及其需求……不要一味推销……不要引导客户。"这种方法和巧妙的思路相当出人意料，与大卫·马麦特编剧的电影《拜金一族》(Glengarry Glen Ross)中那种咄咄逼人、"成交至上"的销售人员的刻板形象相去甚远。苏格拉底式销售的灵感来自古典哲学，它与英国警察喜欢采用的"讲述、解释、描述"的方法有很多共同之处。本书第八章有对汤姆·贝克警长的访谈记录，他对此作了很好的描述。亲爱的读者，这简直是天助我也。

从根本上说，苏格拉底式销售是一个由洞察力驱动的过程。它要求人有共情力。戴利说："它基于对客户观点的理解，鼓励客户把所想的东西说出来，并形成对未来的愿景。"同样，与漫画中奸诈的蛇油推销员（故意销售欺诈性商品的人）的行为不同，这个过程要求销售人员愿意采纳心理学家卡尔·罗杰斯开创的积极倾听技巧，花最多的时间去倾听——去回答更聪明的问题。我们将在第七章中再次讨论倾听的重要意义。除此之外还有一点，苏格拉底式销售的重点是"为什么"，而非"是什么"。"客户对功能本身并不感兴趣。客户只对这些功能提供的好处感兴趣。"

我在第一章的开头提到，在过去的30多年里，我有五六位同事在听取同事、客户或合作者的简报时会问："考题是什么？"在这个不拘一格的团队中，我有幸与安德鲁·沙利耶共事，他是目前为止我所认识的最好的销售人员和客户顾问。当我阅读戴利的书时，安德鲁不

第二章 我们能从古希腊哲学家那里学到什么？

断在我脑海中闪现，似乎每次翻页都能看到他的身影。安德鲁是一位柏拉图式销售人员——苏格拉底式销售人员的典范。在我们去见一个新的潜在客户之前，他会提醒我："一场好的销售会议的定义就是，我们在这场会议中不做销售演示，笔记本电脑都不要打开。"当我读到戴利说"把那些千篇一律的演示稿留在你的公文包里"时，我非常确定安德鲁也说过这样的话。然而当我问起时，他却告诉我，他从未读过戴利的书。

苏格拉底的母亲名为费纳瑞特。这个名字的意思是"带来美德的人"，非常适合她。她也是一位助产士。在柏拉图的对话录《泰阿泰德篇》（*Theaetetus*）中，苏格拉底把他自己这个无知但能提出更聪明问题的质疑者比作助产士（助产法）。他的目的是引导提问者得出那些被困在他们认知中的定义，使他们能够进一步理解所谈论的知识。美妙的思想和定义就在他们体内，就像婴儿在待分娩的母亲体内一样。苏格拉底不做任何假设，也不讲任何知识（除了如何助产的技术知识），他以最少的干预将提问者护送到光明之中。

我认为助产士非常适合用来形容任何类型的低干预、有共情力的顾问，包括那些从事销售工作的人。通过提出正确的、聪明的问题使客户认识到、搞清楚和阐明他们的需求——成功的销售人员就是这样做的。我在第六章末尾对斯图尔特·罗瑟林顿的采访中会再次提到这个主题。事实上，在我和斯图尔特交谈时，是他首先向我介绍了苏格拉底式销售的概念，尽管并不是他开展销售培训业务的 SBR 咨询公司使用的方法。正如美国作家丹·平克在他的《全新销售》（*To Sell Is Human*）一书中所说，"我们都在做打动人的生意"——说服他人采取行动，改变他们的态度、信念或行动的"生意"。对销售人员来说，这就像医生希望患者能坚持吃完一个疗程的药，或者老师希望激励学生去做作业或复习备考一样。

在没有互联网和即时搜索的时代，销售人员依靠他们与客户之间的信息不对称来获得并维持相对于客户的优势。例如，一个销售汽车的人知道制造商生产一辆汽车的成本是多少（出厂价），知道国家、地区和城市经销商在交易链上的利润是多少，知道怎么能赚到快钱（在清洁系统和服务合同上），以及哪里可以降低成本、哪里不可以降低成本。

而如今，这些信息都可以通过在网上提出一些聪明的问题来获得，所以销售人员和客户之间不再存在信息不对称。这使客户能在销售过程中更早地了解情况，并在他们与销售代表见面或互动之前能更接近购买成交点。随着这些不公平的优势被消除（信息不对称被抵消），销售人员需要不同的销售策略。亚历克·鲍德温在《拜金一族》中扮演一位守旧的销售经理布莱克，他使用的策略是奖励当周最佳销售员一套牛排餐刀，但我认为苏格拉底的方法与之相比更有可能成功。

对潜在客户的需求采取无知的立场，通过问一些聪明的问题来让他们说出这些需求，这样销售人员才能更好地专注于产品的优势而非特点。2022年的"布莱克"们淘汰了"ABC——成交至上"（Always Be Closing）的原则，而是鼓励销售团队"ABQ——提问至上"（Always Be Questioning），甚至"ASQ——提出更聪明的问题"（Ask Smarter Questions）。事实上，正如特里·费德姆在他的《提问的艺术》

第二章　我们能从古希腊哲学家那里学到什么？

(The Art of Asking)一书中所说的："问题，就其本质而言，是无知的表现，而不是愚蠢的表现。提问表达的是对学习的兴趣。"

更好地讲述数据故事的哲学

亚里士多德出生于公元前4世纪初。他早年的生活轨迹比较模糊，但他似乎在十七八岁时从希腊北部的斯塔吉拉来到了雅典。他进入了当时欣欣向荣的柏拉图学园，在那里他能够直接向苏格拉底的得意门生学习。正如牛津大学古典学教授阿曼得·德安格在本章末尾的采访中阐述的那样，亚里士多德与他的老师以及他老师的老师都截然不同。他在各种新的学科领域开辟了各种新的探索路线，从生物学和心理学到逻辑学和语言学，从伦理学和政治学到音乐和讲故事。尽管在亚里士多德的方法中，问题处于核心地位，但对于提出更聪明问题能产生的结果——有用的、基于证据的答案，他比苏格拉底，甚至在某种程度上比柏拉图都更感兴趣。

而且由于亚里士多德严肃的北希腊式行事风格，当他不同意柏拉图和苏格拉底的哲学方法以及由其推导出的结论时，他并不害怕大声说出来。这与柏拉图形成了鲜明的对比。柏拉图会小心翼翼地避开与老师的明显分歧，宁愿借别人之口说出来，并仍然会给苏格拉底死后的否决权或辩论权。如果有人胆敢质疑苏格拉底的作用和方法，他就会一气之下走人。

然而，亚里士多德从在柏拉图那里学到的东西中获得了足够的启发，于是他适时建立了自己的高等教育机构——吕克昂学园

-067-

（Lyceum）。吕克昂学园是一个非正式的、所谓的逍遥学派机构。亚里士多德最喜欢的教学方式是在四处游荡时寻求问题的答案——"peripatētikós"，意思是"倾向于四处游荡"。亚里士多德倾向于在 peripatoi 之中或之下游荡——詹姆斯·迪格尔的新版《剑桥希腊语词典》中，peripatoi 是指"一个可以走动的地方（特别是柱廊或类似的地方）"——这是多年来受到许多很有见地的思想家青睐的方法。这些思想家包括《思考，快与慢》(Thinking, Fast and Slow)的作者丹尼尔·卡尼曼和他的长期合作伙伴阿莫斯·特沃斯基。卡尼曼和特沃斯基接受了早期基督教神学家希波的奥古斯丁（Saint Augustine of Hippo）所倡导的"散步"法。希波的奥古斯丁提出了"*solvitur ambulando*"，意思是"解决方案的获得（字面义指事件被解决）要通过散步。"

谈到对亚里士多德逍遥学派（peripatetic school，也常被称为 the Peripatos）的理解和思考时，我想起了一种早已被人们遗忘的管理风格——走动管理（Management By Wandering Around, MBWA）。它是由美国计算机企业惠普公司在 20 世纪 70 年代开创的。走动管理的理论是：管理者只是简单地四处闲逛，随机抽查组织内发生的事情，就能偶然地发现一些挑战和创新；而且他们也必须"到现场走一走"，并提出一些天真但尖锐的问题，否则这些创新和挑战就会一直被忽视。

如果你曾经在一个领导层不愿意到现场走动的组织中工作过，你就会知道，走动管理这种简单的行为不仅可以让领导者发现问题和机遇，这种行为还是向现场的人（在第一线的人）表明，领导对工人们的工作很感兴趣。这正是在近期的新型冠状病毒肺炎疫情中，领导层

第二章 我们能从古希腊哲学家那里学到什么？

所错过和缺少的那种机缘巧合的发现，以及积极的推动力。随着世界变得越来越以办公室为基础（尽管还是办公和家务之间的一种混合平衡）——我建议领导者拥抱他们内心的亚里士多德，游荡起来，并多做些走动管理，边走边提问题。蒂姆·约翰斯在疫情期间出版的《居家领导》(Leading from Home) 一书在这方面有更深的研究。

我认为在探索提出更聪明的问题使我们能够做什么时，在亚里士多德的两部作品中，有两个方面的启示特别值得一提。这两个方面都涉及一般意义上的讲故事，以及如何通过审慎地、人性化地、有共情力地使用数据来极大增强讲故事的效果——真正地用数据讲故事。我的"更好地使用数据"三部曲的逻辑（从本书开始，即三部曲中最新的一本）是这样的：

- 为了理解和解释我们在世界上的位置（作为个人、团体、公司），我们需要学习如何提出更聪明的问题。提出更聪明的问题会产生更聪明的答案。
- 更聪明的答案（正确的数据）使我们能够窥见并阐明对当前主题的"深刻而有用的理解"，这是我在《如何拥有洞察力》一书中对洞察力的定义。洞察力使我们能够进入我们想要影响的人的思想、感受他们的心态、站在他们的立场。
- 真正有说服力的沟通不是由偶然的数据点、漫不经心的观察或不成熟的想法塑造的。有力的、目的明确的故事植根于真正的、数据驱动的洞察力。这些故事会在感性和理性之间取得平衡（而不是矛盾）。

在本质上，聪明的问题会揭示具有相关性的数据，具有相关性的数据使我们能够窥见并阐明真正的洞察力，以真正的、由数据驱动的洞察力为基石的故事能打动他人，使他们的思维、感觉或行为有所不同（不仅是在当下，而且是永久的）。无论是在政界还是在商界，无论是在公共生活中还是私人生活中，这个公式都是适用的。

亚里士多德给出的第一个启示来自他的非常值得一读的短篇著作《诗学》（*The Poetics*）。在这篇专著中，亚里士多德分析了古希腊人运用的三种流行文学娱乐形式：史诗、悲剧和喜剧。《诗学》中关于喜剧的部分几乎完全丢失，而这对亚里士多德的作品来说是很少发生的事。在这本书中，亚里士多德是第一个辨别各种戏剧的风格和手法并对其进行分类的人，其中包括："突转"（*peripéteia*；命运的转变）、"苦难"（*hamartía*；导致悲剧中的主人公走向灭亡的致命缺陷）、"陶冶"（*cátharsis*；净化，即宣泄怜悯和恐惧）和"发现"（*anagnórsis*）等。

更重要的是，亚里士多德还在《诗学》中编纂了能够支撑每部讲得很好的史诗、戏剧、小说、电影、短篇故事、套装书的基本故事结构——设定、冲突、结局的三幕式故事结构。在故事的每幕之间——亚里士多德认为这三幕分别是正题（thesis）、反题（antithesis）和合题（synthesis）——都设置一个转折点。在好莱坞，特别是传奇编剧罗伯特·麦基所著的《故事》（*Story*）一书以及他的一系列课程中，第一个转折点被称为"激励事件"（inciting incident）。

三幕式故事结构满足了我们这些寻求故事的生物利用叙事结构来体验和理解世界的需求。它不仅适用于戏剧艺术，而且还适用于商业

第二章 我们能从古希腊哲学家那里学到什么？

演示、推销，以及制作新业务的幻灯片和提案。我们可以从过去（企业如何建立）谈到现在（目前经历的困难），再到未来（得益于成功的产品或服务，这种困难被解决后，企业可能成为什么样的企业）。我们还可以从昨天（市场概况）谈到今天（目前的经营状况），再到明天（市场机会）。

通过分析史诗、悲剧和喜剧——就这些创造性地、戏剧性地表现人类状况的艺术形式的共同点提出更聪明的问题——亚里士多德成功梳理出了网飞剧集爆红和亚马逊剧集失败的原因。他从更聪明的问题中得出以证据为基础的框架，从而真正将《鱿鱼游戏：大挑战》与系列体育纪录片《孤注一掷》(All or Nothing)区分开来。

亚里士多德的第二个启示来自他的《修辞学》(Art of Rhetoric)。在这本书中，他给出了另一个由三部分组成的方案，即讲好一个故事的三个基本要素。这三个要素与三幕式故事结构配合得非常好。一个故事要打动我们，需要结合情感诉求（páthos；感觉或情感）、理性诉求（lógos；原因或逻辑）和人品诉求（ēthos；品格）：

情感诉求：故事需要打动我们。它需要塑造真实的人物——在希腊文学中，这些人物可以是人类，也可以是神灵、怪物、半神。无论人物是什么样的，我们都会关注他们的生活和经历。因为他们的经历，我们或是产生联想和同情，或是产生反感。正如卡尼曼和特沃斯基的作品集所展示的那样，我们在做决定时是感性的，使用的是大脑中进化早期形成的、冲动而莽撞的情绪脑，这是我们与爬行动物、鸟类和所有其他哺乳动物共有的。在《思考，快与慢》中，卡尼曼将情感决策划分至思考模式系统1（也就是无意识且快速的思维）。大脑的情绪晴雨表杏仁核是我们对情况（包括故事）进行情感评估的核心。

理性诉求：通过我们的情感反应，我们先做出是否倾听和参与的决定，然后确定是否喜欢这个故事（想靠近故事中的人物还是避开他们），之后我们就会进入后理性化模式。情绪脑不涉及语言和文字。卡尼曼表明，我们只有在情感上做出决定后，才会使用他所说的思考模式系统2（也就是需要有意识注意的思维）来理性地证明我们的决定。这一点只有人类才能做到，它需要以人类特有的大脑皮层为媒介。大脑皮层有皱巴巴的树皮状的灰质和白质，位于古老的边缘结构和爬行脑之上。它们与认知相关，速度较慢，能量消耗更大，由理性或逻辑激活和增强。

人品诉求：能让我们采取行动的故事必须包含情感（情感诉求）和理性（理性诉求），这是信息的两个关键组成部分。不过，信息传递者也很重要，因此亚里士多德极力主张人品（发出信息之人的性格、本质或倾向）具有重要性。我们对信息传递者的了解以及我们从他们所说的话中了解到的东西，会影响我们如何接收信息并根据信息采取行动。权威人物（神和国王）可能认为他们能通过神圣的权力获得我们的尊重。但是，如果他们像阿伽门农或麦克白那样刚愎自用，或是像宙斯或者《继承之战》(*Succession*)中的洛根·罗伊那样傲慢自大，我们就会对他们所说的话和他们说话的方式做出严厉或批判性的评判。事实上，公平地说，杰西·阿姆斯特朗[①]以及创作《继承之战》的团队和罗伊家族（或瓦姆斯甘斯家族）的人一样傲慢自大。

---

① 电视剧《继承之战》的编剧。

第二章 我们能从古希腊哲学家那里学到什么？

小　结

当然，除了这两个方面的启示，亚里士多德的作品集还可以告诉我们很多提出更聪明问题能够带来的好处。尽管如此，我还是发自内心地认为，这两个启示作为很好的范例，说明了亚里士多德的探究性方法在叙事形式和更广泛的故事叙述方面产生的影响。不仅如此，它们还非常实用，广泛适用于越来越多人当今的工作生活。据估计，全球大约有12.5亿人活跃在现代知识经济产业，而且另有3亿—5亿人已经从知识经济岗位上退休——总体来说，这已经超过了世界人口的五分之一。对于这些人来说，找到正确的数据并用它建立有说服力论点的能力，是他们过去、现在或者未来进行工作所需依赖的。

亚里士多德（当然还有在他之前的柏拉图和苏格拉底）的遗产意义深远。对于后来的哲学、更广泛的科学以及科学方法；对于我们寻找未知问题的答案的工具和技术；对于什么是聪明的问题，以及也许不那么聪明的问题，亚里士多德的遗产都有着深远的意义。

虽然与苏格拉底同时代的一些人以及之后研究他的几代人可能发现苏格拉底的方法会让人感到恼火——特别是在自称无知的人一再表明自己比专家更善于探究时——但他的贡献显然是净正面的。从无知的立场出发，提问者可以自下而上地逐渐形成对某件事的清晰看法，而不是自上而下地强行叙述。这就像一个点彩画家的工作方式，他的画是一个点一个点地建立起来的；或是一个印象派画家的工作方式，他的画是由一个个涂抹的痕迹建立起来的。而傲慢的、自以为是的方法则是带着预先确定的故事来的，它所做的只不过是证真偏差，而且

学会更聪明地提问

很有可能忽视相关的、新的或意外的数据。将刚才那个关于艺术的比喻再进行延伸一下——也可能是扭曲——我们可以说这就像绘制轮廓和简单的数字画。如果你想创造一些有持久价值的作品,最好避免使用这种方法。

正如苏格拉底展示的,无知并明确表明自己的无知实际上会让我们如释重负。事实证明,在提出更聪明的问题方面,希腊人确实为我们做了很多。

如何提问——第2段采访(共14段)

姓名	阿曼得·德安格
组织机构	牛津大学耶稣学院
身份	古典文学教授

阿曼得·德安格既是一位古典大提琴家,也是牛津大学的古典文学教授。他写了两本关于创新和古希腊人的书,分别是2011年出版的《希腊人和创新:古希腊人想象中和经历过的新奇事物》(*The Greeks and the New: Novelty in Ancient Greek Imagination and Experience*)和2021年出版的《如何创新:古典智慧对创新思维的启示》(*How to Innovate: An Ancient Guide to Creative Thinking*)。前一本书装帧精美、信息量大、字字珠玑,和宣传的一样好;后一本则囊括了各种创新的例子,从政治到造船,从军事战略到国家赞助的创新竞赛。我和德安格谈到希腊思想家如何塑造了后来的思想和科学史,以及提出问题在

第二章 我们能从古希腊哲学家那里学到什么？

这种影响中发挥的关键作用。

在《如何创新》中，德安格指出：

> 创新成就一直被认为是古希腊社会的一个特征……我们可以看到，各种机制是其创新实践的基础……比如对外部思想的借鉴和改造……以及不同学科的交叉融合。

德安格列举了古典时期的希腊人在公元前800至公元前300年的一些发明："字母表……哲学、逻辑学、修辞学和数学证明……舞台剧、理性医学、货币铸币和栩栩如生的雕塑……竞技体育、建筑规范、自治城邦和民主政治。"

支持希腊人创新的动力是将提出问题当作必要的事——德安格认为，千年来的大部分古典学术研究都忽略了这一动力，它们宁愿认为这种文化本质上是保守的。亚里士多德的《形而上学》以这样一句话开篇："求知是人的本性。"除了我们与其他动物都有的感觉和记忆之外，"人类的生活离不开艺术和推理"。这种好奇心和对知识的渴求就是精神分析学家梅兰妮·克莱因所称的"求知本能"（epistemophilic instinct）。这种本能促使我们去寻找知识，把好的、有用的东西带进来，把其他的东西排除在外。

在我们讨论的整个过程中，德安格专注于亚里士多德及其老师柏拉图，以及柏拉图的老师苏格拉底——他们的整个哲学体系就是提问者的哲学。

学会更聪明地提问

苏格拉底声称自己一无所知。虽然人们会做出推断并举出例子，但他指出，我们大多数人对自己声称擅长的话题或问题实际上知之甚少。苏格拉底的逻辑是，我们拥有的只是一些问题。由于我们给出的答案总是不完美的，永远不会是最终的答案，所以我们应该用一生去质疑。这正是苏格拉底所做的。他唾弃道："未经审视的人生不值得度过。"

在苏格拉底之前的那些被统称为"前苏格拉底"的哲学家们给出了答案，并且试图用论据来支持他们的答案，但效果往往是令人很不满意的。想要说万物是由这个或那个基本元素（土、风、火或水）构成的并且证明这一点，是很困难的。苏格拉底（通过他的探究生活）和柏拉图（通过他的写作和教学，受到苏格拉底的启发并借其之口说自己的话）则与这种传统背道而驰。柏拉图还更进一步，他认为问题的答案是各种理型（Form）——理想的、完美的、不变的概念或理想，可以巩固并激发所有能显现理型的品质和对象。人类永远无法了解答案，也无法清楚地感知它们，只能瞥见它们。答案存在于另一个时空，只有我们的灵魂可以接触到。在出生和重生时，我们最好的希望就是以提问的方式来终生追寻答案。

德安格认为，现在流行一种说法：苏格拉底的哲学探究方法会让人感到恼火——他从无知的角度出发，提出问题，并向与他交谈的人指出他们的看法是矛盾的，因此也是错误的。他指出：

第二章 我们能从古希腊哲学家那里学到什么？

如果你多读一些柏拉图的书就完全不会有这样的印象了。他向我们展示，只是给出一个例子，例如勇气或美德，是不足以解释勇气或美德到底是什么的。他想说明的是，简单的、考虑不周的答案是不够的，我们只有通过提问才能更接近真理。他毫不妥协地追求更全面的理解。不过我认为，人们对一个自称无知并在争论中胜过你的人感到恼火也是可以理解的。不妥协并不一定是要赢过朋友和影响他人。

对苏格拉底的审判——他被判有罪，并因"腐化青年"被判处死刑——便是在生命的最后时刻证明了他不妥协的态度。

在《如何创新》中，德安格谈到了古希腊哲学家如何总是"对前辈的思想和做法提出破坏性的批评"。在我们的交谈中，他又用亚里士多德的例子来进一步解读了这一点。

亚里士多德从希腊北部的斯塔吉拉来到雅典，而且更加脚踏实地。他从经验主义的角度出发，通过对证据进行翔实的调查研究，开始了对科学方法的塑造。他对观察世界以及理解世界的运行原理（从生物学和动物学到政治和伦理学）很感兴趣，并从令苏格拉底和柏拉图陷入困境的思想领域突破。柏拉图会暗示他的老师苏格拉底弄错了，亚里士多德则会明确指出他的老师柏拉图错在哪里以及为什么是错的。亚里士多德特别批评了理型论（Theory of Forms）的局限性和缺乏实用性。

当然，亚里士多德的方法是提出和回答递进式的、更聪明的问题。

德安格认为，古希腊哲学家留下了非常强大的遗产。他们鼓励我们不放过任何一个细节，并提出更多更聪明的问题。在短短三代人的时间里，他们就取得了巨大的进步，见证了全新的提问方式，以及科学方法的诞生。正如他在《如何创新》中说的："公元前4世纪是西方历史上对哲学思想贡献最大的时期……创造了一种符合逻辑和以经验为依据的方法，影响了后来所有的思想。"

这也启发了德安格自己的工作，包括研究音乐和理解古希腊人关于"思想与爱的智慧"的思考。

> 我所做的或发表的一切都源于一个问题："实际上发生了什么？它实际上是如何运作的？"我很幸运地拥有一颗质疑的心，在看待材料的时候——往往是那些几代人以同样的方式呈现的材料——我会注意到："这里不太能说得通。这里发生了什么？"仅仅把学者的观点推出来并不能满足我的好奇心。我对苏格拉底到底是个什么样的人更感兴趣，对究竟是不是休息和洗澡的行为导致了阿基米德的顿悟和突破更感兴趣。

我清楚地看到，德安格对那些最早让我们走上严谨思考道路的作家和思想家的研究激发和挑战了他的好奇心。

阿曼得·德安格总结出
古希腊人"提出更聪明的问题"的五大要诀

1. 不要接受现状,不要只是"滔滔不绝地引用学者的思想"。要质疑一切。
2. 要准备好挑战那些前辈,取其精华,去其糟粕。
3. 学科之间要交叉融合。(阿曼得从他职业生涯里长期的古典音乐与古典哲学、文学的混搭中获得了灵感。)
4. 利用人类的好奇心本能,满足你对知识的渴望。
5. 从无知的立场出发,通过提问填补空白,把欠考虑的假设和偏见都拒之门外。

第三章

会问"为什么"有多重要?

———

明智而敏锐地使用"为什么"是提出更聪明问题的最强有力入手处之一。

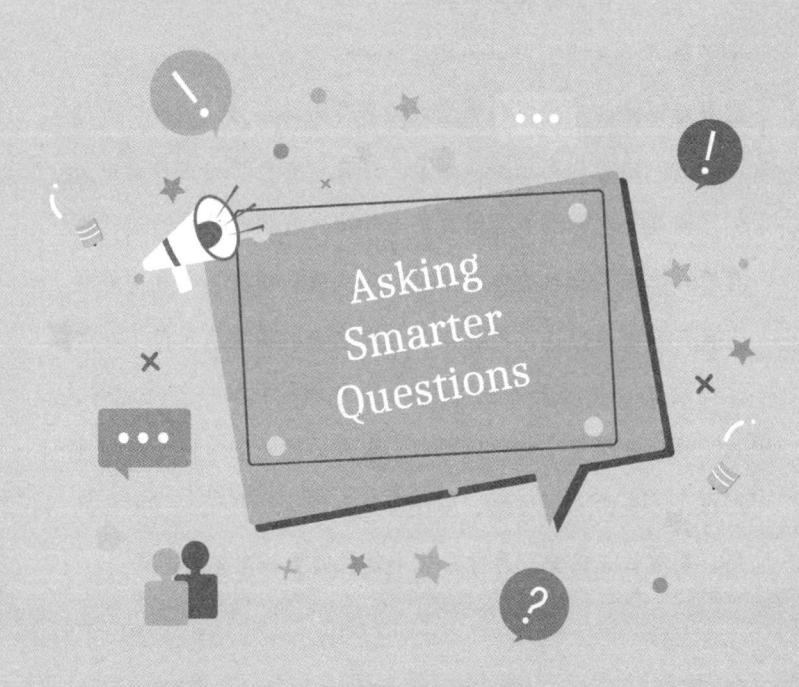

我们提出的问题帮助我们理解和驾驭这个世界。明智而敏锐地使用"为什么"是提出更聪明问题的最强有力入手处之一。"为什么"可以带我们找到产生问题的根本原因。"为什么"可以揭示并帮助发现事件发生的动机，以及所有重要的"如果……那么"的偶发事件。而这些偶发事件又揭示了事件之间的联系和因果关系——在回顾时，这些都会像隐藏的第三原因一样显而易见。

世界各地的教育系统都是为工业主义服务的——通过工业革命、认知革命和现在的数字革命，为人类一代又一代的进步培养合适的工人。如果从这一目的进行评估，那么发展教育就不是为了发挥和激发人类好奇心的潜力，但好奇心却是释放创造力的真正超级力量。好奇心和创造力在教育中受到了阻碍，在职场中的情况也差不多。我们正处在通过"教育革命"重回正轨的理想历史时刻，我们需要一个利用好奇心来释放创造力的新课程体系。在这个只需拥有价值100美元的智能设备和差不多的 WiFi 信号就能获知一切的世界，死记硬背的事实没有任何帮助。未来的学校应该教授批判性思维、好奇心和创造力，应该从"为什么"开始——但前提是，要承认并接受"为什么"不是我们唯一需要的问题。

为什么"为什么"是一个重要的起点

我看过几十遍西蒙·斯涅克2009年在TEDxPuget的演讲——"伟大的领袖如何激励行动"（How great leaders inspire action）。我一个人看过（为了自己受教育和得到启发），与朋友和家人一起看过，还和很多客户一起看过。我经常建议他们观看这场演讲，以便为我举办的目的与数据故事研讨会和培训课程做准备。即使他们像我一样已经看过不止一次了，我也建议他们再看一次。我发现它总是能起到一种适时重启的效果。就分享的次数而言，我应该做得很到位了。

从某种程度上说，这场演讲的乡土和朴素气息让人感到难以置信。公平地说，它是在一个TEDx活动上发表的。非营利机构TED将各种TEDx活动描述为"与人们分享TED式演讲和表演的地方性聚会""供演讲者在18分钟内展示其伟大的、有见地的想法的舞台"，以及"本着TED研究和发现'值得传播的思想'这一总体目标而组织起来的草根活动"。固然，自斯涅克进行第一次TEDx演讲以来，很多东西都发生了巨大的变化，包括互联网、TED（特别是其向企业的扩张），以及我们对网络传播内容的期望。而且西蒙·斯涅克和他蓬勃发展中的培训和教育咨询公司在这段时间里也一直致力于帮助企业明确目的，以及使企业拥有窥见和阐明"为什么"的能力。

不过，虽然这些东西都发生了变化，但斯涅克的演讲（全长17分48秒，他在规定时限内完美地提前了12秒）中仍有一些值得我们留意的——用我的话来说——可爱得有些业余的内容。斯涅克的演讲是由几台摄像机一起录制的。远距离摄像机的影像颜色发白，亮度也不平衡。斯涅克可能多松了一颗衬衫扣子，还把衬衫随意地塞进裤子里，在皮带那里弄了个不对称的"法式塞"。他像工人一样把袖子卷到手腕和手肘之间，用记号笔在挂图上涂鸦，挂图上的纸看起来随时都可能从钩子上掉下来。

然而，尽管如此，"伟大的领袖如何激励行动"还是有史以来观看次数排第三的TED演讲。在我创作这本书时，它已经吸引了近5700万次观看——我和我的客户的观看次数甚至占不了其中一半。当有人告诉我他没有看过这场演讲时，我总是很惊讶。但我知道我也有很多东西没看过，虽然一次又一次的封控给我提供了机会。

由于斯涅克属于较早踏上TED的大众收视之路的人，他从该平台日益增长的使用量中受益颇多。就像那些办公室遍布伦敦的大街小巷和桥梁的古老同业公会（其中许多都有五六百年，甚至七百年以上的历史）能享受到复利一样，斯涅克也享受到了类似的听众人数"复利"。有更多的人很早就看到了这段演讲，并在别人谈论它之前就进行了分享和推荐。但原因还不止这些。如果这段表面上看起来充满乡土气息的闲谈式演讲没有精彩的内容，没有进行精彩的表达，它的排

第三章 会问"为什么"有多重要?

名肯定不会飙升到并一直保持接近榜首的位置。

斯涅克演讲的中心思想是:按照"为什么—怎么做—是什么"的顺序讲述故事(这个顺序"从为什么开始",而这也是他的书籍、课程、研讨会和众多模仿者的名字)要比按照传统的(现在看来是错误的)"是什么—怎么做—为什么"的顺序讲述故事更成功。在不到18分钟的时间里,他说了不下六次"人们不会关心你做什么,他们关心的是你为什么做"。他催生了或者至少催化和激励了一个完整的"迷你"目的业务。正如我在第一章中论述的,开展目的业务不仅仅是为了拯救世界——它比拯救世界更重要。它使创始人创造出伟大的公司,做伟大的事情,使公司成为伟大的工作场所;它使员工热爱他们就职的公司;它让我们有理由从床上爬起来,拖着还没睡醒的身体赶到办公室(或者在疫情封控期"居家办公"的情况下,走到家里的空房间),用欢呼向我们看不见的人致意[①]。

就像讲数据故事一样,当你想用数据建立一个强大而有意义的故事时,如果你从"为什么"开始,寻找数字和统计数据以支持你的叙述,那么你就更有可能找到并使用真正具有相关性的数据。

就像用模型来获得和表达真正的洞察力一样,如果你从"为什么"的问题开始,你就是在寻找真正与问题相关的证据,并且做到了共情。这样一来,你就可以深刻地理解你想影响的人,并因此更有可能获得洞察力。

因此,在提出更聪明的问题时,如果从"为什么"开始——如果

---

① 这句话出自罗伯特·勃朗宁的诗歌《阿索兰多的跋诗》(*Epilogue*)的最后一节。——作者注

你知道开启这次旅程的目的是什么，如果你知道你的目标是什么——你就更有可能提出能够帮助你引出数据和证据、建立洞察力并创作出更具说服力的故事的问题。正如资深记者和新闻节目主管迪恩·尼尔森在《与我交谈》中所说的："你必须知道为什么要做这个采访。"

理顺生活中的"如果……那么"偶发事件

知道并理解我们为什么要做正在做的事情可以提高我们成功的概率——对提出更聪明的问题来说尤其如此。探究路线误入歧途的主要原因之一是我们没有停下来考虑探究的目的，或者说我们希望从调查中得到什么。这并不意味着我们要把一大堆假设带入调查，尤其是那些预判了答案或对过程有不良影响的假设。我们要做的远非如此。但是，在求知本能的驱动下（通过好奇心来了解事件中是什么导致了什么，以及为什么事情是这样的），我们应该把这种冲动应用于我们提出问题的目的本身。

记者沃伦·贝格尔在他的《绝佳提问》(*A More Beautiful Question*) 一书中报告说："根据哈佛大学的儿童心理学家兼作家保罗·哈里斯的说法，研究表明，一个孩子在两岁到五岁之间会问大约四万个问题。"任何养育过或见过这个年龄段孩子的人都会知道，这些问题大多以"为什么"开始，因为这些小小科学家正在寻求对世界的理解。几乎所有的孩子在这个年龄段都会获得非常复杂的语言能力，诺姆·乔姆斯基的普遍语法理论涵盖并吸纳了这一点。

孩子习得的特定语言是由他们的成长环境决定的，即受到地理位

第三章 会问"为什么"有多重要？

置（居住地）和主要照顾者（一起生活的人）所使用语言的影响。语言是哪种并不重要。无论学的是汉语、阿拉伯语、斯瓦希里语还是芬兰语，学龄前儿童都会很快明白，他们现在拥有一个非常有用的新工具可以用来驾驭生活。毫无疑问，语言是提问的原始力量。

在开始使用语言之前，还是婴儿的我们会对世界进行探索，并寻求用身体来确定偶发事件的因果关系。在他们身上，我们可以看到类似开展实验和检验研究假设的行为："如果我咬了猫的尾巴会怎样？""如果我扯了妹妹的头发，她会更爱我吗？""如果我把一枚硬币放到电源插头带电的末端，会发生什么？"但是这类物理实验的机会往往太少了，不够让我们了解需要知道或想知道的一切。

在我们试图解决涉及他人的问题，或探索人际关系领域时，情况尤其如此。我们的照顾者往往不会让我们独自探索世界，而且他们通常希望我们不要因为尝试做一些他们知道会（给我们自己，以及尤其是在我们与兄弟姐妹、宠物和玩伴之间）带来冲突或悲伤的事情而造成混乱。照顾者比我们更高大、更强壮、更灵活。虽然意图是好的，但他们往往在我们开始探索世界和检验假设之前就阻止了我们，这会让我们感到沮丧。

这就解释了为什么当我们的语言能力开始蓬勃发展时，我们就无所顾忌了。诚然，照顾者可能会示意我们保持安静，要求我们不要再问问题，或者认为我们在某些情况下（例如电影院里、婚礼仪式上、候诊室里）不适合提出某些甚至任何问题。然而，比起那些想要进行的实验，我们更痴迷于提出问题——这两者经常用于检验相同的假设，通常都不受充满规矩的成人世界和社会规范的约束，并且是荒谬

- 087 -

的。但是，对一个学龄前儿童来说，比起他用力咬带着七八厘米长毛发的皮肤，人们更能容忍他只是问问"猫的尾巴是什么味道"。儿童能将一个问题作为一个假设性的探究路线提出来，就表现出了他的进步、对冲动的克制和认知的增长。

更重要的是，当我们逐渐对世界有了认识，并通过提问解决了问题时，我们的照顾者会微笑着点头说："对，就是这样！"他们会因为我们解决问题时表现出来的聪明和机智而拥抱我们、与我们击掌。即使得出的答案是否定的，我们这种根据证据和所提问题得出结论的能力也会得到正强化。就像老鼠会推动杠杆以获得水、食物，我们也会寻求身体、情感和语言上的奖励——拥抱、微笑和"做得好！"。这两种情况都体现了操作性条件反射的作用，即一种通过奖励和惩罚来鼓励（或阻止）某种行为的联想学习。

系统化和共情的力量

西蒙·巴伦-科恩是剑桥大学心理学和精神病学系的教授，也是剑桥大学自闭症研究中心的主任。他在过去 30 年中带领和指导的研究使他被称为"自闭症先生"。事实上，自从 2021 年英国女王公布了新年授勋名单后，他就被称为"自闭症爵士"了。

西蒙·巴伦-科恩不只运营这家领先世界的研究中心，他还在进行影响远远超出学术界的严肃研究。他的研究发现（例如，胎儿在子宫内接触到睾酮的影响、人类大脑的共情维度和系统化维度的本质）帮助我们重新定义了对自闭症的理解。这些研究发现对现实世界的影响包括改变了业界对自闭症患者进行诊断和护理的政策和做法。这些被认可的、权威的、由数据驱动的研究发现有力回击了谎话精安德鲁·韦克菲尔德所兜售的"蛇油"（伪造的成果）。韦克菲尔德因为捏造麻腮风三联疫苗与自闭症有关联的无稽之谈而被英国医学总会开除了。

不仅如此，巴伦-科恩的影响还体现在他撰写的科普书籍，以及他根据自己的主要学术研究所做的公开讲座和演讲中。在出版于2003年的《本质差异》(*The Essential Difference*)中，他创造了一个三维范式来解释是什么让男人和女人不同。最近，巴伦-科恩还探讨了地球上的所有生物中只有人类才能发明和创新这件事在我们的进化史上意味着什么。出版于2020年的《模式探索者》(*The Pattern Seekers*)至少在一个层面上展现了他的新领域——他从以证据为基础、由数据驱动的精神病学家转变成了进化心理学家。

在这本书中，巴伦-科恩提出："(人类创新和实验的驱动力来自)大脑中的一种特殊引擎。这种引擎寻求'如果……那么'的模式，即一个系统的最小定义。我把大脑中的这个引擎称为系统化机制……(这个机制使)人类成为地球上唯一的科学和技术大师，其他所有物种都黯然失色。"巴伦-科恩说，好奇心是对这一机制的打磨，是人们从观察到的世界上发生的事情中寻找偶发事件和因果关系时，大脑中的齿轮运转的声音。进化史表明，激发人类发明和创造的"如果……那么"模块是在7万到10万年前进化出来的，它驱动着人类用来解决问题和确定关系的三种不同方法：观察、实验和建模。

巴伦-科恩在书中还认为，通过问"为什么"和梳理出"如果……那么"的偶发事件来解决问题，还不足以使人类取得如此迅速和显著的进步。使系统化机制的影响增强的是与其同时发展出的共情回路，它"使我们能够想象其他人的想法和感受……而通过想象出其他人的心理状态，我们可以预测他们接下来可能做什么。"这两个模块似乎都单独受到基因控制，因此个体可能在其中一种或两种能力上表现得出色或不足。巴伦-科恩进一步表明，共情有两种关系网络。

　　第一种是认知共情，其定义是可以想象另一个人或动物的想法和感受的能力；第二种是情感共情，定义是能以适当的情感回应另一个人的想法和感受的驱动力。认知共情就是灵长类动物学家戴维·普雷马克所说的"拥有心理理论"。

　　巴伦-科恩认为，心理理论使灵活的欺骗、灵活的教学和灵活的参照性沟通成为可能。而灵活的参照性沟通"（使我们能够发明和理解）戏剧和讲故事——我们能在剧作和故事中建立一个共同的主题，描述多个有不同观点的人物……（它也使我们能够发明和理解）幽默、冲突的解决、符号的使用，以及社会合作。"这些都来自我们发展出的一种直觉，即事物之间是有联系的，并且可以相互影响，再加上快速发展的语言和提问的能力，于是就有了"Why""Pourquoi""Warum""Pam""Perché""Varför"等各种语言的"为什么"[1]。我们所能提出的或许最简单的问题，却能带来我们所能给出的或许最复杂的答案。这个答案能

---

[1] 这些"为什么"使用的分别是英语、法语、德语、威尔士语、意大利语和瑞典语。
　　——作者注

将因果关系解释清楚,而不仅仅是将其归结为巧合——这实在是个不错的回报。

我们不需要没有人提问的课堂(难道不是吗?)

人在婴儿期产生的好奇心可能会激发他们在上学前的三年里提出超过4万个"为什么"类型的问题,因为他们开始以小小科学家的模式理解周围的世界,建立了数量和类别都越来越多的"如果……那么"的偶发事件。然而,在他们中的大多数人进入学校后,各种因素就开始发挥作用,压制了他们的好奇心。事实上,他们在中学毕业并进入大学后才会继续问那么多"为什么"类型的问题。

西方(实际上是全球)大部分教育系统的设计都以刺激学生产生答案,而不是问题为目的。在我们之前提到的采访中,诺贝尔奖得主文卡·拉马克里希南表示对这种教育方法感到非常失望。背诵题、多项选择题、论述题——这个题也好,那个题也好,问题总是由所谓的知识(以及权力)的代表(老师)提出;这个答案也好,那个答案也好,答案总是从学习者(学生)那里得来。但是在许多教学环境中,学生提出问题会被极力阻止。这种行为会被认为是一种干扰符号或寻求关注的行为。

我们将在第七章中详细介绍,抑制行为是人类大脑一个关键的方面,在行为层面上通过学习来介导,在神经化学层面上通过神经递质来介导,在认知层面上通过独特的人类大脑皮层来介导。我们往往要到十几岁或二十几岁时才能够完全掌握认知抑制(一部分原因是灰质和白质直到那时才完全成熟），所以期望小学生抑制天生的好奇心并且不去提问题，不仅不现实，还会适得其反。

　　由于人类求知的本能太强烈，学校不得不制定课堂规则，从一开始就扼杀好奇心的驱动力。柏拉图学园或亚里士多德的吕克昂学园都不太可能有这样的规则，因为两者都将鼓励提出更聪明的问题当作核心原则。然而，从维多利亚时代开始的正规教育则把学生回答老师的问题放在首位，而非遵从学生的天性，让他们通过提问来学习。除非被点名回答问题，否则孩子们只能乖乖坐着不许说话。这种做法在很多学校的回忆录中都被提及，而其消极影响导致很多人都认为读书时期根本不能代表"人生中最快乐的时光"。从20世纪70年代的反学校讽刺图书《这回你该长记性了》（*That'll Teach You*）到平克·弗洛伊德乐队在其概念专辑《迷墙》（*The Wall*）中吟诵的"我们不需要任何教育"，人们总是对学校不断抱怨。收录于这张专辑碟二的曲目《迷墙上的另一块砖》（*Another Brick in the Wall*）中，一位苏格兰校长吼叫了四次"错了，再来一次！"，而平克·弗洛伊德乐队的作词人罗杰·沃特斯则对这个体系提出了反驳：

　　　　我们不要被控制思想
　　　　课堂不该有恶意讽刺
　　　　老师，放过这些孩子
　　　　嘿，老师！放过这些孩子！

　　近几十年来，英国的国家以及地方教育部门要求学校和教师讲授核心课程,这种做法越发强化了过度僵化的教育模式(老师提问,学生回答)。这些课程往往被安排得很紧张,涵盖了过多内容,致使许多教师在学生能力参差不齐(除非按能力分班)的班级中很难完成这些课程的教学。这一现象尤其严重,因为英国的国家主流教育对教师的"群体控制"能力要求越来越高,老师需要维持课堂秩序,让30人以上的班级保持安静或者至少控制噪声。

班级人数的激增使课堂更难控制。让30多个当代青少年保持安静并专注于他们不得不学习的科目,对许多教师来说都是一个挑战。性激素的激增会使这种情况恶化。睾酮的影响尤其明显,因为它会削弱额叶尚未成熟的抑制能力。争强好胜的青少年们希望能在争辩中胜过老师,并在同学眼中赢得尊重,这也会使情况恶化。而且,注意缺陷多动障碍(attention deficit hyperactivity disorder,ADHD;以下简称多动症)患者的显著增加也进一步加剧了这种情况。多动症可以表现为做出不受约束的行为,包括叫喊和扰乱教室环境。

利他林和阿得拉等用于治疗多动症的药物所具有的化学镇静作用也不一定有帮助。这些药物会增加大脑中两种关键神经递质多巴胺和去甲肾上腺素的释放,进而改变它们的传输速度。学生在被诊断为多动症并习惯于使用这些药物后,他们的行为其实会恶化而不是改善——至少在想办法让教室安静的老师看来是这样的。

教育学家肯·罗宾逊爵士是有史以来收视率最高的TED演讲"学校会扼杀创造力吗?"(Do schools kill creativity?)的主讲人。在我撰写本书时,他这场演讲的视频播放量达到了7200万次,而且还在增加。这是最有趣的TED演讲之一,而且罗宾逊适时的插科打诨、幽默的表达方式，以及他因说到好笑的自嘲趣事而被分散了注意力的本事也使其成为最具观赏性的演讲之一。罗宾逊的中心论点是，世界各地的教育结构和运行方式，其目的都是压制孩子们与生俱来的创造力、挥霍他们的创造才能。教育系统的出现是为了服务工业主义，而中小学的运营则是为学生进入大学做13年的准备。课程和考试中的学术表现已经将"错误"污名化。根据课程设置，分数（尤其是高分）是授予"正确答案"而不是"错误答案"的。尽管创造力与文学能力或数学能力一样重要，但没有人告诉我们该如何培养创造力。提出"如果……会怎样"的问题才是创造力的核心，但分数是根据答案而不是提问来计算的。

罗宾逊在他的演讲中指出，世界各地的教育机构都偏向于培养学术能力而不是创造力。全世界都普遍使用同样的学科等级排序：数学、科学和语言在最顶端，其次是人文科学，而艺术则通常在底层。几乎没有学校会每天教授舞蹈或艺术，所有学校都在每天教授算术和识字。更重要的是，几乎所有国家制定的课程都根据该国的意识形态来讲述世界的故事，这种做法故意排斥或边缘化其他国家或文化的贡献，并极力阻止对这种方法的质疑。这种做法强化并延续了那些通常带有种族主义色彩的、剥削性的和粉饰暴行的神话故事，包括帝国对人民（通过奴隶制）和资源（通过掠夺）的剥削。最近，诸如"黑人的命也是命"（Black Lives Matter）的运动打破了这种局面，人们开始重新调整课堂内的平衡，并鼓励对过时的帝国主义信条提出质疑。媒体对几位阔佬奴隶主的雕像被推倒和污损的报道在一些课堂上引发了争论。但对许多人来说，这种争论太少了，也太晚了。

第三章 会问"为什么"有多重要？

好奇心激发的创造力被扼杀了

正是由于以上原因，虽然大多数学生在上学前就产生了4万个"为什么"类型的问题，但他们的这种好奇心往往会被压制得服服帖帖。正规教育标志着这一过程的开始，因为它重视答案而不是问题——重视"正确答案"而不是想象力，重视成绩而不是好奇心。压制提问和只寻求所谓正确答案的做法带来了一个意外的后果，即抑制了创造力。这让许多人认为自己既没有创造力也没有洞察力，并认为创造力是极少数特殊精英的专利。

这很不幸，尤其因为这种观点根本就不是事实。正如我在《如何拥有洞察力》中展示的那样，人类的大脑是一个非常有创造力的器官，它能够将旧的东西结合起来，创造出全新的东西。无论你是精算师还是广告文案师，无论你的工作是在渔船上还是在舞台上、在实验室里还是在作家的工作室里，你的大脑都是这样做的。每个行业的每个角色都有其规则和准则——只是有些岗位更关键和重要（比如与呼叫中心、香薰蜡烛店或咨询公司中的岗位相比，石油钻井平台、医院手术室或核电站中的岗位就更重要一些）。但是，每个行业的每个角色都有机会从上到下进行创新和创造，而缺乏经验的新人往往有更大的自由度和对失败的宽容度。正如西蒙·巴伦-科恩在《模式探索者》(*The Pattern Seekers*)中说的："天才有时被定义为这种人——他在观察别人曾观察过的相同信息时，要么能注意到被别人忽视的模式，要么能提出构成某项发明的新模式。"做到这一点往往取决于提出问题。通常，这要求我们挑战现状，并且——你应该猜到我要说什么了——

- 095 -

从"为什么"开始。

创造力的核心是人类语言和思想中的"递归性"（recursion）。正如巴伦-科恩所述：

> 语言学家诺姆·乔姆斯基认为，递归性是人类语言的独有特征……一个包括程序本身的程序，可以无限地重复……借此，我们可以用有限的词创造出无限的句子……这也是音乐的一个关键特征。

递归性确保了系列作品编剧、电影制片人、音乐家、诗人、艺术家、创意钩织者、乐高积木的成人爱好者——好吧，甚至还有商业书籍作家——可以重新组合他们各自不同媒介的基本元素，从而创造出层出不穷的新东西。但要做到这一点，他们需要有好奇心，需要提出问题，特别是需要提出一些可以揭示"如果……那么……"偶发事件的"为什么"类型的问题。

如果说小学是不鼓励提问这一过程的起点，那么中学则把这个过程变成了一门艺术。特别是在奔赴统考的时候，通常是在11年级和13年级的正规教育结束时。此类统考包括英国的GCSE考试和A-level考试，美国的学术能力评估考试（Scholastic Assessment Test，SAT），以及德国的高中毕业考试（Abitur）。提出更聪明的问题是许多大学课程所推崇和期待的。不过令许多大学教师感到困惑的是，他们的学生并没有多少好奇心，也不会提出更多和更好的问题，而且似乎一门心思只想回答问题。在我教心理学专业大二和大三的学生"智力、人格和思维"（Intelligence, Personality, and Thinking）与"成瘾的心理生物学"（The Psychobiology of Addiction）等课程时，学生们总是固执地关注模拟考试的答案，这让我很沮丧。回过头来，经过更成熟的反思，我建议感到失望的大学教师更认真地思考一下学生们所接受的学校教育。要知道，考试越来越难，而他们只有努力通过考试才能考上大学。

向新的教育模式迈进

如果教育从设计上就对提问的重视程度过低，并以此来抑制好奇心和扼杀创造力，那么教育的面貌显然是糟糕的，而且是非常糟糕的。学校教育所追求的许多目标——特别是知识的获取（以及后续应用）——已经可以通过互联网和飞速发展的物联网完成。比如，富纳富提是图瓦卢的首都，法语的"魔术师"是"prestidigitateur"，苯环中氢原子和碳原子的精确排列……并不是说这些信息已经不重要了，而是与50年、30年，甚至20年前的情况相比，现在的社会情况已经不太适用死记硬背、关注获取和储存关于事实的知识点的学习方式了。

全世界的信息（所有你可能需要或不需要的事实）都存储在网上，只需要几分之一秒就可以查询出来——只要你的搜索字符串提出了正确的问题，而且随着人工智能的蓬勃发展，这一点也变得不那么重要了。教育和教育工作者正处于一个有机会重塑我们的学习方式和学习内容的历史时刻。在技术、数据和智能设备的推动下，这个时代的我们需要一种全新的课程设置和一种全新的教学方法。数字革命有可能使已经保持了几个世纪的教育重点从内容转向形式——使我们让孩子学习的基于主题的专题课程转变为基于开启和释放潜力的更有用的课程。

说到这里，别误会我的意思。如果没有应用某种理论的具体主题，你就不可能学会"如何学习"。这就像没有燃料来源的发动机，没有血液和饮食供给的空躯壳。但是，长期以来，英国历届政府的教育大臣都有一种近乎迷信的偏执，要把"他们自己的"学科放在课程体系的中心位置。这也就不难理解，英国在1973年加入欧盟时倡导加强现代欧洲语言教学，以取代"死去的"古老语言——拉丁语和希腊语。而英国脱欧后，这些曾被抛弃的语言很可能又会重新受到重视。

罪魁祸首当属英国政客迈克尔·戈夫。2010—2014年，他在卡梅伦-克莱格联合政府中担任教育大臣时，坚持要求所有9—11年级的中学生都学习地理或历史，并通过GCSE考试。戈夫的教育特别顾问是性情多变的多米尼克·卡明斯，这个人后来的名声很差，因为他策划了脱欧公投活动，并（在那似乎已经被遗忘的478天里）担任了约翰逊首相的首席顾问。2014年，因"有报道称政府在不断毒害教师"，戈夫被解职；卡明斯则溜之大吉，去忙着请人"投脱欧票"了。规定GCSE考试中至少要有一门人文学科可能不是这两个人在教育部门任职期间最恶劣的行为，但对从那以后就被束缚了手脚、别无选择的学生和家长来说，这个规定无疑是最让人"难忘"的。正如合唱歌曲《日升之屋》（*The House of the Rising Sun*）的歌词中唱到的："天啊——我知道——我就是其中一个。"

第三章 会问"为什么"有多重要？

我提议的新课程体系要学习哪些科目呢？在没有特定顺序的情况下，我建议课程中要有以下内容。

- 母语语言、文学和语法
- 第二语言（让学生能够欣赏不同的文化和传统，而不仅仅是在度假用餐时能用西班牙语点两杯啤酒）
- 应用数学（特别是应用于金融的）、统计学和数据叙事
- 每天至少一次以任何非语言形式或媒介进行的创造性表达
- 编程
- 逻辑、推理和理性思维
- 以团队和个人形式进行的体育和游戏（作为实现身心健康的途径）
- 冥想、正念和暂停
- 批判能力和判断力（用以提出更聪明的问题）

基于已经讨论过的内容，我相信你能够理解上述"新柏拉图学园-吕克昂学园"课程中的大多数科目了。其中有两个内容特别需要注意。

1. 创造性的表达。我们日常的学习和工作生活中有很多事情是与语言和认知有关的，需要我们使用语言来解决分析型和洞察思维型问题。然而，卡尼曼和特沃斯基的书中谈到，我们用进化中的古老大脑结构感性地做出决定，而这些结构无法接触语言、数据和事实，所以我们只会继续用理性证明这些决定的合理性。鼓励用非语言媒介来进行游戏和表达能够使我们进入和释放大脑中相当重要的部分，产生创

-099-

造性的、艺术性的解读,从而遮蔽我们的逻辑、理性和大脑皮层。这就是艺术疗法(art therapy)要点的一部分。

我不会去规定或指定创造性表达的媒介,毕竟我不是戈夫和卡明斯蛇蝎心肠的继承者。这种媒介可以是舞蹈、音乐创作、表演、绘画、实体或数字拼贴、乐高积木、陶艺、黏土、烹饪、服装设计、木材、金属,等等。我认为媒介的种类真的无所谓。我只是希望我的学生能够少而精地进行天马行空的创造,每天至少进行一次。这可以在一天开始的时候进行,从而捕捉一些与昨天睡梦中潜意识相似的感觉;也可以在一天结束的时候进行,对当天接收的信息进行非语言联想也有帮助。这一天发生了哪些事情?它们属于什么范畴?它们是如何相关联或不相关联?它们之间的关系是什么?一件事是否导致了另一件事,或者反过来,又或者有一个隐藏的第三原因?作为信息来源的父母、朋友或老师,他们的可靠性如何,知识是否充足?什么事情是合理的?

2. **批判能力和判断力**。在一个所有信息都能通过点击鼠标,或者按下按钮并对着手腕上的智能手表小声低语获得的时代,我们需要培养,并且需要快速培养的一个最重要的本领就是拆穿胡扯的能力。幸运的是,现在大型开放式网络课程平台MOOC(Massive Online Open Course)上已经有了一门非常好的课程,该课程及其核心教科书都能帮助我们培养基础水平的批判能力。这本教科书恰好就叫《拆穿数据胡扯:信息驱动世界中的怀疑艺术》(Calling Bullshit: The Art of Skepticism in a Data-Driven World)。而这门由西雅图华盛顿大学的两位教授——理论和进化生物学家卡尔·伯格斯特龙和政治数据科学家杰文·韦斯特——开设的课程"拆穿数据胡扯",就是一门可以用于学习如何去伪存真的出色入门课程。

许多国家的许多学校都为学生提供了批判性推理或批判性思维的课程。问题是,尽管一些教育机构已经意识到这一技能的重要性,但它们并没有通过将其正式纳入课程来表明这一点。这类课程很少有测验或考试(尽管"你认为这两个数据集的哪一个更值得信赖?为什么?"这样一个简单的问题就可以当作考试题),在课堂上听到更多的是七嘴八舌的噪声而不是深入的分析,而且这类课程往往被当作密集的一周课程中的"暂停时间"。在学校的课程中加入可以让大脑暂时放松的内容并不是一件坏事,我也想这么做,因此我在课程设置中安排了"冥想、正念和暂停"。暂停使我们的潜意识能够去做聪明的、有创造性的、重组性的事情,将旧的东西结合在一起,创造出全新的东西。学校没有充分认真地对待批判性思维,这不仅是帮倒忙,而且还破坏了这门课在学生心目中的形象。学生会认为,如果学校都不认真对待这门课,他们为什么要认真对待呢?然而,对我来说,它也许是"新柏拉图学园-吕克昂学园"课程中最重要的科目。

职　场

一些从中小学开始,并在许多大学中改进的东西,在职场中会得以完善。"发问"在学校里通常是不被鼓励的,这种情况从小学就开始了。老师认为学生不断提问题会影响教室里其他人获取知识,也会影响他们自己完成课程要求的诸多任务。的确,一些进步的教学理念

（基于问题的学习就是其中之一）会采用不同的方法。但长期以来，我们的教育理念在赋予学生提问权利方面的宽容度都太低了。

对许多在现代知识经济产业中工作的人来说，成功来自回答问题而不是提出问题。提问会被视为具有破坏性的（就像在小学一样）、分裂性的、反作用的，甚至是煽动性的。公司有挑战需要解决，"解决了这些挑战就会被重视和奖励"的思维模式就是分析性思维——在问题上不断努力，探索所有的途径，直到面临的挑战屈服于所花费的时间和精力。就好像管理层认为，问题就像铁或钢，只需要施加足够的热量和能量，它就能弯曲。然而，解决我们如今面临的许多最具挑战性、最棘手、最"邪恶"的问题，从"我们如何能卖出越来越多的洗发水而又逐渐减少对环境的伤害？"到"在拥有足够多被证明有效的疫苗之前，我们该如何减缓这种新病毒的传播？"，却需要应用一种非常不同的思维模式，也就是有洞察力的思维方式——不断以递归的方式将旧的东西结合起来，创造出全新的东西。在这种思维模式中，我们需要一直问"为什么"。

公平地说，许多初创企业、挑战者品牌和颠覆性创新者都具有探究和好奇的精神。许多在互联网出现之后才出现的企业（那些如今主导市场和股票市场的企业）看到了数据和技术有潜力彻底改变采购、生产、运输和分销的方式，而它们也成功做到了——利用互联网提供的规模，利用速度，利用一对一、一对多和多对一的沟通能力，利用脱媒现象（disintermediation），省去了不必要的、昂贵的中间环节。

电商平台亚马逊以销售书籍起家，随后彻底地改变了零售业。音乐服务平台声田（Spotify）让用实体媒介存储音乐成为过去（直到黑胶唱片的复兴又把我们带了回来）。短租公寓平台爱彼迎（Airbnb）搞垮了旅行社。那么网飞呢？好吧，网飞以邮寄租赁 DVD 起家，最初是想要冲击录像带租赁帝国百视达（Blockbuster），却最终改变了人们观看和支付电视节目和电影的方式。除此之外，网飞还成了最大的电影公司之一。网飞联合创始人马克·伦道夫在他的《复盘网飞》（*That Will Never Work*）一书中生动地讲述了网飞最初五年的创业故事。

这些颠覆性的脱媒者的共同点是，他们鼓励企业中的每个人挑战现状，问一些"为什么"类型的问题，这些问题往往从"为什么？（在这个范畴内）必须这样做吗？"开始。网飞的企业文化"自由与责任"提出的基础是所有员工从第一天起就能够对工作的各个方面提出问题——他们要做什么，他们要怎么做。这从根本上使企业家的好奇心专注于企业环境，而如今的网飞也的确拥有了成熟的企业环境。他们 2020 年收入 250 亿美元，在全球有 12000 多名员工。

传奇编剧威廉姆·高德曼有一句关于好莱坞的格言："无人知晓一切。"伦道夫将这句格言当作衡量企业的试金石之一，并将它视为"一种提醒，一种鼓励"，以此来不断挑战和质疑现状，不断问为什么，并以这种方式建立更好的、不同的未来。

五个"为什么"

丰田佐吉创立了丰田公司，他的儿子最终把它发展成为现在的丰田汽车。丰田佐吉被称为"日本发明家之王"，他的精神内核以一种批判性的方式被传承了下来。从我这本书的角度来看，他是根本原因分析（root cause analysis，RCA）的创造者。根本原因分析使用简单（但聪明）的问题来帮助提问者弄清他们所提出的假设或建议是有希望的、值得追求的，还是考虑不周的、注定要被扔进垃圾堆的。根本原因分析以"为什么"开始，以"为什么"结束。我在与客户举办的许多不同类型的研讨会上都会做这样的基础练习，从创新和创意研讨会到洞察力和数据叙事研讨会都适用。

五六个人构成一个小组，面对一系列常见的数据（报告、演示、研究、访谈，或是任何具有相关性或潜在启发性的材料），小组成员分别从所读的内容中选取他们认为最有发展前途的主题，并进行轮流陈述。这时候，一个真正有发展前途的新兴主题很可能已经开始在不同报告的不同数据点或观察结果之间形成联系（尽管它可能还是朦胧的）；旧的东西结合起来，开始创造全新的东西。洞察力隐隐浮现，像雷声一样在潜意识的山丘上隆隆作响。然后，小组成员依次"让时间倒流"，变回他们内心的那个总在问"为什么"的五岁小孩，并注入沃伦·贝格尔的精神，提出一个绝佳的从"为什么"开始的问题。

重要的是，参与者要快速、反复地进行这项练习，但要有重点地练习。如果我作为一个创新研讨会的参与者提出可自洁的餐具和陶器可能是一个很有前途的新产品线，而讨论小组里的其他成员只是简单地问了五次"为什么"，这是不行的。对一个灵活的或有经验的练习者来说，这可能已经足够了；但对一个刚接触根本原因分析的人来说，我们应该问得更详细一些，让他们有更多发挥的余地。

第一个"为什么": 为什么你认为这可能是一个有前途的新市场?

因为它是真正的新产品,可以应用新的纳米技术来解决吃饭这样的旧问题。

第二个"为什么": 为什么你认为消费者会对它有良好的反应?

因为这是一种环保的方案,可以清洁餐具而不需洗涤剂,也不需要我们给水槽或洗碗机加热水。

第三个"为什么": 为什么你觉得洗碗机销售巨头宜家家居会对它感兴趣呢?

因为这是一种高端产品,它不会吸引所有消费者,其价格也不会在所有消费者能接受的价格范围内。所以不可自洁的陶器和餐具以及洗碗机仍然有市场。

第四个"为什么": 为什么你想象竞争对手尚未取得且也不会去追求这种突破呢?

因为我们是这一领域的先驱和创新者,也已经在全球所有的主要市场为这一技术和其他类别的相关技术申请并获得了专利,而且这些都是没有争议的。如果其他人已经创造了类似的纳米技术应用,我们和我们的专利律师在申请过程中一定会发现的。

第五个"为什么": 为什么你认为家庭生活博主会关注它呢?

因为它是全新的、太空时代的、有"杰森一家"风格的。

你可以想象类似的对话出现在爱彼迎、网飞或特斯拉等公司早期的办公室里,但可能不会出现在百视达、柯达或诺基亚等公司。自20世纪70年代以来,戴夫·特罗特一直是英国广告界最具创意的人物之一，最近他在广告行业圣经——《营销》(Campaign)杂志上就丰田公司的创新发表了评论。

这种方法的真正优势在于，它不仅能为眼前的问题提供解决方案，还能帮人找到根本原因，从而使人采取对策来防止问题再次发生。一个问题往往是更深层次问题的表面症状。这种企业文化可以阻止人们急于下结论，以及让人们不被预先形成的答案束缚。

五个"为什么"练习有一个更直接一些的版本，也就是学术界的一些人用来验证现实世界影响的四个"那又有什么影响呢"[1]。

从"为什么"开始

我经常用到的另一项优秀的研讨会练习活动也涉及"为什么"的力量，当然这项活动受到了西蒙·斯涅克的启发。这个练习活动可以用作研讨会或工作流的启动环节，用来找出和阐明一个组织的目的——记住，这不是为了拯救世界，它比拯救世界更重要。或者，它也可以是一个独立的活动，比如让一个以学术研究的现实影响为主题的研讨会朝着正确的方向进行，让所有参与者关注自己的个人动机。

---

[1] 莱恩·科尔曼于2020年9月22日在学术服务网站"影响科学"(Impact Science)的博客上发表了文章《四个"那又有什么影响呢"》(The 4 "So Whats" of Impact)——作者注

第三章 会问"为什么"有多重要?

我和我的商业伙伴萨斯基亚在与学者们合作时使用的正是这种方式。

在这两种情况中,作为这项训练活动的准备工作,我们通常会要求所有代表观看斯涅克 2009 年在 TEDxPuget 的演讲,并数一数他在演讲中说了几次"人们不会关心你做什么,他们关心的是你为什么做"(剧透:答案是 6 次)。然后,我们会要求他们在 15 分钟内写下一份清单,列出他们的组织、业务,以及项目或产品的目的。在这个活动中,我们希望人们能够表达出,是什么在激励着他们在早晨从床上爬起来并不惜舟车劳顿、周而复始地回到办公室或实验室,以及又是什么让他们在拥有巨大的财富后选择继续前进——是狡猾的竞争对手,还是不可预见的世界性事件(比如全球传染病大暴发,或者苛刻的监管条件)?无论是在会议室里还是在 Zoom 云平台上,我们都会借助挂图、便利贴、数字白板或在线协作软件,让参与者用一些以"为了"及主动动词开头的、不完整的句子来捕捉和整理他们对目的的陈述。我们会放上一张幻灯片来触发他们的思考,如图3.1。

问题一:你为什么要做你正在做的事?

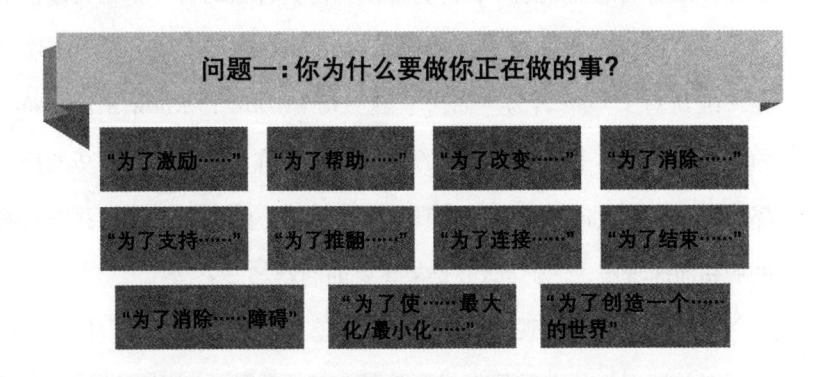

"为了激励……"	"为了帮助……"	"为了改变……"	"为了消除……"
"为了支持……"	"为了推翻……"	"为了连接……"	"为了结束……"
"为了消除……障碍"	"为了使……最大化/最小化……"	"为了创造一个……的世界"	

图3.1 在研讨会上进行目的练习时,用于触发思考的幻灯片——帮你找到你的"为什么"

对与我们共事的大多数人来说——无论是在学术界、企业、政府还是第三部门中——他们通常对于自己的"为什么"有一定的想法。他们甚至可能或多或少地在自己的组织内从形式上掌握了这个问题。但通常的情况是，尽管斯涅克的 TEDx 演讲、书籍和课程在线上和线下都很受欢迎，这些人却并没有做过这种练习。让他们在短短 30 分钟左右的时间里专注于自己的"为什么"，真的会有效果。这种效果一定是积极的，甚至可以是变革性的，能够使人恍然大悟并看清真相，让随后关于做什么（以及不做什么）的决策和伙伴关系都变得显而易见。他们如果不停下来思考和阐述为什么要做正在做的事情，就不可能做到这些。尝试一下，你会喜欢这个活动的。

"为什么"的局限性

尽管我对"为什么"抱有极大的热情，认为它是我们可以提出的最好和最聪明的问题之一，但它并没有得到普遍的喜爱，尤其是在培训领域。向现代企业传授苏格拉底对话原则的荷兰实用哲学家埃尔克·维斯写了一本名为《如何了解一切》（How to Know Everything）的书。她在这本书名简单直白的书中指出："许多有关提问技巧的指南都建议人们不要问为什么。这真是太可惜了，因为如果你想获得新的见解和加深理解，'为什么'是最重要的问题之一。"

我同意埃尔克的观点，这的确很遗憾。但我也能理解为什么有些人不愿意把"为什么"看作能战胜所有其他问题的通用问题。这个问题被广泛认为是所有问题中最开放的一个。在使用得当的情况下，它

第三章 会问"为什么"有多重要？

的目的并不是把回答者拒之门外，而是鼓励他们说出自己的决策或意见的依据。问题是，"为什么"这个问题并不总能得到开放式的答案。正如威尔·怀斯和查德·利特菲尔德在他们合著的书《提出强有力的问题》(Ask Powerful Questions)中所说的，"为什么"类型的问题可能是尖锐的、表示指责的和封闭的。出于这个原因，事实上，它可能会得到防御性和脚本化的答案，这就与其揭示目的或原因的初衷背道而驰了。

怀斯和利特菲尔德给出了三个表现非常糟糕的"为什么"类型问题的例子，以及一些可以替代"为什么"来提问的"免罪"方案。

第一个例子是"你为什么戴着那顶帽子？"这个问题。即使不强调或夸大"那顶"，这也是一个相当尖锐的问题，对英国人来说，其隐藏的含义呼之欲出。这个问题更像是在表达："你到底为什么要戴那顶帽子？任何一个有自尊的人，只要长了眼睛、会照镜子，都能看出这样的穿搭是不合适的！"怀斯和利特菲尔德给出的替代问题是"你喜欢那顶帽子的哪一点呢？"或"戴那顶帽子有哪些吸引人的地方呢？"，它们显得更慷慨和宽容。这样的问题更加开放。

他们还举了几个工作场所的例子。"你为什么迟到？"这个问题带有强烈的指责意味，充满了潜台词，类似"你这个月第四次迟到了，你这个懒鬼！"。更平衡的说法可以是："发生了什么事（使你难以在正常的时间内到岗）？"同样，在为一桩失败的交易找原因时，问"你为什么要收这么多钱？"意味着一场会引发冲突的防御性对话将要开始，而把问题换成"定价结构是如何确定的？"就会有息事宁人的效果。

正如温迪·苏利文和朱迪·丽斯在《干净的语言》(Clean Language)一书中展示的,"为什么"会把提问者的一大堆看法、假设和观点带到对话中,使它从单纯的询问变成全面的交锋。实际上,正是由于这个原因,我强烈建议那些进行根本原因分析的人(在运用五个"为什么"时)增加提问的具体内容,不要只是简单地问五次"为什么"。很能说明这一点的是,在咨询心理学家大卫·格罗夫建立的基本干净的语言问题中,他的12个基本问题都不是"为什么"。

正如苏利文和丽斯所说的:

> 用干净的语言提问,其特别之处在于,这种语言已经被精简到尽可能少地包含假设和隐喻。这使它们成为"超开放"的问题,使回答者有最大的自由去选择如何回答。

基于这些原因,虽然我对"为什么"情有独钟,也很欣赏斯涅克能用这个简单的词语创造一个强大而可持续的企业、一场运动和一种哲学,但我还是主张在使用"为什么"时要谨慎。把它作为一个指导原则,从它开始,这肯定是对的;但要注意语气和用意,要审慎地使用,无论如何都要避免使用指责的语气和语言。这样一来,它就会有不可思议的力量。正如特里·费德姆在他的《提问的艺术》一书中所说的:

> 当你问"为什么"的时候,你通常是在寻找你所听到的话语背后的东西……所有"为什么"类型的问题不一定要以

"为什么"开始,也不一定都要以问句的形式出现。"我很好奇……"的提问方法就是激发回答的一种有效方式。

这类似于英国警察喜欢的"讲述、解释、描述"的提问方法,我在第八章对汤姆·贝克警长的采访中详细介绍了这种方法。总的来说,正如费德姆在他书中的"寻找原因"这一节中所总结的:"如果以非威胁性的方式询问,'为什么'就是一个开放的问题,需要得到一个负责任的回答。"除此之外,我们还想要一个什么样的用来提出更聪明问题的公式呢?

小　结

事实证明,罗杰·沃特斯完全错了。虽然我们不需要思想控制,但我们绝对需要一些教育——不过一种不同类型的教育,即一种用好奇心培养创造力的教育。创造力能够而且已经在艺术中表现出来:从音乐到舞蹈,从文学到格雷森·佩里制作的陶器和地毯。但创造力也同样表现在分析学、数据叙事和颠覆性的商业理念上。想要释放潜力,我们需要的不是自上而下的、由政府实施的所谓"提升水平"的项目。我们需要的是自下而上的激励,让所有公民都能充分利用存在于我们所有人的双耳之间的那个强大的超级计算机——我们的大脑。

大脑是最出色的递归重组器,可以把旧的知识重新组合,进而为无限的未来创造出全新的东西。因此,虽然在我写这一章时,格拉斯哥第26届联合国气候变化大会刚刚结束,全世界一半以上国家的代表们未能就碳减排和禁止使用煤炭达成有意义的协议，但是我仍然感觉未来是乐观的。虽然在我写这本书时，我们正处在新型冠状病毒肺炎疫情的第二个严冬，全世界都在新型冠状病毒变种奥密克戎的肆虐下挣扎，但是我仍然感觉未来是乐观的。毕竟从2019年至今，我们已经走得很远也很快了。

对100年后将继承地球的90亿个新大脑来说，它们需要的是自由，以及被鼓励以正确的方式提出正确的问题。而且（只要稍加注意）问题肯定是从"为什么"开始的。正如柏拉图笔下的苏格拉底在《申辩篇》中所说的："未经审视的人生不值得度过。"

如何提问——第3段采访（共14段）

姓名	蒂莫西·毕晓普，英国皇家大律师
组织机构	1 Hare Court 律师庭
身份	出庭律师兼首席出庭律师

蒂莫西·毕晓普是英国最著名的婚姻财产出庭律师之一，经常为富人和名人处理高调和复杂的离婚案件。他40岁出头就成了皇家大律师（英国律师的最高称号）——在获得律师资格后仅用了20年就达到了这个高度。多年来，他一直担任1 Hare Court 律师庭的首席律师。

和毕晓普交谈时，我希望了解提问在他的工作中发挥的作用。至少在流行小说中，律师这个职业被讽刺为对抗性的和敌对性的，赢家往往是那些问出更难问题、提问更快的人。

"为了找出案件的答案——钱将如何分配——对所有重要的事实有完整的了解真的很重要。"毕晓普说,"作为这个国家的出庭律师,我们非常幸运。事务律师(solicitor)会为我们整理好所需要的信息。尽管如此,我还是喜欢问我的委托人一些简单而直接的问题,以确保对情况有充分的了解。根据多年的经验,我知道我自己、另一方的出庭律师,以及法官都希望得到什么。我也会思考可能出现的风险和威胁。"

一旦上了法庭,我们就不需要面面俱到了。我们不需要确定每一个事实,因为书面证据已经提交,我们也都已经宣誓签字。当我们要驳斥对方或出庭的专家证人的言论时,巧妙的提问才真正发挥了作用。我们就是以这样的方式帮助法官做出适当的裁决。

令毕晓普感到奇怪的是,虽然提问是良好辩护的基础,但是英国律师学校却没有更深入地教授交叉询问(cross-examination)的技能。

在法庭上,我们很早就会学到一件事——往往是通过痛苦的经历学到——那就是你不应该问不知道答案的问题,因为这可能导致我们失去控制权。但是,就像医生几乎没有学过怎么对待病人一样,出庭律师受到的教育也几乎没有留出时间用于教授如何提出适当的问题。而且教我们的人往往是没有实践经验的，这就不太完美了。也许这就是为什么我们中的许多人会通过观察别人来学习，然后将学到的东西付诸实践，从小型、低调的案件开始，在地方法官而不是高等法院的法官面前，一边工作，一边学习，一边犯错。

对毕晓普来说，做好准备工作是很关键的。问题可以用来确定或质疑事实命题，这可能影响他为委托人提供的结果是否成功。但是，如果没有对事实的完全掌握（要通过提问来获得），他就很有可能误入本应该避开的领域。准备工作要细致到弄清楚在法庭上需要用到的每一份文件或参考资料的精确物理位置（或电子文件的存储位置）。"四处摸索和翻找文件会完全打乱节奏，从而给证人时间去思考如何回答问题。能够充分掌握材料是至关重要的。"

对许多出庭律师来说（包括毕晓普），准备工作不仅包括全面的调查，还包括写好脚本：要问的问题、问题的顺序、问题要涉及的领域，以及要避开的领域。也有些人采用非常不同的做法：在准备阶段，他们只确定想要涵盖的宽泛主题，然后根据现场的情况即兴发挥。"这种做法可能非常有效。可能让律师在发现对方失误时快速反应并做出回应，让对方措手不及，瞬间扭转局面。"但是，如果准备充分的另一方发现了这种策略并决定采取不同路线，这种"即兴"的方法就可能给自己埋下毁灭的种子。

电视剧或电影里那样的场景，例如《义海雄风》(*A Few Good Men*)中"你不可能操纵事实！"的怒喝，在交叉询问中是非常罕见的。这种技巧的作用就是让法官更容易认为对方所讲的内容不是特别

第三章 会问"为什么"有多重要？

可靠，可能被夸大了，或者是有误导意图的。就像一个印象派画家一样，一个好的出庭律师会利用交叉询问来降低证人证词的可信度或合理性。"当证人的说法自相矛盾时，法官会立即对证据变得更加谨慎。"

与本书采访中提到的其他职业不同，出庭律师往往喜欢提出一系列封闭性的问题，让被审问的人很难偏离这些问题，从而一步一步地拼凑出一个故事。短的问题比长的问题更受青睐，出庭律师使用复杂的、令人费解的问题往往只会让法官愣住。问题本身要简短且容易理解（也就是说，要很难被故意曲解），提问的时间也要短。毕晓普认为："时间过长总是会影响效果。"

交叉询问的另一个重要策略是提出复合型问题——每次提问包括一个以上的问题，而且其中一个问题可能有很大争议。

> 被告或证人可能会尝试回答问题中他们觉得更有信心的部分，但完全无法反驳有争议的部分。这时，开庭律师就有可能在法庭上利用这一漏洞获得优势，尽管更有经验的法官并不总是被这种方法左右。

> 交叉询问是案件的一个非常重要的部分——就像一个可以用于锤炼真相的铁砧，或是一个可以用于提炼真相的坩埚——但也有法官认为这是毫无意义的。他们认为这本身就是不可靠的，会受到各种因素的干扰，例如回忆的偏差、在法庭上的情绪压力、证人没有理解当时的内容或潜台词，以及律师耍的手段。

谈到什么是糟糕的问题时，毕晓普对诱导性问题表达了坚决谴责。诱导性问题暗示了一个基于假设的答案。出庭律师在法庭上引导自己的委托人提供口头证言时，应避免使用这些问题；但在对另一方进行交叉询问时，这些问题可能是富有成效的。以"你是否同意……"开头的问题是最没用的诱导性问题，也是封闭性问题，不应出现在出庭律师的"武器库"里。另一件不该做的（或肯定有风险的）事情就是反对对方提出的问题。这不仅会让法官感到恼火，而且还显得律师像在掩饰什么。

"以错误顺序提出的问题也是糟糕的问题。"毕晓普认为。

> 在搭建论证时，要加入一些基本要素，并通过问题把它们粘在一起。出庭律师需要表现出一种掌控感，并且保持住。如果我们陷入愤怒或冲突，那就完全适得其反了。我们在任何时候都需要保持冷静，说到底这还是与前期的准备密切相关。要找到正确的问题并以正确的顺序提问，就必须做好准备工作。

破坏稳定的和带有偏见的问题对毕晓普来说也是被禁止的——这与其说是出于道德原因，不如说是因为它们会产生反作用，并有可能使法官对出庭律师及其委托人不利。而且在律政界这个小圈子里，一个出庭律师会经常遇到同一个法官，因此出庭律师可能会因为问过一些过分简化的、刻薄的、不公平的问题而迅速获得负面名声。

在几个世纪的历史中，出庭律师这个职业一直让人联想起假发、

第三章 会问"为什么"有多重要？

鹅毛笔和胸前的褶边。但也许令人惊讶的是，在过去 20 年里，数据和技术的爆炸式增长从根本上改变了出庭律师的提问方式和他们能够提出的问题类型。如今出庭律师所有的工作都是以电子方式完成的。21 世纪 20 年代的法庭文件都是经过汇编的 PDF 文件和 Excel 电子表格，不再是装订成册的羊皮纸。

这使出庭律师的工作远不像以前那样充满戏剧性了，我们不再需要从一堆文件中翻阅出关键文件。但这确实意味着我们可以做比以前更复杂的财务建模和财务预测工作。这些工作对于解决婚姻纠纷至关重要，而搜索和找到相关文件只需几秒钟。

蒂莫西以一个关于问题的法律笑话结束了我们的讨论。
一个事务律师打电话给出庭律师，问道："问你三个问题要多少钱？"
"五千英镑。"出庭律师平静地回答。
"五千英镑！"事务律师震惊地反驳道，"这可真够多的，不是吗？"
出庭律师说："那么你的第三个问题是什么？"
没有第三个问题了。

蒂莫西·毕晓普拉关于
"提出更聪明的问题"的五大要诀

1. 仔细检查别人给你的答案。找到源头,拿到第一手资料。
2. 交叉询问这种技能最好从观察和实践中学习。
3. 准备工作就是一切。
4. 开放性问题通常优于封闭式问题,但两者都有其适用的时间和地点。
5. 问题的数量要精简,每个问题的长度要简短。

第四章

你能一直拥有好奇心吗?

好奇心是进步和创新的核心,但好奇心的维持需要培养。

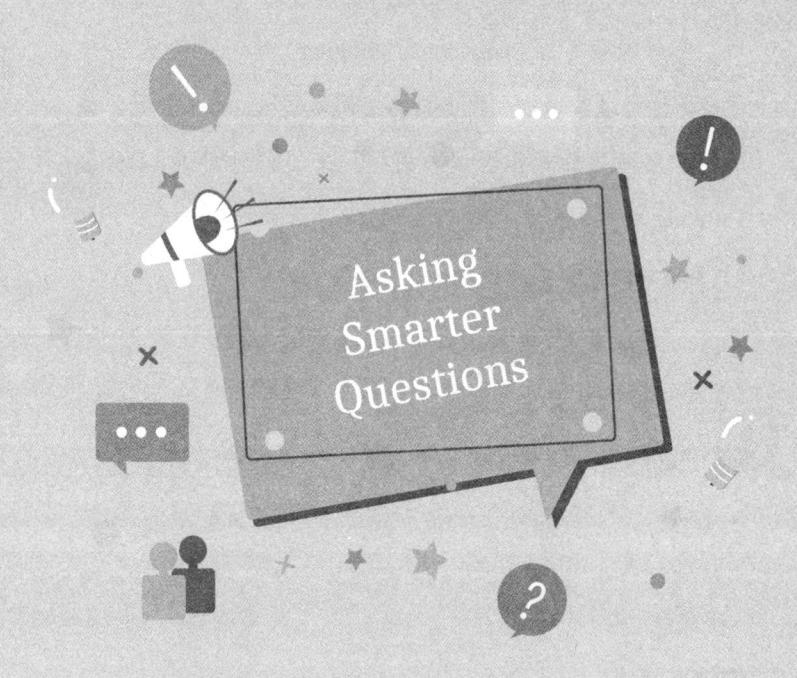

好奇心是一种强大的人类本能，是进步和创新的核心。它是我们创造问题（如气候变化）和寻找解决方案（如青少年在周五举行每周一次的罢课，这项运动是从瑞典的一所学校开始的，但很快就发展到世界范围）的能力的根源。但好奇心需要培养。

你可以采取三种策略来确保你婴儿时期的好奇心维持一生，而不是被学校和工作压制。第一种，将好奇心当作一种生活方式来接受；第二种，使用发散思维（divergent thinking）练习来创造多种选项；第三种，与第二种恰恰相反，使用辐合思维（convergent thinking）练习来做出选择。这些方法可以帮助你用提出更聪明问题的能力武装自己。提出更聪明问题的最佳表述方式之一来自设计思维（Design Thinking）这门学科，它以三个简单又朴素的词语开头，即"我们可以如何"。

世界上有多少把剪刀？

英国喜剧演员和播客创作者理查德·赫林有一个长期的系列访谈节目，其内容通常是对喜剧演员和播客创作者提问。这个节目被称为"理查德·赫林的莱斯特广场剧院播客"（Richard Herring's Leicester Square Theatre Podcast；RHLSTP）。从 2012 年到 2021 年底我写这本书时，这档节目已经录制了 350 多集。从本质上讲，这是一个面向现场观众的喜剧聊天节目。从最早的几期节目开始，赫林就一直从他的锦囊中不断抛出所谓的救急问题。他已经出版了好几本相关书籍，其中包括 2018 年出版的《救急问题：每个场合都能用上的 1001 个聊天救星》（*Emergency Questions: 1001 Conversation Savers for Every Occasion*）。在这本书中，他说这些问题"旨在把尴尬的沉默变成（偶尔）尴尬的对话。"

"这些救急问题，有的无礼，有的粗俗，有的离奇，有的平淡。许多问题纯粹就是幼稚和愚蠢的，但它们并不是简单地拼凑在一起（当然这也不是绝对的）——它们是被设计成用来创造故事的，而且往往会创造出一些甚至在讲述者意料之外的故事。"赫林很了解自己和自己的节目，这种自嘲式的介绍很贴切。赫林的大部分救急问题的确是粗鲁、幼稚和低俗的。他还对限制级的话题几乎有一种无法自拔的迷恋。这并不是说他的播客节目很无趣。实际上，这个节目挺有意思，只是大多数问题都是愚蠢的。

也就是说，在这档截至我写作的当下已经播出了九年的节目中，赫林以他一贯轻浮的提问风格，通过这些救急问题引导嘉宾做出了"一些惊人的不当言行，但也有一些严肃的揭露——最著名的是斯蒂芬·弗雷那次坦然自若地谈起了自己当年的自杀尝试。"让斯蒂芬·弗雷敞开心扉的是一个简单的问题："做自己是什么感觉？"我确实相信这是一个真正聪明的问题。然而，更多的时候，赫林提出的都是一些稀奇古怪的问题（例如，第535个问题是"你认为自己是一只翼龙还是一台除草机？"），或者如赫林自己所说，都是一些愚蠢的问题。

赫林的第548个救急问题是："你认为开罗有多少个勺子？"这让我想起了我最早从同父异母的哥哥杰里米那里学到的一个思维练习。我们都是父亲肯尼斯的孩子，虽然我们年龄差了30多岁，母亲也不同，但我们一直很亲近。杰里米是我认识的最聪明、最多面手的人之一。尽管工作繁忙，但他总是愿意抽出时间来激发和满足别人的好奇心。他完美地践行了爱因斯坦的格言："重要的是不要停止问问题。好奇心存在自有其道理。"在20世纪70年代初所谓的人才流失过程中，杰里米于1974年从牛津搬到哈佛，做了一名化学教授。很快，他就被提升为英国皇家学会和许多其他杰出的学术团体和协会的研究员。他发表了250多篇学术论文，并因在酶学和催化剂方面的研究工作，

第四章 你能一直拥有好奇心吗？

差点儿就获得了诺贝尔奖。

杰里米是学术界少有的人物。他是一位杰出的研究型科学家，后来又成为游刃有余的管理者。他从1991年开始担任哈佛大学的院长，直到2008年英年早逝。据说他的工作是在任期内每天从校友和慈善机构那里筹集100万美元；而他实际上平均每天筹集了200万美元。20世纪90年代中期，杰里米劝说比尔·盖茨尽早开始慈善捐赠，后者在1996年为计算机科学和工程项目捐赠了1500万美元，并承诺为每间宿舍铺设超高速线缆，为每位学生提供一台计算机（尽管计算机必须与Windows兼容，但这已经非常慷慨了）。这个比尔·盖茨正是那个在哈佛大学仅仅学习了两年就于1975年退学的比尔·盖茨，不久后他与保罗·艾伦成立了微软公司。

二十世纪七八十年代，小时候的我生活在离伦敦约80千米的地方。在各种大大小小的会议间隙，杰里米经常会来看我。他总是会抽出时间帮助我做化学和生物作业。晚饭后，他会目光炯炯地提出一个似乎无法回答的问题。我最喜欢的，也是记忆中最深刻的一个问题是："世界上有多少把剪刀？"我们和父亲以及杰里米带回来的几个不同的访问学者一起，不止一次讨论过这个问题。

提出一个没有明显数据来源的问题——尤其是在谷歌出现之前的15年或20年——无论是第一次、第二次，还是第34次，都是具有挑战性的。但这种以苏格拉底式的无知为起点的问题能够使人从头开始、从普遍情况到特定情况，一个点一个点绘制出一幅点彩画。这个问题之所以是苏格拉底式的，不仅因为它从零知识开始讨论，还因为它会引发进一步的问题，进而帮助我们获得某种解决方案。

1. 剪刀是什么时候被发明的？剪刀以多快的速度传遍了全世界？

2. 剪刀是最初被用作工业或农业产品，然后才演变成家庭工具的吗？如果是，这种转变的时间线是怎样的？

3. 我们对一把剪刀的定义到底是什么呢？其范围是否包括花园工具和工具箱中的常用工具，比如修枝剪或钳子呢？

4. 我们自己的家里有多少把剪刀？

5. 从相对富裕程度、居住人数、居住者年龄、居住者爱好等方面来看，我们在多大程度上能够代表英国人？

6. 其他家庭拥有剪刀的数量会比我们多还是少？

7. 英国有多少不同类型的房屋，每种类型的房屋中又有多少个家庭？如果不能精确计算，这个数字大约是多少？

8. 有多少国家和英国一样（人均拥有剪刀的数量相似）？有多少国家的剪刀比英国的多？又有多少国家的剪刀比英国的少？

9. 不同国家的人口都是多少？把国家数量、家庭类型数量相乘，最终就能得到剪刀的数量吗？

10. 哪些职业的人在日常工作中使用剪刀？要考虑到发型师、制衣师、外科医生和兽医，当然也包括那些在新的日托中心开业时用巨大的剪刀来剪彩的权贵政要们。

11. 剪刀的使用是在增加还是在减少？无论是发达国家、发展中国家还是新兴国家，世界各地的趋势都一样吗？

12. 在目前的全球经济形势下，剪刀的产量可能会更多还是更少？

13. 一把剪刀一般能用多长时间？多长时间需要更换一次？

14. 制作和购买一把普通剪刀的成本分别是多少？

15. 我们能否建立一个剪刀购买力指数？

16. 用来制造刀片和手柄的金属和塑料，以及将两片固定在一起的螺丝，它们还有什么别的叫法吗？

17. 我们是否应该注意到那些可能影响剪刀的销售和供应的因素？比如环境问题、时尚因素，又或者最近发生的一系列使用剪刀的刺杀事件。

18. 左手专用剪刀的发明是否导致了剪刀数量的激增？

19. 地方性的、区域性的或全球性的立法或法规是否有可能影响一把剪刀的普及、供应和成本？

20. 从短期、中期或长期来看，剪刀是否会受到激光切割等替代技术的威胁？

好吧，这里刚一开始就提出了 20 个问题。其中一些问题是我们在试图估算出世界上有多少把剪刀时提出和探讨的，还有一些问题在 20 世纪末的谈话中甚至都不会被谈及。杰里米在开始每一个思想实验时都会禁止我们做一件事，那就是进行任何形式的猜测。作为一个任性不羁的少年，我的想法是先做一个猜测，让每个人把答案写下来放在信封里，经过一两个小时的讨论和计算后，看看谁猜的结果最接近。但杰里米大声地说："不！"

多年后，杰里米在科德角的一次家庭度假中向我解释，他认为猜测的行为会使我们产生偏见。假设会让我们无法公正地回答问题，导致答案出现偏差；它会使我们去寻找支持我们猜测的证据，而忽略那些与我们的世界观相矛盾的证据。这种自上而下的方法会抵制任何与我们的方向相悖的东西。我们会出现卡尼曼和特沃斯基等人指出的各种认知偏差——证真偏差、后见之明偏差、定锚与调整（Anchoring and Adjustment；这是二手车经销商的最爱），等等。

比目的地更重要的是旅程。对杰里米来说，重要的是我们应该有好奇心。我们应该提出问题，以激发更多的问题，而后面这些问题反过来可能会以全新的、意想不到的方式完善最初的问题。我们应该接受"猜测会出错"这件事是可能的、有很大概率的，以及几乎一定会发生的。无论是作为父亲和兄长，还是作为教师和管理者，杰里米都受到了克莱因提出的求知本能的驱使。他因好奇心给他带来的思维解放而成为好奇心的奴隶。他既是奴隶又是信徒。

没人知道铅笔是怎么造出来的，更不用说电脑鼠标了

1985年，经济学家伦纳德·E.里德在《自由人》（The Freeman）杂志上发表了一篇开创性的文章，题目是《我，铅笔》（I, Pencil）。在这篇题目有点儿神秘的文章中，作者提出，世界上没有哪个人知道如何制造像铅笔这样简单的东西，也没有哪个人拥有足够广度和深度的知识和经验，能够完成制造这种简单物品的供应链中所需的一切工作。这篇文章以铅笔的口吻讲述了它的故事，侃侃而谈制造铅笔所需要的各种不同步骤和阶段，以及它如何在多个领域的专家的通力合作下，才最终诞生。铅笔还进一步解释道：

在参与创造我的这数百万人中，每个人（哪怕是铅笔生

第四章　你能一直拥有好奇心吗？

产公司的老板）所做出的贡献都只是微不足道的一丁点儿专业知识。从专业知识的角度来看，斯里兰卡石墨矿工与美国俄勒冈州伐木工的唯一区别也就是专业知识的类型不同罢了。无论是矿工还是伐木工，他们与工厂里的化验师或油田里的工人一样，都是不可或缺的。

铅笔的观点是：资本主义没有主宰力量，供应链中所有不同环节上的种植者、采矿者、精炼者和运输者都知道如何发挥自己的作用，做出自己的贡献，但是没有人知道如何在这整个供应链流程中做到所有的事。正如经济学家米尔顿·弗里德曼在1998年再版的《我，铅笔》中所说："这支铅笔的不凡并不在于没有人知道如何制造它，而是在于：它到底是如何被制造出来的？铅笔是用锯子锯下来的木头做的，做锯子需要用到钢，做钢需要铁矿石……以此类推。成千上万互不相识的陌生人共同合作制造了这支铅笔，而他们说不同的语言、信奉不同的宗教。如果有一天碰了面，他们甚至很可能相互憎恨。"

"有人知道如何制造铅笔吗？"这样的问题是一种思想实验，类似于我哥哥杰里米问的"世界上有多少把剪刀"。2010年的TEDGlobal演讲中，英国作家马特·里德利表示："人类进步的驱动力是：不同的思想相遇并'交配'，从而'诞下'新的思想。"他这段演讲的题目"当思想有了性"（When ideas have sex）也表达了这种观点。他在举例时谈到，直立人在距今50万—150万年前制造的阿舍利手斧和20世纪80年代的电脑鼠标，都是技术进步的表现。这两种工具的大小和形状大致相同，都是为了适应人类的手而设计的。但它们的相似之处也仅限于此。

手斧的设计历经一百万年都不曾发生变化，同一种工具用同一种物质被制造了三万代。电脑鼠标的制造则是"不同物质的综合"（硅、金属、塑料）和"不同思想的综合"，包含晶体管、激光、计算机控制等，是一种技术积聚的产物。里德利认为，人类进步和发展的关键是思想和技术的交流、组合和专业化分工。与前辈里德和弗里德曼一样，里德利也提到："实际上没有人知道该如何制造电脑鼠标。"在跨越时间和文化的合作中，人类创造了一个相互交融的全人类大脑，一个比我们任何一个人都要聪明的构造。看到一个单独的、孤立的个体在自己的知识能力之外还可能做到什么——没有什么比这更能激发人们的好奇心了。英国前首相玛格丽特·撒切尔在接受杂志《妇女界》的一次采访中曾过早敲响丧钟，她称社会根本就不存在。但事实恰恰相反，社会这种构造是存在的。

辐合思维和发散思维

我们可能生来就有好奇心，这是一种原始的认知冲动。但如果没有一些脚手架和最终架构来引导这种冲动，它可能就会枯萎或被扼杀。幼儿时期，语言功能出现，巴伦-科恩的系统化规则"如果……那么"模块启动。五岁的孩子会提出四万个"为什么"类型的问题，此时看护者、父母和兄弟姐妹的宽容和积极回应有助于满足他们的好奇心。正如上一章中提到的，在学校和职场中，人们通常认为某些问题只有"正确"的答案，而这类问题也通常会被阻止——这两个环境的设置都不以培养和维持好奇心为目标。

一些重要的策略可以让我们有更多机会满足自己的好奇心。有三种方法可以触发和刺激大脑的奖赏通路，使我们更可能将旧的东西结合，得到新的东西，并对某个人、某件事、某个话题或问题建立深刻和有用的认识，进而获得我们所渴望的突破性洞察力。因为窥见并阐明真知灼见是令人上瘾的。如果我们有足够的好奇心，并有广泛的兴趣爱好，使我们的潜意识能够以新的和出乎意料的方式结合在一起，我们就会有更多真正"灵光乍现"的时刻，并且每当这种突破出现都会获得多巴胺的"奖励"。这是由多巴胺奖赏通路传导的。触发这一通路的因素可以是性、毒品、摇滚乐，也可以是国际象棋对弈、跳伞和编织围巾。由洞察力带来的"奖励"更像后一组活动获得成功时的体验，这使得它的危害性更小，因此也更有成效。

方法一：运用强烈的好奇心

为了更好地满足自己的好奇心，我们能做的第一件事就是贪婪地培养新的和多样化的兴趣爱好。好奇心不仅针对你要解决的问题，或者同事或客户给你的任务指示。好奇心要针对生活，而不仅仅针对某个特定的事物。正如知名天体物理学家尼尔·德格拉斯·泰森所说："好奇的人不会沉默不言。不提问题的人一生都是无知的。"我们要接受我们内心那个五岁的小孩，将我们对"是 X 导致了 Y，还是 Y 导致了 X，又或者 X 和 Y 能否是隐藏的第三个原因 Z 的结果"的求知欲表达出来——这是为了锻炼我们的好奇心。我们越是在追求特定挑

- 129 -

战的时候运用好奇心，就越会在日常生活的各个方面也运用好奇心。好奇心是一个良性的、自我实现的循环。

关键在于，提问不仅是对熟悉的内容提出问题，也不仅是从日常的领域里获取信息。在本书的前传，即我于2020年出版的《如何拥有洞察力》一书中，我为有洞察力的思维提供了一个简单而有效的框架——STEP洞察力棱镜框架。下面这个模型可供手头没有那本书的人参考。

4.1 STEP洞察力棱镜框架——获得洞察力的一个简单而有效的工具

第四章　你能一直拥有好奇心吗？

　　STEP 是一个可以连起来读的首字母缩略词（不是几个单独的首字母缩写词），组成它的字母分别代表 Sweat（苦思）、Timeout（暂停）、Eureka（顿悟）和 Prove（证明）。我已经在《如何拥有洞察力》中解释了这个框架以及它的应用方法，所以这里没有必要再重复。我们现在要探讨的是"苦思"。我在那本书中是这样建议的：

> 尽可能从你能接触到的所有渠道吸收信息、观点和意见。参加各种活动，并进行倾听和阅读。与人交谈——包括那些对你想要解决问题和进行创新的领域了解很多的人，也包括那些对其一无所知的人。让自己走出舒适区和回声室。寻找能够加强你的预感的刺激，也要寻找与你的预感相矛盾或强烈对立的刺激。在你的数据收集工作中加入一些随机性和误差。而且要永远保持好奇心，不仅仅是对当前的问题、当天的困境和当月的挑战。确保你始终充满好奇心。

　　从提出更聪明问题的角度来看，最重要的是我们要通过各种各样的刺激确保苦思阶段卓有成效。如果你总是在同一个地方寻找——无论是以极右翼阴谋论团体"匿名者Q"、福克斯新闻、彼得·希钦斯和乔丹·彼得森为代表的一派，还是以《卫报》、"广告非常人"、克里斯汀·阿曼普和詹姆斯·奥布莱恩为代表的另一派——你就不会发现任何新东西。你需要接触各种不同的刺激，包括熟悉的和不熟悉的、意料之中的和意料之外的、验证性的和对立性的。此外，你还需清楚信息来源在给定范围内的位置，并且在吸收和思考这些内容时，尽可能不带入你的假设。多样化的刺激和多角度的观点最好能跨过这个范围，从后面"包抄"，再从另一边出来，这样可以真正帮助你延伸和塑造好奇心。通过这种方法，你会获得一些不同凡响的混搭产物，很有可能为你聪明的、善于重组的潜意识提供所需的信息。而这些混搭产物可能只是你的洞察力。

方法二：运用发散思维

你可以采取的第二个策略是明确和有意识地利用发散思维练习来增强你的好奇心。发散思维是一种旨在产生多种创造性解决方案的思维模式。创造性解决方案，就是"跳出思维定式"的解决办法。发散性思维激发人们产生原本受到严格限制的预期之外的想法。它接受新的刺激，使我们能够创造出更多的选择。这正是肯·罗宾逊在其TED演讲中极力鼓励的那种创造力。并非所有或大部分解决方案都是"正确的"（更准确地说是"有帮助的"），但在进行发散思维练习时，重要的是整个团队中的不同成员或不同小组不要嘲笑他者的不同想法，尤其是不要在它们刚刚被提出来时就表示嗤之以鼻。用哲学家爱德华·德博诺的话来说，通过发散思维练习发现的解决方案不应该被"戴上黑帽"。

在德博诺的"六顶思考帽"的世界中，"戴黑帽"的人很谨慎（而非好奇），会指出某个想法中的错误或隐患，会关注各种风险、危险、问题或困难。大家都认识这种人。如果你在社交场合遇到他们，他们会因害怕被拒绝而不让你主动提供关于你自己的信息，或不让你参与讨论。在发展创造性想法的研讨会或练习中，他们会让你闭嘴，这无疑会让你感觉回到了中学，还会减少你的参与度。事实恰恰相反，所有的想法都应该被鼓励，不管是横向的还是纵向的。为了促进这一点，你应该鼓励与你一起工作的人采用即兴表演演员的思维方式。在即兴表演中，其他演员无论说什么，都会刺激即兴表演者创作出"包袱"。即兴表演者将一切视为机会，他们会说"是的，而且……"，而不会说"不是的，但是……"。以下是几个发散思维练习的例子。

发散思维练习1：形容词、动词、名词

如果你像我一样是个爱抠字眼的人，你就可能知道，各种组织（公司、慈善机构、大学和政府）都被事实牢牢束缚着。它们不是特别注重行动和情感，而是注重关于人类潜能的真实故事。如果你分析一下这些组织的成员在谈论其应该感兴趣的领域或问题时所使用的语言，并统计其中形容词（暗示情感；例如"快乐""温和""疲惫"）、动词（暗示行动；例如"跑""砸""打扰"）和名词（事实，包括数据和统计；例如"客户""25%""动脉瘤"）的数量，你就会发现，不管是什么部门，不管谈论什么问题，组织成员的语言模式都非常相似。

通常情况下，在全部词语（只含形容词、动词和名词）中，有70%是名词，20%是动词，而只有10%是形容词。这就创造出了浮夸的、臃肿的、由事实堆砌出来的、平淡乏味的文章。在网站和社交媒体上，在年度报告和传单中，各个组织试图用令人眼花缭乱的事实，以及合理性、数据和统计学来压制读者。然而，正如我们已经从卡尼曼、特沃斯基和其他认知心理学专家的作品中看到的，我们还是

会利用大脑中无法接触到语言的部分感性地做出决定。只不过，人类独有的灰质和白质，即我们的大脑皮层，会在数字和文字的刺激下继续茁壮成长，而我们也能够用它继续理性地证明自己的决定。

这意味着，我们如果想说服他人采取行动，就需要在吸引他人的情感方面做得更好。在英语以及许多其他语言中，构建形容词、动词和名词的成分平衡的句子和段落都是很有挑战性的。写备忘录或首席执行官的年度报告时，使其表达情感、行动和事实的词语数量相当，这也是一种挑战。也就是说，我们可以做到比10∶20∶70的比例好得多，甚至可以直截了当地将平衡比例调整为25∶25∶50。下面这个练习会告诉你如何操作。

在一个4—6人的小组中，明确说明你希望产生想法的主题或问题。花10分钟轮流想出并记下这个主题中最具特色的形容词。不要"戴黑帽"，不要做价值判断。这应该不难做到。组织中的人每天都在思考、谈论这些话题，撰写相关内容。然而，这个练习可能会让参与者感到困难，因为他们觉得自己的答案会被评判，进而抑制自己——他们大脑里那些可怜的额叶想让自己避免丢脸，但也破坏了我们的发散思维练习。不要紧，一个好的主持人不需要了解这个话题也可以"助产"出一长串的答案。主持人只需要抛出问题："你会用什么与众不同的形容词来描述（这个主题）？想一想，当人们第一次经历（这个主题）的时候，他们会怎么样？你会如何向一个从未听说过（这个主题）的朋友、家人，或者国人描述它？"

接着在10分钟内，将这些形容词记录下来——写在挂图上，或放在幻灯片中（适用于在线研讨会）——以便所有参与者都能看到和

第四章 你能一直拥有好奇心吗?

读到。捕捉并记录参与者的发言,不要排序或有任何偏向。先记录形容词,因为它们通常是企业文章中匮乏的词汇。然后以同样的方式,再分别用 10 分钟找到表示行动的动词和表示事实的名词。预备阶段总共需要 30 分钟。图 4.2 是我和一些同事最近针对社交媒体这个主题创建的一个模板。

关于"社交媒体"的形容词、动词和名词

形容词(情感)	动词(行动)	名词(事实)
有害的,竞争,幸福的,不幸的,愤怒的,胖的	搜索,滚动,不停滚动浏览负面消息,上网,浏览,阅读	想象,想象力,犯罪,(自我)伤害
被压制的,嗡嗡响的,孤独的,丑陋的,社交的	假装,想象,吹嘘,炫耀,修正	孩子们,孩子,父母,家庭,青年
悲伤的,忧心的,惊恐的,值得的,有回报的	编辑,组织,建议,经历,重温,说谎,提供	表情符号,点赞,智能手机,苹果手机
害怕的,疲惫的,年轻的,压抑的	分享,发布,篡改,更换,消除,删除	推特,点赞,印象,转发,赞赏
被误解的,好奇的,焦虑的,失眠的	完成,使高兴,使悲伤,淹没	憎恨,喜爱,图像,话语,280 个字符限制
不屈不挠的,相互矛盾的,数字的,技术的	削弱,损害,激怒,浪费	Instagram,脸书,推特,抖音
否认的,消极的,不确定的,不停息的	摧毁,诽谤,引战,视奸,辱骂,仇视,匿名	WhatsApp,平台,渠道,媒介
破坏性的,割裂的,愤怒的,未成年的	蚕食,复制,敲竹杠,效仿,调解	媒体,信息,辱骂,引战,报复
恼怒的,授权的,受到挑战的,虚假的	合作,创造,共创,提高	伪装,真相,谎言,网络松绑,发布动态,Snap
恶性的,不正常的,受关注的,错误的	修饰,装饰,对抗,激怒	错觉,朋友,敌人,亦敌亦友,时间
自负的,徒劳的,被质疑的,独自的,孤独的	喜欢,特别喜欢,分享,重新发布,赞同	时间陷阱,错觉,现实,(现实)生活,傻瓜
胆怯的,被胁迫的,顺从的,可塑的	庆祝,歧视,对抗,怨恨	死亡,自杀,规则,法规,法律

图4.2 关于主题"社交媒体"的形容词、动词和名词

在创建了长长的形容词、动词和名词列表后，再用10分钟轮流（分组）从写出的词语中挑出形容词、动词和名词至少各一个来组成新的句子。主持人应该再次鼓励参与者，让他们无拘无束地创造出尽可能多的句子。就像找出词语的过程一样，有些小组一开始会感觉创造新奇的句子很有挑战性，他们经常会说这是因为担心自己的表达过于平庸或平淡。所以主持人应该再次鼓励参与者，让他们只需从每一栏中各选择一个词，然后说出第一个冒出来的想法。图4.3显示了我们用图4.2中的形容词、动词和名词创作的以社交媒体为主题的句子。加粗的句子是我们最喜欢的四个。

关于"社交媒体"的句子

句子
孩子们使用社交媒体在一个有潜在危害的环境中分享了太多的关于个人生活的信息。
Instagram和脸书鼓励受伤的、被误解的年轻人在社交媒体平台上竞争。
自残的图片是有毒有害的。社交媒体平台几乎没有采取措施来节制这种有害的图片。
使用社交媒体与家人和朋友分享你生活中的快乐照片并没有什么坏处。
上传经过修饰的完美照片会让那些本来就焦虑的社交媒体用户更焦虑，让他们感到沮丧和孤独。
社交媒体平台几乎没有留给人们想象的空间，它让用户能够修改图片，以及编造策划谎言。
我真的对推特上的假新闻感到恼火和沮丧，憎恨它们恣意蔓延，让一代人打开手机就面对各种灾难性的负面新闻刷屏，陷入末日场景。
社交媒体平台上的谎言和虚假印象让我感到焦虑、恐惧和听天由命。
我们很难认真对待社交媒体用户的虚假生活。
我希望社交媒体背后的公司能采取更多措施，节制我信息流中铺天盖地的负面内容。
在社交媒体上看到和朋友们在一起的自己让我感觉自己很可悲、很胖，觉得很生气，想把自己藏起来。
社交媒体上的"喷子"们让年轻人的生活很痛苦，让他们觉得自己不正常。有这样的朋友……

图4.3 关于主题"社交媒体"的形容词、动词和名词构成的句子

第四章　你能一直拥有好奇心吗？

发散思维练习 2：吉尔福德的替代用途测试

列纳德·蒙洛迪诺是一位理论物理学家。他在职业生涯中成就卓著，一直在著名的学术机构进行研究和教学工作，包括位于美国加利福尼亚州帕萨迪纳的加州理工学院和位于德国巴伐利亚州慕尼黑的马克斯·普朗克物理研究所。他的课外非学术成就包括担任《星际迷航：下一代》(Star Trek: The Next Generation)的编剧，以及与电影演员罗宾·威廉姆斯和导演史蒂文·斯皮尔伯格合作创建了电脑游戏软件业务，负责开发了《阿拉丁数学探索》(Aladdin's Math Quest)。

蒙洛迪诺还是一位出色的非虚构文学作品创作者，他除了独自写书，也与形形色色的创作者合作出书，比如斯蒂芬·霍金和狄巴克·乔布拉等人。这意味着他不是我们认知中的那种典型的加州理工学院理论物理学家。《弹性：在急速变化的世界中灵活思考》(Elastic: Flexible Thinking in a Constantly Changing World)也许是他写过的（独自撰写）最主流的科普书。他在这本书中从神经科学的角度清晰地剖析了有洞察力的思维方式，在他之前没有任何心理学家能做到这一点。《弹性》是一本实用的入门书，教你如何将思想从局限或僵化的思维方式中解放出来，以及如何使其在最灵活和最具重组能力的状态下工作。他以简单易懂的方式描绘了无限制的、创造性的思维方式是如何被接通（硬件上）和被激活（软件上）的。我将《弹性》这本书列为我新课程的核心内容。我课程的具体内容在前一章有详细说明。

测试弹性思维（蒙洛迪诺的发散思维的同义词）最简单、最好用、最古老的方法之一是吉尔福德的替代功能测试。让参与者在很短的时间内（我喜欢给他们 1—3 分钟）思考他们可以用多少种不同的

学会更聪明地提问

方式来使用一个寻常的家用物品。我让他们自由选择，通常是绑带鞋、砖头或者回形针中的一个。答案没有对错之分，测试并不要求具体的解决方案。替代功能测试衡量的是思维的流畅性（能发现多少种用途）、原创性（想出的这些用途能有多特别）、灵活性（能想出多少种完全不同的用途）和细致性（想出的用途能细致到什么程度）。

能在一分钟内想出 15—20 种不同的用途表明测试者思维的流畅性很强。

说出一块砖头可以用来建造房子、墙壁、车库、学校、大教堂和公共汽车候车亭，并不能证明测试者的思维原创性有多强。如果能说出它可以成为镇纸、花瓶、凶器、门挡、健身的砝码和啮齿类宠物障碍赛道上的障碍物才更有创意——就像能说出在湖上划船时可以把绑带鞋当作临时的葡萄酒冷却器。这种用法的具体步骤是，首先，将鞋带的一端系在船的桨架上，另一端系在鞋的一个孔上；然后，将酒瓶（当然是未开封或拧上盖子的）放入鞋内；最后，让鞋子漂浮在水中，慢慢地让葡萄酒冷却下来。无论空气温度有多高，水的温度都会更接近葡萄酒冰柜，而不是桑拿房。这种用法体现了思维的原创性，也体现了思维的细致性。而我们在本段开头为一块砖头列出的不同用途的范畴是什么呢？那是灵活性。

很多解决方案都不是我自己的功劳。我时常在自己举办的洞察力思维培训课程中使用这个练习，而且很感谢来自不同领域的学员们为我提供了许多非常棒的替代用法，特别是在外出划船时将鞋子作为临时的葡萄酒冷却器——这是斯特凡的点子。

方法三：运用辐合思维

第三个，也是最后一个能让好奇心更努力为你工作的策略是第二个方式的镜像：有计划地、明确地使用辐合思维练习。辐合思维练习让我们不得不做出选择，缩小我们的选择范围。在某种意义上，这是把自己限制在能提供"正确"解决方案或回答的答案上。我们在发散思维练习中将注意力分散，在辐合思维练习中则将注意力集中。当你想回答一个聪明的问题时（也许是为了获得和阐明洞察力），有益的做法是：让注意力先分散再集中，反复切换发散思维练习和辐合思维练习（也许在应对一个挑战时，会有两次、三次，甚至四次的切换）。

辐合思维练习 1：鸡尾酒会演讲

参加这个练习的人应该想象自己是在一个鸡尾酒会上。你可能会说，在全球性流行病肆虐的 2020 年初，这种事是不太可能发生的，除非你碰巧是英国首相约翰逊的工作人员，碰巧又参与了 2020 年 12 月在唐宁街 10 号举办的一系列圣诞派对（尽管当时英国处于封锁状态，而伦敦的新型冠状病毒肺炎疫情警戒级别达到了三级）。虽然有点儿困难，但你可以想象你正身处电视剧《广告狂人》(Mad Men) 中唐·德雷柏所在的时代。

现在想象一下，你需要回答"做自己是什么感觉？"或"什么会点燃你的热情？"这样的问题。问出这两个问题要比问出"你是做什么的？"聪明得多，能引出更真实、更全面的自传式答案。花 20—30 分钟写下你的答案，你可以采用思维导图的形式——用气泡或圆圈将你想涉及的主题和话题圈起来，然后再用实线（表示紧密联系）、箭头（表示因果关系），有时甚至可以是虚线（表示更微弱的关系）将它们连接起来。我准备了一张关于我为什么热衷于板球的图，如图4.4所示。

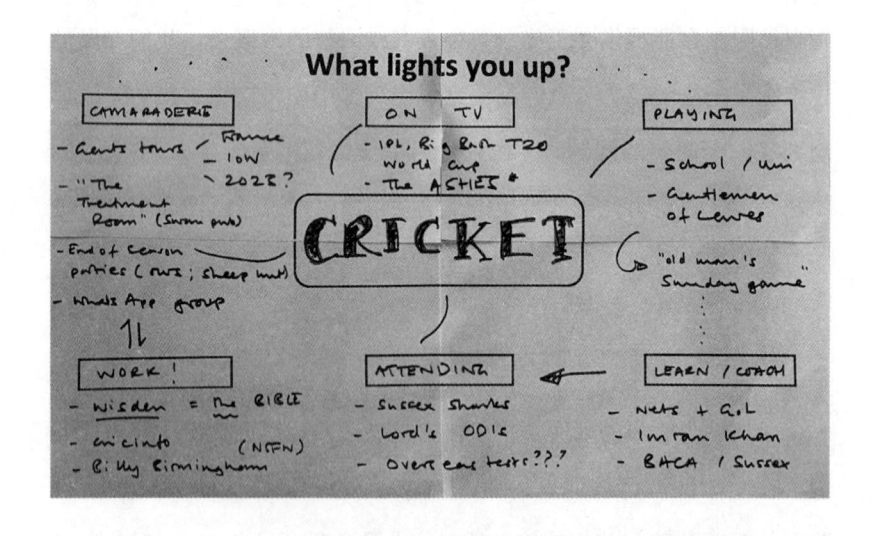

图4.4　作者就"什么会点燃你的热情？"这个问题绘制的思维导图

然后，每个参与者根据你准备的笔记，向其他参与者做一个简短的演讲。理想情况下，演讲遵守鸡尾酒会守则，即"如果你想让听众感到无聊，那就谈谈你自己；如果你想让自己的发言听起来有趣，那就谈谈听众在乎的话题"。参与者应该进行一两分钟的发言（在向参与者介绍情况之前先商定好时间）并观察这个练习如何（神奇地）使那些讨厌公开演讲的人也能做出引人入胜的演讲。因为他们专注于这个话题，所以他们会做出选择，即辐合性地决定演讲要包括哪些内容。同样重要的是，他们也会选择省略哪些内容。

辐合思维练习 2：皮克斯式演讲

从美国商业作家丹·平克那里，我第一次了解到迪士尼旗下出色的卡通动画工作室皮克斯的演讲练习。皮克斯工作室坚持认为，它制作的每部电影的故事结构都能自然而毫不牵强地嵌入一个简单又独特的六单元模板。这六个单元分别是"从前……""每天……""然后有一天……""因此……""进而……""直到最后……"。

我在许多不同场景的不同学科培训中都使用过这个模板。这些培训包括讲故事（普通），讲数据故事（特殊），以及有洞察力的思维方式，等等。作为一种辐合思维练习，这个模板迫使使用者做出有关他们要涵盖哪些和舍弃哪些的选择。这个模板的内容集中于一个时间段，可以是几分钟，但通常是几周、几个月或几年。这个模板有一种很好的双重因果关系（"因此……"后面紧跟着"进而……"）。

我发现当一个团队想要寻求某个问题（通常是关键的商业问题）的答案，并且他们已经完全熟悉了关于某个论点或主题的所有数据、研究和报告时，皮克斯式演讲的效果是最好的。他们的头脑中充斥着信息，而我们希望他们能既见树木又见森林——皮克斯式演讲框架性的本质刚好能够使他们做到这一点。图 4.5 是皮克斯式演讲的一个例子，讲述了一个关于苹果公司的精彩数据故事。

学会更聪明地提问

从前……有两个叫史蒂夫的大学生，辍学后整天在位于加利福尼亚州的自家车库里工作。	**每天**……他们都把所有的时间和精力都投入制造计算机上，以帮助小人物与大人物竞争。	**然后有一天**……他们推出并销售了 200 台 Apple I 电脑。后来他们又卖出了一万倍的 Apple II 电脑。
因此……他们使苹果公司成为世界上最具创新力、最强大的公司之一。	**进而**……在史蒂夫·乔布斯去世 10 年后，mac 电脑的年销量是 2000 万台，而 iphone 手机的年销量达到了 2 亿部。	**直到最后**……苹果成为全球首家市值达到 3 万亿美元的公司，超过了整个富时 100 指数的市值。这对两个叫史蒂夫的大学辍学生来说已经很不错了。

图4.5 关于苹果公司的皮克斯式演讲

设计思维

好奇心和制定更聪明解决方案的愿望是设计思维在哲学和方法上的两个标志性特征。设计思维是由大卫·凯利和汤姆·凯利这对兄弟提出的，这个概念的正式确立得益于兄弟二人联合创办的创新咨询公司 IDEO 的商业影响力和在斯坦福大学设计学院担任教授的大卫的学术影响力。既因为他们有效的方法论，也因为他们慷慨的精神和态度，所以在 20 世纪的最后 20 年和 21 世纪的前 20 年，设计思维已经成为一个非常受欢迎的开源工具，它可以帮人们快速有效地生成多种以设计解决方案为主导的方法。

设计思维的核心是一种五步冲刺法，一般需要在几天、几周或几个月内完成。具体耗时取决于实践者或项目的紧迫性。耗时几周是正常的，不过在某部以设计思维为主题的电视纪录片（ABC 晚间特别节目）中，IDEO 公司与制片人合作，在短短的一周内就完成了设计冲刺，创造出了一种革命性的新型购物车（在英国被叫做手推车）式工作原型。

典型的设计冲刺包括五个阶段：共情、定义、构思、原型和测试。IDEO 公司的过程已经很成熟，非常具有启发性。从谷歌改善后的六步法到杰克·纳普写的以设计冲刺为主题的方案和书籍，相关内容比比皆是，我没有必要在这里重复讨论。我个人认为设计思维对洞察力的重视程度太低了。对我来说，"共情"这一步往往达不到我为洞察力（深刻而有益的理解）设定的高标准。但是，正如我所说，这只是我的观点。对我来说，我的企业 Insight Agents 所开发的 STEP 洞察力棱镜框架是能产生真正的、突破性的洞察力的更可靠的方法，这一点已经被多个初创企业和全球性企业反复证明。

三个神奇的词语

设计思维真正让我倾心的地方在于它以一种清晰描述的方法应用创造性思维、它具有迅捷和迭代性，以及它植根于好奇心这一事实（如果 IDEO 办公室附近有猫，它们最好小心点儿）。这种对好奇心的热情也植根于设计思维的提问方式中。在设计思维的视角下，大多数问题都是由"我们可以如何"这三个神奇的词语开始的。这种表达方式是非常开放的，没有假设，而且是积极的。它赋予人能量，解放思想，又不会对人做出评判。它充满了创造力和创造的信心，让人确信自己能够找到解决方案。它还足够开放，不会从一开始就强加任何规定。

这种表达方式以什么方式对"**如何**"进行提问？解决方案的哪些组成部分以前没有被连接在一起？如果要提出真正的创新，我们就需要用漏斗把各种形式的刺激装进我们的大脑里。有些刺激可能是明显的、直接相关的。另一些刺激则可能看起来完全不相关，但它们一旦进入大脑这个聪明的、善于重组的搅拌机里（包括有意识的和潜意识的）就完全有可能以全新的、史无前例的方式结合起来。"如何"很快打开了我们的潜力，同时也没有关闭其他可能性。

这种表达方式对"**可以**"进行提问。"可以"是一个情态动词，与其他动词的基本形式一起使用并支配其他动词。这种表达方式表明并引导出一个充满可能性和机会的局面。同样，它也没有关闭任何可能性，而是把所有的可能性都保留了下来。经验可能是重要的，也可能是多余的。"我们""可以""如何"这三个神奇的词语构成了设计思维最重要的一个问题，而"可以"一词在其中是非常强大的。

这种表达方式对"**我们**"进行提问。"我们"是包容性的。这种表达方式涉及团队合作和伙伴关系，以及来自许多不同职能部门的思维的交叉融合。例如，如果你在一家制药企业工作，一个跨职能团队可能由医疗、监管、市场营销、研发、患者参与、洞察力和分析等领域的专家组成。如果你在金融行业工作，这个团队的工作可能包括研究、分析、做市、买方、卖方、经纪、投资策略、风险、交易、规划、投资组合管理、精算，等等。"我们"是设计思维超级聪明的问题"我们可以如何……"中第三个强大的词语。

以下是三个用到"我们可以如何……"这一公式的例子，应该可以让你体会到为什么这种卓越的提问方法能满足我们的好奇心。

第四章 你能一直拥有好奇心吗？

"我们可以如何说服客户更多地使用我们的应用程序？"（而不是"我们的应用程序有什么问题？"或"为什么人们不使用我们的应用程序？"）。这就使重点从功能、运营问题转移到了从更基本层面上解开客户和公司——特别是银行这样的服务型机构——之间关系的问题。

"我们可以如何加速推广无现金支付？"（而不是"人们为什么如此执着于现金？"或"人们害怕什么？"）。正是这种方法指导了在线支付平台 PayPal 的战略。

"我们可以如何让政客们承担责任？"（而不是"我们有可能阻止政客们撒谎吗？"或"为什么人们相信政客们说的每句话？"）。煽动性抗议组织"由驴领导"（Led By Donkeys）就采用了这种方法和理念。这个组织的成员利用政客们的言论（特别是在推特上的言论）突显 21 世纪 20 年代英国政客们的虚伪和闪电般的善变。

你知道，以"我们可以如何"开头的问题鼓励甚至要求我们在解决问题的过程中考虑多个角度和观点，并将其融入其中。这个看似天真的表述充满了可能性，让人想起阿迪达斯的广告词"一切皆有可能"。

我们应该用涂料把这三个词语写在每间办公室、工厂，特别是学校教室的墙上。我们应该把它纹在眼皮内侧，来帮助我们从根本上用好奇心造梦。

小 结

我们无论是站在个人、家庭和社区的角度，还是站在公司、国家和一个物种的角度，要想解决我们所面临的越来越多的"邪恶"问题，不受偏见、假设和成见的影响提出更聪明的问题，这一点至关重要。好奇心是推动我们前进的超级力量，我们要把它当做我们武器库中的一个重要工具。历史表明，我们可以共同使用好奇心来创造像电脑鼠标这样非凡的艺术品。制造铅笔甚至也需要它。

如何提问——第 4 段采访（共 14 段）

姓名	简·弗罗斯特，大英帝国司令勋章获得者
组织机构	英国市场研究协会
身份	首席执行官

好奇心是简·弗罗斯特和她所领导的行业的一个本质特征。2011年以来，她一直担任英国市场研究协会的首席执行官。而在此之前她的职业生涯也非常辉煌。她曾在联合利华、壳牌和 BBC 等极具好奇心和洞察力的公司中任职。在加入市场研究协会之前，弗罗斯特曾在英国税务海关总署工作了五年，先后为其建立了客户功能以及数字和社交媒体战略。HMRC 是一个重要的政府部门，在她的领导下，这个部门大大简化了工作流程并提高了工作效率。贯穿她各种角色的黄金主线是她对以客户为导向的变革和创新的热情。

第四章 你能一直拥有好奇心吗?

"在我们的业务中,没有问题就等于没有任何进展。"弗罗斯特认为。

我们渴望提出聪明的问题,从而为我们的客户带来真正的利益。我们向客户提供证据和洞察力,以便他们可以做出明智的、战略性的决定。保持好奇心是提出好问题的关键。保持好奇心,并成为一个好的倾听者。你如果不主动去探究事物(看看在你探究之后发生了什么),就会让你的假设占据主导地位。善于识别出模式——发现趋势、异常现象和极端值——是有帮助的,接触新的主题也是有益的。与那些反复研究相同主题、问题或市场的内部研究团队相比,我们的机构在这方面是有优势的。

虽然在弗罗斯特看来,愚蠢的问题并不存在,但她也认为有一些问题是不重要的——以"是什么"提问的封闭性问题往往就是这样的。她指出,"以'为什么'来提问才是一切可能性的根本起点"。

我一直不明白为什么小孩子一问这种问题就会被压制。试想一下,如果达·芬奇问梵蒂冈教廷要在西斯廷教堂的棚顶上画的**是什么**,他可能被告知"金色和红色"。而如果问"**为什么要作画**",他会被告知要颂扬上帝与人类的关系,他就突然在这个框架内有了创作自由。因为他问了"为什么"。

学会更聪明地提问

弗罗斯特认为，研究人员应该从质疑自己开始，而不是自动假设自己是对的（或者自动假设自己是错的）。就像商业研究一样，在社会研究中你需要强迫自己走出"我的世界观"这样的思维模式。对一家公司来说，询问"你卖的是什么"是没有意义的。你需要问的是消费者在买什么。

在社会研究中，这一点甚至更为重要。在这里，共情力过强远不如感兴趣有用。例如，你不能仅仅因为你会离开施暴的伴侣，就去质问受虐待的妇女为什么不离开她们的伴侣。她们不想让自己或自己的孩子难堪，因为她们还无法走出困境（无论是什么原因）。你需要在询问之前倾听。想更好地应用这个方法，你可以交替进行定性研究和定量研究，以确保你能提炼出真正聪明的问题。同时也要注意，不要过度或过多地使用框架，因为框架很容易使答案发生偏差。如果用错了词语——尤其是在跨文化的情况下——整个研究就会被毁掉。

对弗罗斯特来说，如果市场研究人员能从客户那里得到很好的情况介绍，那他们就更有可能提出像样的问题。如果情况介绍太局限于一定范围，研究人员没有自己思考的余地，客户就无法从与机构的合作中获得最大的收益。

理想的情况是，客户允许并鼓励研究伙伴向他们提出挑

第四章 你能一直拥有好奇心吗？

战——使用他们认为不合适的方法，探索他们从未想过的领域。我们都需要框架，但我们也需要框架内的自由。

在为自己曾就职过的机构提出问题的这段时间里，弗罗斯特认为技术是福也是祸。从积极的方面来说，有许多新的工具和技术可供研究人员使用。其中包括神经洞察力（neuro-insight）、社交媒体聆听（social media listening）和数字民族志（digital ethnography；一种通过以计算机为媒介的社会互动将民族志的方法应用于研究社会和文化的方法）。从消极的方面来说，我们的数据量是爆炸式的。"这真的是在浪费机会。"弗罗斯特断言。

> 太多的人（研究人员和客户）被大数据吸引是因为其庞大的规模，而不是因为大数据能帮助他们理解的那些聪明的事情。我们中的许多人浪费了太多的时间在数据上"钓鱼"，却不去问一问"我们的数据有多聪明"，或者更该问的是"我们如何从得到的数据中获取有意义的情报"。大数据集还欺骗了许多客户，让他们以为只有技术数据分析师才真正了解数据，而事实上，我们行业中的许多人都很了解数据。

总的来说，弗罗斯特对研究行业当前和未来的机会持乐观态度。各种各样的组织从来没有像现在这样需要更清楚地了解他们能如何通过更好地服务于客户来实现繁荣，特别是在即将到来的后新型冠状病毒肺炎疫情时代。英国价值70亿英镑的研究、洞察力和分析行业在提出更聪明的问题方面已经取得了良好的业绩。越来越多的工具使研究人员能够越来越了解我们如何以及为什么做出这样的决定。我们已经为踏上走出大流行病的颠簸之路做好了准备。

简·弗罗斯特关于"提出更聪明的问题"的五大要诀

1. 如果你想了解你的市场,请关注客户,而不是公司或产品。
2. 在定性和定量研究之间转换,以完善和构建聪明的问题。
3. 在建立任何研究问题之前,要质疑自己以及自己的假设。
4. 把你的偏见和先前的经验统统放下。
5. 不要被大数据的庞大规模所迷惑。数据以价值论高低。

第五章

提出好问题的原则是什么?

问题需要在合适的环境中构建和提出,提问者也需要从多角度看待问题。

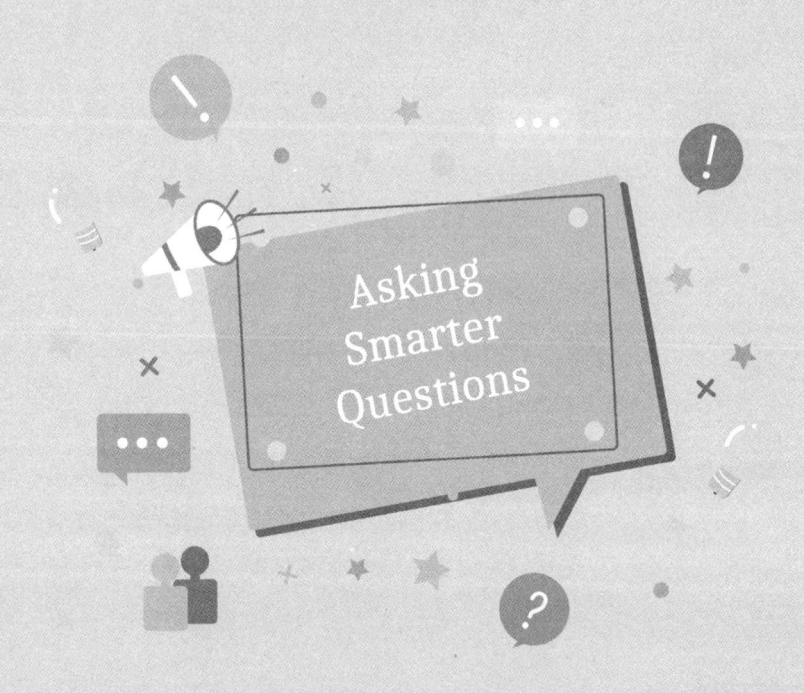

提出更聪明问题能力的取决于问题的内容和形式，涉及问什么和怎样问，也涉及信息和媒介。更聪明的问题需要在合适的环境中构建和提出，才能产生预期的影响。问答双方都需要集中精力关注各自在提问和回答时扮演的角色。

一个好问题的种种特征从根本上来源于提问者的性格和倾向，其中包括思想开放、有好奇心，以及多元化的刺激和输入——多做狐狸，少做刺猬。好的培训师往往具有这些品质。能够提出更聪明问题的人身上不会有心怀偏见、世界观固化和无法从多角度看待问题等特征。

多做狐狸，少做刺猬

纳特·西尔弗是预测分析领域的大牛。关于如何阅读数据符文并大胆预测出可能出现的趋势，他在出版于 2012 年的《信号与噪声：大数据时代预测的科学与艺术》(*The Signal and the Noise: Why So Many Predictions Fail-But Some Don't*) 一书中总结了他独树一帜而卓有成效的方法。西尔弗和他的团队创立了"538"(FiveThirtyEight)，这是一个主要关注时政和体育的博客网站。自 2008 年成立，"538"先后隶属于《纽约时报》、娱乐与体育电视网，以及现在 ESPN 的姐妹公司美国广播公司。"538"这个名称来源于美国总统选举团中选举人的数量。事实上，该博客在奥巴马 2008 年首次赢得总统选举时正确预测了 50 个州选举结果中的 49 个，并在 2012 年奥巴马连任前正确预测了全部 50 个州的选举结果。在 2016 年的总统选举中，"538"的表现稍显逊色（那一年发生了很多意想不到的事，煽动家在选举中获胜就是其一），但可以肯定地说，"538"是所有专家中错得最少的。

目前"538"的标志是一张艺术化的狐狸脸，由一个黑色三角形鼻子、一张白色五边形脸和两只连在一起的沙褐色三角形耳朵（让人联想到倒立的山脉）组成。前几代标志的样子更像狐狸，不过你知道目前的标志应该是什么之后，就不会把它误认为其他动物了。但是，由于西尔弗的团队专注于洞察力、智能写作和新闻报道，这个图标也可以被看作代表一支铅笔。西尔弗自己说过，狐狸一直是该博客经久不衰的吉祥物，因为它"象征着538多元化的方法，正如那句老话——'狐狸知道很多事情，而刺猬只知道一件大事'。"——这句话来源于公元前7世纪的希腊抒情诗人阿尔基洛科斯。

这句关于狐狸和刺猬的古老格言得以广为流传要归功于牛津大学学者以赛亚·伯林，他也是牛津大学沃弗森学院的创始院长。1953年，伯林发表了一篇题为《刺猬和狐狸》(The Hedgehog and the Fox)的文章，将一大批哲学家、剧作家和小说家分为两类，一类是刺猬（他们用单一视角看世界），另一类是狐狸（他们的世界观不能简化为一种观点）。他重点谈论了托尔斯泰，用刺猬和狐狸的理论分析了托尔斯泰的著作《战争与和平》(War and Peace)后得出结论，认为这位俄国作家本性是狐狸，但他的内心却追求着刺猬的理想。这样的矛盾贯穿《战争与和平》全书。

很快，人们就重视起了伯林的分类方法——重视程度甚至出乎他本人的意料。他后来曾说这是一个玩笑或一种"趣味智力游戏"。不过，这个分类法确实吸引了人们的目光，并使阿尔基洛科斯的这句箴言和分类法从鲜为人知变得家喻户晓。在它的启发下，纳特·西尔弗赞美了狡黠狐狸的形象在他创建品牌时和"538"宣扬的宗旨中所发挥的作用。而且，这种分类方法也经常出现在大西洋两岸的政治评论

第五章　提出好问题的原则是什么？

中。在 2021 年中期的英国，约翰逊首相那位有争议的前军师——被解职的多米尼克·卡明斯描述他的老东家既不是偏执的刺猬，也不是多元化的狐狸，而是"一个误入政治圈的学者"。卡明斯长期以来一直对"狐狸"和"刺猬"的比喻和区别很感兴趣，在 2015 年的《旁观者》周刊中，他对菲利普·泰洛克的《超预测：预见未来的艺术和科学》（*Superforecasting: The Art and Science of Prediction*）一书发表评论时用到了这两个词。

> 最糟糕的预测者是那些信心十足、坚持自己伟大想法的人（"刺猬们"）。他们（预测的正确率）往往比投掷飞镖的黑猩猩更糟糕。最成功的预测者是那些谨慎、谦虚、善于计算、积极开放、多角度思考并不断更新预测的人（"狐狸们"）。电视节目请的都是刺猬们，所以一个专家在电视节目里出现越频繁，他的预测准确性就越低。

"多做狐狸"，即在应对挑战时不拘泥于一种固定的方式、用五花八门的策略解决问题，绝对是那些可以提出更聪明问题的人的特点之一。刺猬认同单一的、普遍适用的叙述方式，并通过这种方式提出所有关于世界是什么样子和应该是什么样子的假设和观点。相比之下，狐狸则首先对普遍适用的价值持怀疑态度。刺猬用他们固定的世界观来对待一个不确定的世界，并希望将他们的想法强制推行，然后一切就神奇地迎刃而解了；而狐狸则热衷于在他们开始理解事物之前获得所有的证据。狐狸很狡黠，有无穷无尽的创造力，就像特洛伊战争中的英雄奥德修斯一样——荷马描述他"polúmētis",即"有很多手段"。最聪明的狐狸会引导他们内心的奥德修斯,用更聪明的问题和提问方式来取得进展。

培训师的力量和智慧

我还清楚地记得第一位高管教练给我上的第一次培训课(在职业生涯中,我曾经有几次鲁莽地为他人寻找工作的意义,不过那是题外话了)。那位名叫格雷厄姆的高管教练除了微笑、哄骗和劝我说话之外,似乎没做什么。我原以为他会问一些开放性的问题,然后让我表达想法。但我并没有真正想过"如何"进行培训。我被困住了,我更感兴趣的是"为什么"——我要摆脱困顿,找到新的激情和目标。

一个周五上午,我和格雷厄姆在位于伦敦的英国皇家建筑师学会五楼的一间光线充足、空气清新的房间里上课。当沉浸式课程接近尾声的时候,格雷厄姆示意我把写过字的活页纸收集在一起。纸上密密麻麻地布满了我潦草的笔记,还贴着许多便笺,内容都与上课时的各种开放性问题有关。我一丝不苟地把每张纸上的蓝丁胶清理干净,按顺序叠放好,然后把它们卷起来。格雷厄姆递给我一根橡皮筋,我把它在卷好的纸上绕了一圈、两圈、三圈,橡皮筋才传来拉紧的振动声。然后我把纸卷递给了他。

格雷厄姆脸上一直挂着的笑容变得更灿烂了。"哦,不是!"他呵呵笑着说,"这些不是给我的,是给你的。你可以把这些带回家,周末不要有意识地想这些内容,然后周一再把它们打到电脑里,这是一

第五章 提出好问题的原则是什么？

种很好的练习。哦！"他继续说道，"培训课程结束后你可不可以把它们用电子邮件发给我？"我不记得我当时的老板为这项培训课程付了多少钱，但肯定有数千美元。"这是什么巫术吗？"我很好奇。"他什么都没写，纸上的东西都是我写的。而现在我还要把它们全都打出来？"这毫无意义，简直是"尾巴摇狗"，主次颠倒。就好像我老板付钱给这个江湖骗子，让他看我的表来告诉我时间。

我回到萨塞克斯的家，邀请朋友们周末去南部丘陵游玩。我喝了很多红酒，然后慢慢明白了格雷厄姆的一些想法。多年之后（我又接触过几位培训师）我知道了，从培训中得出的答案来自学员自己的内心，而不是培训师的指示、偏见或假设。最好的培训师会使用聪明的、开放的、不带假设的问题，让客户自己找到答案，而答案往往藏在显而易见的地方。尽管我要裁员，要重新寻找方向，还要承担做一份完全不适合我的艰巨工作的风险，但我最终还是做到了。当然，这也离不开我睿智的妻子萨斯基亚对我温柔的提问式引导——现在她也是一名合格的培训师了。

本书基于这样一种信念：无论做什么事，只要我们能构建和提出更聪明的问题，我们就能做得更好。很多关于更聪明（以及更愚蠢）问题的例子贯穿本书始终。我在最后一章列出了我认为世界上最好的问题，而本章和下一章则更多地与如何提出好问题和坏问题有关。我对更好和更坏的问题有什么样的内容和提问方式的看法源于我对不同主题的叙述性探索（从古典希腊哲学到销售，从禅宗佛教到新闻学），也源于我所采访的那些专家的看法。这些专家的工作恰恰依靠他们提出更聪明问题的能力进行。在详细说明我认为好的问题有何特点之前，本章的下一节记录了三次访谈，其中两次的受访者是培训师，一次的受访者是冲突调解员。这三个人有明显的共同点，也有一些显著的差异。对我来说，最清楚的是，这三个人都绝对是狐狸，而不是刺猬。

如何提问——第5段采访（共14段）

姓名	蒂姆·约翰斯
组织机构	奥拉托咨询公司
身份	创始人兼培训师

对高管教练蒂姆·约翰斯来说，顾问、导师和培训师这些身份有明显的区别。顾问要告诉客户应该怎么想、怎么做。导师要告诉客户，如果他处于客户的年龄或职位，他会怎么做；导师给出的建议通常是基于他自己在职业生涯同一相关阶段所做的事。培训师的出发点则与这些完全不同。

培训师的出发点是一个假设，也只能是这个假设——客户知道他们所面临挑战的答案是什么。培训师并不知道对他们的客户来说什么才是正确的，但他们可以通过简单的引导帮助客户释放潜能，让他们以自己的方式看待问题。这是因为，接受培训引导的人只有在拥有答案时才能采取行动。

第五章 提出好问题的原则是什么？

我在《如何拥有洞察力》一书中提到，荷兰哲学家和行为科学家埃里克·巴特尔斯向我讲述了他的咨询公司 Inner Why 用来确定和阐明组织目标的方法。无论是对于新成立的企业还是对于有几百年历史的企业，巴特尔斯等人的出发点都和约翰斯在培训中的单一假设一样：目的（答案）就在领导组织进行工作的高管本人的心中。当时，我幼稚地把巴特尔斯等人描述为"思想助产士"。但回想我们在本书第二章中了解到的苏格拉底的遗产（他的母亲是助产士），以及他将自己无知但更聪明的提问方式与助产术做的类比，也许我的描述也不是完全幼稚。助产士、哲学家和培训师的作用都是把美好的事物从有时痛苦和混乱的状态中带出来。

培训是非评判性的，它与个体、个体发现自己所处的环境，以及造成现状的那些决定相关。正因为培训是非评判性的，所以它不会带来具有排他性的解决方案。培训师不能代替学员生活和工作，他们能做的是通过提出更聪明的问题来帮助学员找到自己的解决方案。约翰斯提道：

> 有人说，想法必须说出来或写下来。因此，通过提问来获得答案是一种帮助他人把所想内容说出来的方式。大多数人在很多时候都有某种形式的"情感便秘"——他们的想法或感觉一直在自己的内心深处堆积。而好的培训师会使用问题来帮助学员解决困境。正确的问题可以帮助人们重新规划或重新考虑某种情况或事件，这会让他们对未来的道路有更清晰的认识。

学会更聪明地提问

约翰斯认为，培训师需要真正有好奇心和对他人感兴趣，还要有共情力以及对人类的动机和行为的理解力。培训中的好问题还需要不具威胁性（"你不能故意让人感到不舒服、被评判或被威胁"），以及能帮助学员摆脱困境。

许多人与培训师交谈是因为他们陷入了困境：他们的事业没有像自己想象的那样发展、他们的工作关系不正常、他们在做错误的工作，或者他们还没有准备好升职。无论多么聪明或有远见，当人陷入困境时，他能看到的就只是他周围的东西，而长远的解决方案是难以把握的。

这是一个完形崩溃的典例，只见树木不见森林。

要让人们说话，简单地问他们想谈什么就可以了。但你如果陷入了困境，就可能需要三到四次培训课程才能阐明你想谈的东西。这个过程可能是令人沮丧的，有些人会觉得他们在原地打转。这时候由问题驱动的模型或框架可以提供帮助。约翰斯偏爱的一种是GROW模型。

G	目标（goal）	你想从中得到什么？
R	现实（reality）	导致你陷入困境的最重要因素是什么？
O	选择（option）	你可以做什么来使情况好转？
W	决心（will）	你准备付出什么努力来改变现状？

第五章 提出好问题的原则是什么？

正确的非评判性问题可以使学员在情感上与所处的困境保持足够的距离。对约翰斯来说，在培训课程中，有一个非常神奇的问题可以引入这种必要的距离。第一种版本的问题是："如果你知道答案，你认为答案会是什么？"这可能会快速（有时是立刻）打破僵局。如果没有，让学员将自己投射到其尊敬的人身上往往会有作用。试着问："你认识的最聪明的人/你最崇拜的人是谁？他们会告诉你如何解决现在的挑战？"几乎无一例外，这两个问题之一会使学员得出一个还说得过去的、有用的回答。投射的方法使学员去人格化，不掺杂个人感情地看待障碍。对学员想象中这位受尊敬的朋友给出的答案，培训师的反应也很简单："那么，这对你有用吗？"通过转换参照系，学员无需思考通常最终就能够想象和分析让他们感到沮丧的情景。这个神奇的问题确实是一个障碍排除利器。这个问题的第二种版本是："如果你有一根魔杖，你接下来会做什么"约翰斯在排除障碍时经常使用这个版本，且效果很好。

约翰斯还偏爱在培训中提出开放性问题。这些问题不是让学员用寥寥几个字来回答，而是鼓励他们更深入地探讨问题，并在不确定的情况下进行操作。"重要的是关注说了什么和没说什么。"约翰斯鼓励说。

> 要使学员对手头的情况和可能的选择范围产生自我认知和思考，这意味着我们要倾听——真正的倾听——并认真对待他人。给他们探讨问题的时间。倾听对我们的要求不是做出回应，而只是拥抱和享受沉默，并允许学员用自己的想法或评论来填补沉默。

像许多培训师一样,约翰斯有自己的专长。他的专长恰好是做一名高管。一部分原因是他在企业界有长期经验——他曾就职于联合利华、森斯伯瑞和英国电信。另一部分原因是企业间从上一个客户到下一个客户的引荐。但是,作为一名培训师而非顾问或导师,约翰斯有自信为任何领域的高管上好培训课程。

无论你就职于经营消费品的企业还是国家医疗服务部门,你都会面临类似的挑战——压力、焦虑、感到失控、人际关系、感到被低估、被忽视或无法晋升。这些都是职场现实。如果你想要像一名培训师那样构思和提出更聪明的问题,比起具体领域的知识,你需要拥有的更重要的东西是人性和共情力,你要了解人们如何陷入困境,并提出能帮他们摆脱困境的问题。

约翰斯曾在梅勒·坎贝尔的培训学校学习,不过对这个行业中最常用的一些工具,他的态度是矛盾的,至少谈不上完全认可。

近年来,数据的爆炸性增长使许多培训师对心理测试抱有莫名的信心。然而,仅仅是"像迈尔斯-布里格斯类型指标(Myers–Briggs Type Indicator,MBTI)这样的流行工具已经被实施了数百万次,而且有大量的常模数据"这样的理由并不能支撑我们对它抱有信心……尤其是在它并不是一个特别可靠或灵敏的工具的情况下。

第五章　提出好问题的原则是什么？

约翰斯经常发现，个人的情况会随时间推移发生变化，并随着人们资历的增加或身份的变化而改变。"人格很大程度上取决于环境。"他继续说道。

我们可能在职场上是外向型人格，但私下却是内向者，而MBTI测试无法应对这样的情况。此外，感觉和直觉并不是对立的——你可以两者兼备，但MBTI测试却不是这样说的。正如丹·平克在《全新销售》中指出的，我们都是既外向又内向的人，这取决于环境。我认为，对读过商学院的人而言，这种测试是占星术式的伪科学。培训师对它的依赖程度太高了。这就像二十世纪八九十年代的吸烟行为一样——我们知道这对我们没有好处，但许多人还是这样做。

约翰斯对MBTI的根本不满在于，它把人们限制在一套僵硬的、互斥的标准中，然后用这些标准来评判他人，并以此原谅或纵容不可接受的行为。

因为我们就是这样的人。僵化的标准和评判与培训是对立的。这就和对神经科学的草率处理一样。我们不需要那么多的人格剖析，也不需要对大脑中的电反应和化学反应进行虚假的、往往是故意的曲解——最好是完全不要曲解。我们需要的是更多开放的、有同情心的、非评判性的提问，而且应该允许并授权学员自己找到答案。

蒂姆·约翰斯关于"提出更聪明的问题"的五大要诀

1. 从"你所培训的学员已经知道解决方案"的假设开始。
2. 避免提出带有评判性的,或使被提问者感到不舒服或受到威胁的问题。
3. 重新设计问题,就像要用它问你认识的最聪明的或最受你崇拜的人一样。
4. 享受沉默,让你所询问的人填补这种沉默。
5. 坚持采用你认为有效的提问方法。不要像喜鹊一样偷别人的东西。

如何提问——第6段采访(共14段)

姓名	皮普·布朗
组织机构	冲突洞察咨询公司
身份	主管

皮普·布朗是一名冲突调解员。她帮助冲突中的各方看到冲突的各个方面,进而帮助他们解决争端。她曾先后在摩加迪沙(索马里首都)和伊斯兰堡(巴基斯坦首都)的冲突环境中工作多年。五年前,经过再次培训后,皮普将她从世界舞台上学到的技能重新调整,用来

第五章 提出好问题的原则是什么？

解决个人纠纷。皮普在撒玛利亚会（Samaritan）[1]做倾听志愿者已经有20多年了，她早就明白，比起给出建议，提出更聪明的问题更有价值，更能开辟一个空间，以解决看起来无法弥合的分歧。皮普通过帮助冲突中的各方拓宽视野，使完全沉浸在争端中的各方注意到和反思那些被忽视的重要事实或感受。这样一来，他们就更有可能达成和解。因为每个人都能看到需要改变的地方，从而把冲突抛在脑后，继续前进。

正如公司之间的争端往往以法院为终点，个人之间的冲突也经常由律师解决。冲突调解是一种替代律师的方法，这种方法往往更便宜、更快捷、压力更小。在冲突调解中，好的问题应该是开放的而不是封闭的，这些问题可以解锁和开启冲突中的争论点，而不是将其缩小到简单的事实性的是或否、黑或白的答案。皮普指出：

> 我们希望促进反思和自我反省，开启对话。面对冲突中的各方谈判代表，这意味着调解员要提出简单、开放的问题，鼓励冲突中的各方从多个角度考虑问题，保持沉默，并积极倾听。这意味着调解员要给对话以呼吸的空间。疯狂的、狂热的审问只会适得其反，因为在他们开始与谈判代表合作之前，冲突中的各方在激烈的争端期都已经经历这种情况很长时间了。

---

[1] 英国注册志愿机构，为严重抑郁和想自杀的人提供热线电话谈心服务。

皮普的工作常常涉及邻里纠纷，经常围绕着噪声，以及其他人的噪声可能导致的矛盾激化展开。在双方都在场的情况下，调解可能会产生反效果。因此，皮普倾向于在了解事件的客观事实和主观解释时，分别与每一方进行单独会谈。然后，她才会举行联合会议。

在一种平静可控的环境中倾听彼此的故事进而从对方的角度了解情况，以及在一种不像发生实际冲突时那么针锋相对、剑拔弩张的氛围中了解我们的行为对他人的影响，都是非常有效的方法。

调解的目的是就争端达成协议，如果迄今为止一直处于僵持状态的人能够同意与冲突调解员合作，这就是一个好迹象，表明他们想要解决问题而不是继续冲突。但调解员的责任并不是决定就什么样的解决方案达成一致，就像培训师的责任并不是找到解决办法并解决学员所面临的问题。"你要做的是掌控过程，引导他们找到解决方法。"皮普指出。

虽然由于你的干预，和平与和谐的氛围可能最终会出现，但是调解通常不会让人觉得是一段完整的旅程。不过，大多数情况下，调解能够增进相互理解，缓和紧张局面，而且冲突中的各方也没有必要再进入法律程序。

皮普认为一个善于提问的冲突调解员有五个主要特点。

第五章　提出好问题的原则是什么？

1. **有好奇心**——真心想知道到底发生了什么，事件造成了什么影响。"在调解中不要做任何假设，这一点非常重要。你的好奇心必须是开放的，否则你会问一些封闭的、有偏见的问题，给无休止的激烈争论火上浇油。最开始，你提出的问题要宽泛，只有当人们明确表示他们的意见已经被听懂的时候，你才可以缩小范围。"

2. **积极倾听**——允许各方讲述他们的故事，确实听进去他们说了什么、怎样说的，并且还要注意他们没有说什么。

3. **有共情力**——"这很关键，非常重要。一个人如果不能真正地与被倾听的人产生共鸣，就很难成为一个积极的倾听者。我认为共情力是一种经常被误解的品质。'善意'的同情与能够站在对方的立场上感同身受有很大的区别，前者往往给人一种家长式的感觉。"

4. **有耐心**——"你需要给别人必要的空间、时间和尊重，以使他们处理和解决正在发生的事情。他们想要以何种节奏提供信息并不是由你来决定的。"

5. **情商高**——当冲突已经升级到需要冲突调解员干预的程度时（也许是律师介入前最后的机会），冲突中的各方往往情绪高涨。"经验不足的调解员可能错过潜在的触发点，而且有很大概率提出一些或一系列可能会加剧冲突的问题。"

相比之下，封闭的、漠然的、含沙射影的或诱导性的问题很可能具有煽动性。同样，用不尊重的语气提问、在调解中贬低或打压参与者，或者不等每个人都说完就进入下一个问题的做法同样具有煽动性。

有一个必定会让冲突中的各方都感到紧张不安的做法,那就是直接提出假定或假设有特定答案的问题,而不让他们有机会从自己的角度讲述他们的故事。封闭式问题意味着冷漠、无视和不感兴趣。这样会让冲突中的各方感觉你对探索问题不感兴趣,你只是想要寻找解决方案(任何解决方案),而不是想要达成真正的和解。

皮普·布朗关于"提出更聪明的问题"的五大要诀

1. 用问题来开辟空间,以解决不可弥合的分歧。
2. 问一些开放性的问题来促进反思和自我反省,帮助对话。
3. 解决争端需要时间和耐心。不要过早结束提问。
4. 在平静、可控的环境中提出的问题可以得到更有意义的答案。
5. 提出的问题要让每个人都有机会按照自己的节奏来回答。

如何提问——第7段采访(共14段)

姓名	罗布·瓦尔科
组织机构	罗布·瓦尔科咨询公司
身份	创始人兼培训师

作为一名指导职业发展和培养领导能力的培训师,罗布·瓦尔科认为提出问题在他的从业实践中起着关键的作用。他发现,开放式问

题和封闭式问题相结合往往最为有效。

　　让人们说出自己的想法真的很重要，但这并不是唯一重要的。倾听、使用正确的语气，建立人际关系也都很重要。如果没有牢固掌握这些技能，你就无法在正确的时间提出正确的问题——或者说，实际上是要避免在错误的时间提出错误的问题。

瓦尔科认为，真正强大的问题本质上是简单的。而那些复杂的、连珠炮似的问题，那些本身就暗示了答案的问题，以及那些封闭的、只有一个可能答案的问题，都是糟糕的问题。诱导性问题也是一个禁区。

　　如果我听到自己在某次培训课中说（不论是第一次还是第二十一次）"我认为我们正在讨论的问题的答案是……"，我就知道我已经失败了。你不是客户，没有责任也没有能力去回答客户的问题，所以永远不应该这样做。

瓦尔科在开始与新客户接触时通常会问一些问题，例如"如果培训成功了，你会有什么不同"——这个问题会使客户为成功设置参数。通常，他还会给客户布置一项自传写作练习（500字内），让客户挑选出迄今为止他们生活和职业生涯中的重要时刻。

这个练习实际上是另一种开放式问题——它从自我意识的角度提出，会产生大量不同类型的答案。由于高管都习惯分析思维文化，所以客户经常问我："我这样做对吗？"当然，此时答案是没有对错之分的。这种开放性是刻意设置的，有助于让他们进行反思，并将注意力集中在对他们来说重要的事情上。这样做可以从根本上启动自我意识的旅程。

瓦尔科深谙在开放式问题和封闭式问题之间灵活转换的重要性——从"你想要什么"（开放）到"你将如何实现或达成这一目标"（封闭）。就像一个技艺精湛的烟火技师，瓦尔科喜欢点燃蓝色的导火索，然后靠后站好。"不管是开放式还是封闭式，你都必须提出问题，然后保持沉默，给客户机会、时间和空间来让他们说出他们的想法。"像蒂姆·约翰斯一样，瓦尔科相信他的方法可以在任何领域发挥作用，而且也有自己特别擅长的领域（瓦尔科是广告圈，约翰斯则是企业高管圈）。

瓦尔科认为，即使是业内顶尖的培训师也必须付出努力以获得提问的权利，而要做到这一点，他们需要安静地倾听。

保持沉默不仅是在可以问下一个问题之前闭上嘴巴。为了建立起信任关系，你必须真正去倾听和理解客户的回答。如果客户对未来的期望与他们认为可以达到的目标出现矛盾，你就需要向他们指出这一点——以最适当的方式，并事先探查好他们可以接受什么程度的挑战。你这样做一定会让

第五章 提出好问题的原则是什么？

客户大吃一惊，因为在此之前，他们可能一直困在自己的回声室中。你认真倾听并反馈所听到的信息这一简单的行为会让客户感到惊讶。他们会惊叹："哇！你真的在听我说话！"

瓦尔科从他的从业实践和内在常识的应用中学到了行业知识、技术和做事方法。

我在业内的口碑良好得益于多年来与商业和非商业人士的数以千计的互动。全身心地投入一个又一个培训课，你会慢慢把这些点连接起来，看到普遍的模式，进而能够预测客户的行动以及你如何帮助他们。你有权利凭借之前问过的所有其他培训问题来向他们提出下一个问题。这样一来，你就可以创造一个合适的环境，使学员能够回答他们自己的问题。

在与高级领导者合作的过程中，培训师要允许这些人承认他们并非无所不知，这是非常有效的。

你的级别越高，向你报告的人就越多——包括直接的和间接的，人数可能成百上千。但你不可能面面俱到，对工作的每个方面都了如指掌。同时，承认自己并非无所不知也会被认为是软弱无能。但是真正高效的领导者会在自己周围组建非常优秀的团队，而且很清楚自己不可能知道下级报告的所有事情。

学会更聪明地提问

当他们抛开公司内的身份，以个人身份与我交谈时，如果我提出的一些问题能够让他们承认自己并不了解所有的事情，他们就会有一种非常棒的压力释放感。我们通过简单、聪明的提问共同创造了一个安全的空间。在这里，他们可以坦白。一旦承认了这一点，他们就会发现，找出最好的前进道路变得简单多了。

最后，瓦尔科用三个有强有力且相互关联的心得结束了我们的讨论：

1. 共情力是一名优秀培训师的标志，但你需要抵制诱感，不要让共情力过度，变成同情心。"培训师可以而且应该同情他们的客户所面临的困境，但不能太接近。要记住的重点是，在客户面临的情况下，你怎样才能对他们最有用。你可以就某个情况或某个人进行询问，表明你已经认真倾听，并能感同身受。但是，花太多时间去同情而不去寻找前进的出路，你就作用就体现不出来了。"这与冲突调解员皮普·布朗的观点不谋而合。

2. "一旦你觉得自己问了一个出色的问题，就立刻停下来。把这个问题变得更简单。记住，少即是多，成为一名优秀的培训师并不需要你卖弄一个伟大的问题。保持安静，并为答案留出比你认为应该留出的更多的空间。你的客户会记住你，是因为你给了他们空间并让他们得出自己的结论，而不是因为你的问题非常巧妙才让他们得出结论。"

3. 某些问题只能在特定的时间问特定的人，你需要有经验才能知道你可以问谁、问什么问题、何时可以问。例如,"你最不想让我问你的一件事是什么"这样的问题,"对一个强大、自信、知道自己方向的人来说,这可能是一个真正具有变革力量的问题。但对一个没有安全感、拿不定主意、不喜欢被挑战的人来说,这个问题可能让他们陷入漩涡。一个好的问题有可能带来令人难以置信的丰富洞察力。但同样,在错误的时间向错误的人提出这个问题,那么它也可能是毁灭性的。"

透过这些心得——显然每一个都是辛苦得来的——瓦尔科强调,培训师需要以客户和客户所处的环境为导向,而不是只依赖一系列培训师自己喜欢的问题。正如他所说:"你必须争取提出问题的权利,而不是把问题强加于人。"

罗布·瓦尔科关于"提出更聪明的问题"的五大要诀

1. 在提问中,内容不一定是王道。倾听、语气和人际关系也很重要。
2. 问题要保持简单,避免复杂且本身就暗示了答案的问题。
3. 准备好在开放式问题和封闭式问题之间灵活转换,提问要从一般到具体。
4. 不要依赖你自己喜欢的一套问题。要以客户和他们的情况为导向。
5. 通过实践,学会什么时候问什么问题。你通过争取获得这样的权利。

十种提出好问题和更好问题的方法

1. 在合理的范围内，问开放式的而不是封闭式的问题

到目前为止，我们所谈到的所有专家（以及我们在接下来的章节中将遇到的许多专家）都对开放式问题的好处深信不疑。开放式问题往往将假设和偏见拒之门外。他们不会预期被问到问题的人将要或应该回答什么，而是鼓励受访者讲述一个故事并分享所有相关信息。开放式的或没有固定答案的问题，需要我们在一段话或几段话中寻找答案，而寥寥几个字就草草结束的回答显然是不行的。如果提问开放式问题时使用的语言是"干净的"（第三章提到的咨询心理学家大卫·格罗夫所建立的原则中介绍过这个概念），那么，开放式问题的答案则是完全不确定的，而且往往会有一些令人惊讶的内容。由于摆脱了偏见——或者说"在（提出问题）之前进行判断"——开放式问题更有可能揭示受访者内心的想法和感受，以及动机和欲望。

为了使开放式问题充分揭示内在原因，用截然相反的方式（即封闭式问题）来跟进开放式问题是完全可以接受的，特别是在开放式问题有足够的时间和"氧气"来发挥其魔力时。就像我们从皇家大律师蒂姆·毕晓普那里看到的，在寻求建立特定事件的顺序和因果关系链时，一系列连珠炮似的封闭式问题可能是有益的。培训师罗布·瓦尔科刚刚也解释了，当一个开放式问题接着一个封闭式问题的提问方式对从一般到具体的转变有极大的帮助时，这种零散的叙事构建方法也是可以用的。

以下是开放式问题的一些例子。

- 你为什么这么说？
- 你能给我举些例子来说明这种感觉吗？
- 你将来可能会做什么？

2. 鼓励被提问者敞开心扉、讲述故事

只要我们获得了哪怕相对粗糙的语言能力——西蒙·巴伦-科恩提出的系统化模块启动，我们开始寻找"如果……那么……"的偶发事件——我们就能使用故事和故事结构来理解这个世界。我们大多数人从两岁开始有这种能力。开放式问题是一种绝佳的方式，能够鼓励我们所询问的人给我们讲述一个故事，而我们则可以从中获得他们的知识和经验。并非每个人都是天生会讲故事的人，并非所有人都能遵循亚里士多德的"正题-反题-合题"三部分的故事结构，并对每个问题给出相应的答案。但是作为听众，我们在听取问题的答案时欣赏这样的回答。

叙事结构的隐性叠加可以用来检查人们回答开放式问题时讲述的故事是否前后一致和真实。无论你是想要对某个信口雌黄的特别顾问追究责任的记者，还是在法庭上试图对证人的证词提出质疑的律师，一个不符合事实的故事都可以成为证明受访者"隐瞒真相"的有力证据。英国前贸易大臣艾伦·克拉克就因此被发现涉嫌向伊拉克出售武器。在本书第八章，我们会谈到能让人们敞开心扉、讲述故事的最简

单也最好用的方法之一,即汤姆·贝克警长将要详细介绍的"TED"模式。这是英国警察开放式审讯技术的核心。

- 讲述(Tell)更多关于事件的细节
- 解释(Explain)
- 描述(Describe)更详细的相关情况

3. 学会喜欢沉默

　　讲故事的人需要听众,而对一个聪明的、开放式问题作出的回答也需要被听到——被恰当地听到。正如罗布·瓦尔科在本章前面的采访中特别详细描述的那样,一旦提出了问题,在被提问者给出完整答案所需的这段时间内,提问者都应该保持沉默。对我们中的许多人来说,谈话或对话是一种竞争,只有当我们想不出有什么可说的,也不知道下一个问题该问什么时,我们才会保持沉默。虽然互通有无和轮流发言也有作用,而且没有人喜欢和一个滔滔不绝地讲话的人待在一起,但是,想要对方在没有压力和干扰的情况下做出充分和深思熟虑的回应,就不能打断对方。首先,一直插话是无礼和不尊重人的行为。其次,而且更重要的是,插话不能使提问者从发送模式切换到接收模式。如果我们一直在想自己接下来要说什么(以及听到的回答中那些零碎的信息与自己的观点或意图相匹配还是相冲突),我们就无法真正听到被提问者在说什么。

　　此外,许多人无法忍受沉默。如果你提出了一个问题,而它一直悬而未决，大多数人都会去填补这种沉默。如果你是一位写名人简介的撰稿人，对方可能会不经意间谈及一些有趣的八卦；如果你是一个从证人或嫌疑人那里了解情况的警察，对方可能会暴露一个矛盾点，使调查更接近真相；而如果你是一个希望与客户商议新合同的销售人员，对方可能会透露从你的竞争对手那里得到的优惠价。只要学会喜欢和尊重沉默，这些以及许多其他真相就能够显露出来。

4. 以听到为目的，认真倾听

一旦你问了一个聪明的问题，你就会很容易忽略你收到的答案的真正意义。正如我们刚刚探讨过的，学会喜欢沉默，不要在别人说话时准备你的下一个问题或下一段陈述，这是做到倾听和真正听到回答者所说内容的第一步。但是，沉默也只是真正积极倾听的第一步。你的嘴可能是闭着的，但思想可能是超速运转的；你的脸可能看起来平静得像天鹅轻轻在水面上滑行，但你大脑中的电化学反应信号是混乱的，你根本没有集中注意力。

要评估问题答案的相关性、重要性和真实性，你当然必须关注收到的答案中所使用的词语。这将有助于你发现对方所说的内容与你已经知道的信息，以及从其他来源了解到的信息是否一致。根据他们所说的内容是否符合既定事实，你还能判断被提问者的可信度应该提高还是降低。假设你已经足够小心，所提的问题既不复杂也不带有偏见，但是，你还需要注意不要让你的偏见影响你听到的内容，否则你就会建立一个有选择性的画面。真正积极的倾听不仅要听到和理解对方所说的内容,还要观察和注意到对方没有说的内容,例如语气和音色、肢体语言、眼神接触(或不接触)、视线的方向,等等。这也是使用视频会议软件(疫情期间默认的开会方式)所面临的挑战之一,我们将在第七章中再次讨论这个话题。

5. 懂得迂回

乔治·赫伯特·沃克·布什(以下简称老布什)是第41任美国总统,他只担任了从1989年到1993年这一个任期的美国总统。当被问及不想面对的问题时,老布什非常善于逃避。他不是躲躲闪闪,假装回答问题,也不是像政客们那样自顾自地坚持回答自己希望被问到的或由智囊团准备好的问题。如果老布什不想回答某个问题,他会坦白承认,表明自己不想回答。据说他曾在一个糟糕的场合这样回应:"这是一个非常好的问题,非常直接,我不打算回答。"但当对方提出更聪明的问题时,老布什式的直截了当不一定是最好的策略。

如果老布什面对的是记者兼作家大卫·赛德瑞斯,老布什的处境可能会更艰难。在赛德瑞斯关于讲故事和幽默的大师课中,他尤其推崇迂回的提问方式。如果你想了解某人对残疾的看法,赛德瑞斯建议你问:"你认识很多坐轮椅的人吗?"如果他想让你去了解别人如何应对自身的病痛,他会建议你问:"你认识很多医生吗?"如果你想开始与某人攀谈,不要问"你好吗"或"你是做什么的",赛德瑞斯建议你用一种非常婉转的说法,比如:"你上次打猴子是什么时候?"

6. 坚持问简单的问题

最聪明的问题往往也是最简单的。有很多方法可以让问题变得非常复杂，我们将在下一章讨论什么是糟糕的问题时，详细介绍其中的一些方法。根据弗莱施·金凯德的公式，即对语言的相对简单性与复杂性进行分级的理论，任何包含超过 30 个音节的句子都很难在工作记忆中保留。就像本段最后这个包含了 55 个音节的句子，不过我还是希望得到你们的原谅，毕竟理解口头语的意思比理解书面语还要难很多。

下面五条简单的规则可以帮助你简化提出的问题。

- 提问要简短。问题的字数要少，用词要简单。
- 不要在一个问题中提出几个问题，即所谓的集群问题或集束炸弹。
- 避免使用被动语态。在"猫追老鼠了吗"和"老鼠被猫追了吗"这两个句子中，要选择使用主动语态的前者。被动语态需要更长的时间来理解，因此更容易被忽视。
- 避免使用（复杂的）隐喻，尽可能使用干净的语言。
- 多用具体的表达方式，少用抽象的。例如，"狗追着球跑"比"她汪汪叫的小伙伴追在圆滚滚的玩具后面"理解起来更快、更容易。

7. 保持好奇心

求知的本能驱使人类不断前进——我们渴望得到知识和领悟力，在"如果……那么……"系统化模块的推动下前进。在被一波又一波疫情弄得精疲力竭的今天，那些徒劳无果的事情耗尽了我们的好奇心。由于从被死亡数据刷屏，到上网查找度假往返需要做的一系列检测的各种因素，我们疲惫不堪也是情有可原的。矛盾的是，尽管焦虑加剧，失眠和心理健康问题增加，但这种求知的本能似乎并未因新型冠状病毒而减弱。如果说有什么不同，那就是——随着数以百万计的人被迫找到新的谋生方式和建立新的人际关系——在好奇心的驱动下，人类智慧的未来是光明的。

培养好奇心是很重要的，它是一种生活方式和一种心理状态，不能仅仅为了应对今天的问题、本月的任务、明年的计划而随意开关它。要有好奇心。保持好奇心，不要只对特定目标有好奇心。在潜意识中填满你感兴趣和能转移你注意力的东西，以及那些与此相反的东西，包括你熟悉的、喜欢的，也包括你厌恶的。你永远不知道什么时候，在机缘巧合之下，这些东西间"明显不相关"的联系会促使你提出更聪明的问题。

8. 将假设拒之门外

人类是杰出的规律探测者。我们发现模式，然后从这些模式中学习，并建立规则。这种能力使我们能将名词复数化，也使我们能躲避狮子。它使我们能够通过建立应急链和自动化流程来节省时间。然而，与此同时，它也鼓励我们创造认知捷径——启发法（heuristics）或偏差——确保我们犯的是可预测的非理性错误。营销战略家理查德·肖顿在他的《反直觉：为什么我们总是容易情绪化决策》（The Choice Factory）一书中列出了"影响我们购买的 25 种行为偏差"。

我们在寻求提出更聪明的问题时，重要的是要从表面上的无意识有能力（unconscious competence）滑向有意识有能力（conscious competence），思考我们要提的问题是什么以及为什么要提这个问题，而不是简单地去提问。要提出一个真正聪明的问题，我们需要把假设、偏见和先前的经验拒之门外。我们提的问题很容易被偏见和我们已知的信息左右。这个话题在第十章会更详细地展开，届时我们将探讨一个问题的内容应该有多谨慎。有一个例外，也是你应该持有的一个假设是，你要问的人已经知道了答案。正如我们在本章的访谈中看到的，在培训师和冲突调解员的工作中，这种情况显然是确实存在的。而其他领域通常也是如此。

9. 挑战现状

我们不能仅仅因为一直以来总是以一种特定的方式做某事，就继续这样做。数字革命期间涌现出一连串数十亿美元规模的企业——取代了百视达和柯达的网飞和 Instagram——证明了挑战现状的好处。就提出更聪明的问题而言，挑战现状就是看到事情的另一面，促使你将假设拒之门外。现状是由假设和经验构成的，不过这些假设和经验……只是曾经对我们很有帮助。因此，如果你想构建并提出一个好问题，请务必抓住机会，做些不一样的事情。

10. 读问题！读这该死的问题！再读一遍这该死的问题！

正如我们在这部分探讨的，为了听懂人们所说和想说的话，沉默是有益的、真正去倾听是必要的，因此提问和回答这两个步骤需要双方都集中注意力。提出一个聪明的问题，却得到一个愚蠢的答案，这种情况很容易出现。如果回答者没有集中注意力，如果他们正在争分夺秒地思考自己应该反过来问什么，那么他们就可能错失给予该问题应有关注的机会。我父亲肯尼斯的三段式考试建议——就是那三个越来越紧迫的首字母缩写词"RTQ! RTFQ! RTFFQA!"（读问题！读这该死的问题！再读一遍这该死的问题！）——要求你至少把这该死的问题读三遍。在开始回答一个问题之前，至少在你的脑海中将它反复思考三遍。回答者和提问者都必须接受并学会喜欢沉默。如果问题是简单、聪明、开放式的，是由好奇心驱动并寻求叙述性回应的，那么回答之前在你的脑海中反复思考三遍也不会耽误太久。而且，如果你真的决定"再读一遍这该死的问题"，你就确保了自己可以给出一个更聪明的答案。

小　结

培训师的思维模式可以帮助你提出更聪明的问题。聪明提问者的提问手册中有如下十种策略。

1. 在合理的范围内，问开放式的而不是封闭式的问题。
2. 鼓励被提问者敞开心扉、讲述故事。
3. 学会喜欢沉默。
4. 以听到为目的，认真倾听。
5. 懂得迂回。
6. 坚持问简单的问题。
7. 保持好奇心。
8. 将假设拒之门外。
9. 挑战现状。
10. 读问题！读这该死的问题！再读一遍这该死的问题！

第六章

提出蠢问题的原则是什么?

———

我们可以利用糟糕提问技巧的反面策略来提出更聪明的问题。

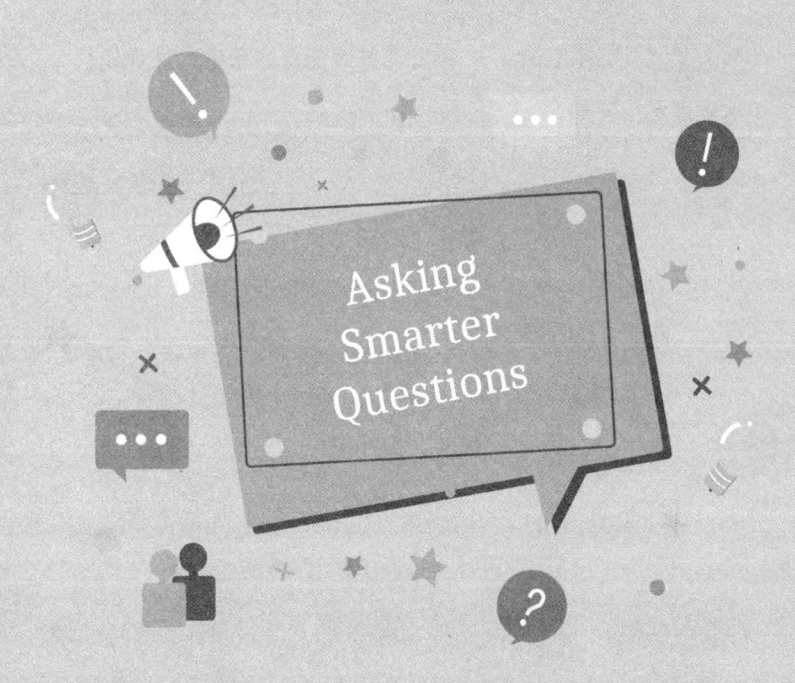

如果你提出问题仅仅是因为你在参加一个论坛或处在一个提问的环境中，那你就很难保证自己提出的问题是聪明的。提出更聪明问题的最大障碍之一是我们带着接受考验的思想包袱，顾虑这些问题需要在公开场合被回答。这种思想包袱会以假设、偏见和利己主义的形式表现出来，这意味着提出问题可能成为一种"政治"行为，而不是主要用来满足好奇心或应对挑战的行为。

在这一章中，我们将探讨十种提出糟糕（和愚蠢）问题的方法。通过越来越多地意识到糟糕提问技巧的愚蠢、不足和失败之处，我们就可以利用这些有偏差的策略的反面来提出更聪明的问题。

开明利己主义？

20世纪80年代末，英国的酒精饮料行业陷入困境。这是一系列不利因素共同造成的，包括夏天漫长炎热、生活日益富裕、廉价酒精产品随处可得（特别是啤酒和拉格啤酒），以及媒体报道了英国各地由酒精引发的暴力事件，等等。1985年，为了遏制足球流氓行为，撒切尔政府禁止人们在足球场内饮酒——或者至少是"禁止在比赛区域内饮酒"。然而，城镇和城市中心在周五和周六晚上却渐渐成为被酒精浸泡的危险地带，经常出现在恐怖新闻的头条上。

1987年，真艾尔运动（Campaign for Real Ale，CAMRA）的月刊《精酿之旅》（What's Brewing）上刊登了一篇文章，文中首次使用压头韵的语句描述暴力事件的肇事者，并在之后的几年里引发了政治、媒体和公众的持续讨论。"酒鬼青年"（Lager Lout）一词诞生了。第二年，负责确保所有社区安全的英国内政大臣道格拉斯·赫德也开始跟风谈起"酒鬼青年"。他在一次采访后发表讲话，妖魔化那些"口袋里有太多钱，肚子里有太多啤酒，但行为上却缺乏自律的年轻人"。

喜剧演员哈里·恩菲尔德抓住了"酒鬼青年"的精髓，塑造了"很多钱"（Loadsamoney）这样的人物，成功地讽刺了这种文化。

政客们喜欢敌人，不久之后，人们就把矛头从"酒鬼青年"转移到推动拉格啤酒热潮的酿酒商身上，然后又转移到整个酒精饮料行业。替代责任的观念隐约向大西洋彼岸蔓延，这种趋势随着酒类行业的跨国兼并而加剧。替代责任原则认为，制造商（这里指酿酒商）和分销商（这里指酒吧，当时大多由同一家酿酒商拥有和经营）应该对那些被允许过量饮酒的人的行为负责，即便这些行为发生在过量饮酒者离开他们的经营场所之后。奉行新禁酒主义的里根政府利用这一观念，将美国许多州的法定饮酒年龄从18岁提高到21岁，同时为提高法定饮酒年龄的各州提供联邦基金来重建州内高速公路。

起初，英国的酒类行业很恐慌，但随后又冷静下来。很快，他们决定要建立一个未雨绸缪的准独立组织，以解决与酒精有关的社会问题。这个组织要与行业保持足够的距离，以便它在顾客喝多了一杯（或十杯）之后与政府部门、健康教育机构、警察，以及其他参与处理工作的机构合作。更妙的是，这个组织可以通过展示它在青少年酒精教育和持证场所工作人员培训方面所做出的诸多努力，像"餐桌魔术"一样转移潜在监管者和立法者的注意力。

这一时期，酒业巨头健力士有一批相对年轻的企业高管。健力士当时刚刚收购了一家名为联合酿酒集团的大型酒类企业，而此次收购曾涉嫌股票交易欺诈。欺诈行为抬高了健力士的股价，使其得以成功完成收购。英国严重欺诈案办公室（Serious Fraud Office，SFO）成功起诉了健力士，并对其高级管理层和顾问团处以巨额罚款和监禁。因此，健力士清洗了其领导团队，重新开始；加快提拔了一批年轻的高管。为了向投资者、监管机构和政府表明自己已经洗心革面，健力士比其他任何酒类公司都更注重将其公共关系和公共事务工作的重点放在酒精的社会影响方面。健力士比其竞争对手更早、更热心地处理这些问题。30多年来，这种直面社会问题的特征在健力士——现在是整个帝亚吉欧公司——仍然很明显。

因此，包括其战略事务总监彼得·米切尔在内的健力士所有高管都迫切和专注地全力敦促其他七家酒业巨头加入波特曼集团。波特曼集团是世界上最早的社会组织之一，其宣称的目标是"促进合理饮酒，减少酒精滥用，并解决与酒精有关的伤害问题"。波特曼集团早期的成功使它很快就被世界各地的机构效仿，其中包括美国的世纪委员会（Century Council）和德国的 DIFA 论坛（DIFA-Forum）。通常，这些机构和波特曼集团拥有同一批全球企业成员，同时又吸纳了一些当地企业，例如德国的大型啤酒商、澳大利亚的葡萄酒生产商。

波特曼集团希望通过使酒类行业成为解决方案的一部分，而不仅仅是造成问题的原因，来降低行业受到法律法规惩罚的可能性。该组织毫不避讳地表示，它的存在就是由于行业的开明利己主义。该组织任命的首任主管是约翰·雷博士，他是一位禁欲主义者，对媒体很友好，还是西敏斯特学院的前校长。当时该组织的员工一共只有7人，董事会成员只有3人：雷、战略总监乔治·温斯坦利，以及20世纪90年代中期加入的负责管理集团沟通工作的我——我的年龄还不到这两位同事的一半。

站在企业社会责任（corporate social responsibility，CSR）早期发

展的最前沿是一件非常有趣的事情。我们的工作并不是在口头上让企业社会责任嵌入公司内部。虽然后来许多人都采取了这种做法，但他们最后发现，这除了让企业内部的人感到温暖之外，并没有起到什么作用。不应该是这样的。至少创始资助者的目的是创建一个准独立组织来帮助解决由于过多或不当使用其产品产生的社会弊端。酒类行业打算做的是一件真正具有开创性的事。

我还发现，在这种工作环境中，我最能培养和磨炼自己的技能，并练习提出更聪明的问题。这种情况产生的部分原因是我的同事。雷的威严举止和工作方法让他常常表现得像一个非常慷慨且投入的培训师，他会鼓励他的小团队为面临的挑战找出答案。他会提出"我们如何才能……"这样的大问题，然后给同事们提供时间、资源和合作伙伴以尝试回答这些问题。"我们如何才能有效减少未成年人饮酒情况的出现？""我们如何才能让难以接触到的酒驾惯犯了解政府的反酒驾运动？""我们如何才能知道我们是否对要解决的问题产生了影响？""我们如何才能透明地衡量和报告我们的影响？"

这些问题都是大问题，几乎没有无益的偏见或分散注意力的假设，非常符合温斯坦利思虑周全的战略性思维。20世纪50年代中期，温斯坦利从剑桥大学塞尔文学院毕业并服完兵役后，在南非北部内陆的贝专纳保护地（Bechuanaland Protectorate）的外交及殖民部工作了多年。当贝专纳在1966年走向独立（后来成为博茨瓦纳共和国）并逐渐稳定后，温斯坦利在帮助这个新兴国家制定和实施宪法方面发挥了作用。这件事经常被誉为非洲后殖民时代最成功的故事之一，至少在一定程度上是因为温斯坦利善于让多个利益相关方参与到一项需要共

第六章 提出蠢问题的原则是什么？

同努力的工作中——不过他太谦虚了，从来不承认这一点。

因为温斯坦利有着灵活应对国家政策方面的经验，所以在波特曼集团与他一起工作的感觉就像身边有一个随时待命且超级善解人意的向导。我们活跃在一个混乱的交叉地带，涉及酒类行业、政府、健康教育工作者、专业学者、反饮酒游说团体、因酒驾或酒精中毒而死的孩子的家长，以及支持禁酒人士等群体。温斯坦利的能力是一流的，他可以在看到大局的同时接纳多个观点，而且他经常温和地鼓励我用更聪明的方法来应对雷向我们提出的挑战。没有他，我不可能胜任这些工作。

在每个月第一个星期三上午 8 点的理事会会议上，我们三人有幸与英国八大酒业公司的最高管理人分享并一起完善我们的方案。当时是 20 世纪 90 年代初，这八个人都是接受过公立学校教育的英国白人。尽管这八家公司在名义上属于同一行业，但在解决酒精滥用问题方面，关于他们准备做的事以及希望公众看到他们做的事，这八家公司有明显的分歧和细微的差异。烈性酒公司热衷于协调统一所有类型酒类产品的酒精税，这意味着啤酒的税收将大幅增加。啤酒酿造商们不喜欢这样。他们还拒绝了烈性酒公司游说英国政府降低法定酒驾标准的愿望，即从每 100 毫升血液中含有 80 毫克酒精（0.08%）的标准调整到每 100 毫升血液中含有 50 毫克（0.05%）的欧洲标准。要知道，与啤酒酿造商不同，烈性酒酿造商没有经营乡村酒吧，所以即使司机在酒吧里少喝一点儿，他们的利润也不会像啤酒酒吧经营者那样迅速或直接地受到影响。显然，只有在根本利益没有被无端触动的情况下，开明的利己主义才能存在。

学会更聪明地提问

这些问题和其他的"邪恶"问题使我对什么是好问题——以及什么是更聪明的问题——有了更深刻的认识。矛盾的是,坐在波特曼集团理事会会议桌旁的许多企业首席执行官在委员会内部的表现也让我对什么是坏问题有了深刻的认识。当时我二十五六岁,是集团的公共事务总监——当然,我被过早地抬高到了这个职位。当时,我第一次在职业生涯中频繁地看到这些高级管理人员如何行事。我曾以为这些坐在行业顶端的"大神"们会在他们所做的每一件事上都有超强的表现。然而,从他们中一些人的提问方式中我很快就明白了,一些高层人士实际上既没有利用问题来满足他们的好奇心,也没有利用问题来解决某些困难。相反,他们纯粹是为了争权夺利而使用和浪费他们的问题。

下面,我们来看六类会浪费问题的人。20世纪90年代初,他们经常在清晨于香烟和雪茄烟雾的笼罩下,一边吞云吐雾,一边粗鲁地抛出他们的疑问。

1号:"第一个问题"先生

这种人会提出一个无关紧要、偏离主题的问题,但这个问题又巧妙地涉及一个必须记录下来的话题。他提出这种问题的目的纯粹是确保他的名字出现在会议记录的第一位。"你觉得我们最迫切要做的难道不是审查董事的薪酬吗?"这个问题出现在会议记录的第一位,是向股东和内部利益相关者表明提问者认真对待社会责任问题,即使这个问题与社会责任的各个方面一点儿关系也没有。

2号:"我一直在问这个问题"先生

这种人通常来自烈性酒公司,他想把注意力集中在协调统一税收或者争取权利的机会上。"快到圣诞节了,我们为什么不敦促政府重新审定酒驾标准呢?"这个问题可能不会出现在会议记录中,但会让啤酒大亨们气急败坏地喷出刚吸入肺部的烟雾,咳嗽起来。

3号:"不太开明的利己主义"先生

"你们什么时候才能意识到,乡村酒吧的所有利润都来自那些多喝两杯酒,然后在空旷的乡村道路上平安无事地开车回到家的人?"当你听到这句话并知道提问者是谁时,你就会发现它明显更像是一份声明。这种人只考虑自身的根本利益,而不顾公众的安全和健康,尽管所谓的"公众"就是这个行业的(也是最爱喝酒的)顾客。

4号:"用反问句回答问题"先生

这种人在被逼无奈或被迫考虑一个明显不符合其公司商业利益的问题时会反问:"那你会为一项会严重影响你的利润的政策进行游说吗?"

5号:"炫耀"先生

这种人会把提问当成提高身价的机会。"就在昨天,我问女王陛下:'您觉得我们是否应该在青少年教育方面投入更多的资金,以便让他们了解到醉酒的危害?'"

6号:"无端打断"先生

这种理事会成员在有一段时间没有发言时,往往会等到我们中的另一位成员向资助者做报告的时候提问题。这纯粹是为了引起别人对他的注意。这种行为违背了鸡尾酒会守则[①],缺乏共情力,对对话中

---

① 鸡尾酒会守则指出:"如果你想让听众感到无聊,那就谈谈你自己。如果你想让自己的发言听起来有趣,那就谈谈听众在乎的话题。"——作者注

的互惠规则缺乏了解，也是一种不礼貌的行为，而且经常会使发言者偏离方向。而且这种打断总是以问题的形式出现。"是的，但是等一下——你没听说我们在美国试过这个，但失败了吗？"

某些人在波特曼集团理事会会议上的行为，以及对不合格问题的故意滥用，让我觉得与其说他们是行业领袖，不如说他们更像一群装模作样的企业"大哥"。当然，我们所服务的人中只有一小部分会让我们遭受这种困扰。上面列举的六种卑鄙小人，有时还是同一个人。但我确实发现，这个讨论会对于如何能不提出聪明的问题，以及是什么使我们这样做更有启发性。我曾经与敬爱的、已逝的雷和温斯坦利这样优秀的提问者共事，又遇到过一些反面案例，这正反两方面的例子让我能看得更清楚。

在周六夜提问题

近 50 年来，每周都会有非常优秀的美国新兴喜剧人才在美国全国广播公司的电视节目《周六夜现场》（*Saturday Night Live*）上展示才华。艾迪·墨菲和茱莉亚·路易斯–德瑞弗斯、比尔·默瑞和蒂娜·菲以及其他好几位明星的职业生涯都受益于《周六夜现场》上的亮相。克里斯·法利也曾登上这个舞台，不过，1997 年，年仅 33 岁的他因过量服用可卡因和吗啡而英年早逝，此后，他的才华也渐渐被人们遗忘。

法利在《周六夜现场》中扮演了许多不同但会反复出现的角色，

第六章 提出蠢问题的原则是什么？

但他最出色的创作也许是扮演了"他自己",即《克里斯·法利秀》(*The Chris Farley Show*)中笨拙的主持人。《克里斯·法利秀》是《周六夜现场》中的一个脱口秀节目。在这个喜剧节目中,他会提出一些非常糟糕的、欠考虑的问题来采访一流名人,但并没有从这些最热门的嘉宾那里问出过任何有趣的或值得注意的事情。那些"名人受害者"——他们当然知道这是在开玩笑,但随着采访进行,他们总会死死盯着镜头,看起来越来越烦躁——会坐在那里听法利列举他们创作的电影、电视节目或专辑。有时,法利会莫名其妙地被其他名人打乱节奏,就像一只狗被一只路过的松鼠吸引了注意力。

"还记得你在某部电影的某个场景说的某句台词吗?"他会这样问。被采访的名人——无论是马丁·斯科塞斯、杰夫·丹尼尔斯,还是保罗·麦卡特尼——都会很困惑,并给出一个"呃,是吧?"作为回应。法利总是紧张和笨拙地自问自答道:"真是了不起!"这是他唯一的提问方式——简单地罗列并要求名人证实他的回忆,然后赞扬他们非常了不起。他这仅有的操作完全浪费了向世界上一些最具创造力的人才提问的机会。当然,这就是重点。法利的提问模式很像波特曼集团理事会的2号、4号、6号先生的模式。

当然,提出愚蠢的问题不仅涉及"如何问"(在提问时采用的角色和采取的方法),它还与"问什么"有很大关系。在本章的其余部分,我们将讨论在提问时可以使用的最糟糕的策略。在某些情况下,这些策略与前一章"什么是好问题"中提出的原则正好相反。但是,比起简单照搬上一章关于提出好问题的做法,在这里讨论许多提出愚蠢问题的原则为如何提出更聪明的问题带来了更多启示。

十种提出坏问题（和愚蠢问题）的方法

1. 不给询问对象可选择的项目

开放式问题会鼓励被提问者敞开心扉、讲述故事，而封闭式问题往往只会得到既不丰富也不具启发性的简短答案。封闭式问题包括那些以"何时""何事""何地""何人""是不是""有没有"开头的问题。它们可以产生有用的信息，比如皇家大律师蒂姆·毕晓普在第三章就向我们展示了，这些问题可以被战术性地用于跟进更具战略性的开放式问题，有助于一系列重要事实的认定和逻辑论证。但作为了解"什么"背后的原因的工具，封闭式问题的价值很有限。它们可能会得到"是或不是""简或史蒂夫""上周四或公元前2001年"这样的答案；它们可能会得到不置可否的耸肩或"我不知道"的回应；它们也可能会得到沉默。可以肯定的是，这种问题的答案会比问题短，这两者之间的平衡完全是错误的。

封闭式问题还会为被提问者设定情绪和期望。怀斯和利特菲尔德在《提出强有力的问题》中提到："如果你问了很多封闭式的问题，那么这种体验就会感觉更像审讯。"这些作者要么是没有体验过真实的审讯，要么是受到了荧幕上肥皂剧里关于有效审讯情节的毒害。类似的情况我们在第八章对汤姆·贝克警长的采访中会谈到。在与贝克的讨论中，他详细介绍了"TED公式"的开放性和探索性的力量，即它能够请采访对象以开放和说明性的方式讲述、解释和描述要调查的事件。

2. 用既定的方向和假设引导证人

记者兼新闻学教师迪恩·尼尔森在《与我交谈》一书中指出:"好的采访者在进入采访时必须意识到自己的偏见,并且必须同样准备好在采访过程中放弃或至少调整自己的假设。"在这本书中,我们一次又一次地看到,放任问题被假设污染,会有多大的破坏性和多大的反作用。事实上,我认为采访者在"意识到自己的偏见"这一点上还应该做得更好。他们还需要把偏见拒之门外,根本不给它们影响或污染问题的机会。培训师温迪·苏利文和朱迪·丽斯鼓励我们使用无隐喻的、干净的语言,将假设从我们的问题中完全剔除。

培训师蒂姆·约翰斯和罗布·瓦尔科以及冲突调解员皮普·布朗在上一章的访谈中强调了,在与接受指导的客户以及冲突中的各方合作时使用中立的、无假设的语言是非常重要的。"你从什么时候停止殴打你妻子的"这个问题暗含了许多假设,可以说是典型的别有用心的问题。同样,"那只该死的猫又杀了一只鸟吗"和"你能告诉我今天下午花园里发生了什么吗"这两个问题中,后者是更单纯的询问。正如当代实用主义哲学家埃尔克·维斯在《如何知道一切》一书中所说的:"我们的许多问题根本就不是问题。它们是经过伪装的信息。"如果你的问题确实以此为目的,你至少要有意识地这样做。

拉丁语中有两个看起来很无辜的词,但它们在语法上会影响答案,使答案产生偏差——*num*(肯定意味)和 *nonne*(否定意味)。在"*num*"问题中,提问者会将信念强加于人:"这样或那样的事情肯定发生了,对吗?"而"*nonne*"问题则正好相反:"这样或那样的事情肯定没有发生，对吗？"幸运的是，这些词随着语言的发展而消失了，但将假设强加于问题的愿望却没有消失。埃尔克·维斯将一种由假设驱动的问题定义为"但是"型问题，并各举了一个"num"问题和"nonne"问题的例子："但是你不觉得玛雅应该有不同的反应吗？""但是你不觉得报告的布局需要变一下吗？"她总结道："'但是'型问题的潜在信息是：我对这个问题已经有了看法，但我不会直接说出来。"

3. 对问题潜在的影响无动于衷

错误地、笨拙地提出问题，或者所提的问题完全缺乏对多样性和所有人有平等权利的意识，会从根本上削弱问题的力量和作用。这样的问题可能会使被提问者感到愤怒或受伤害，并且会得到消极的、带有偏见的回答，因为问题本身就包含了这样的内容。如果你没有意识到你的问题以及措辞可能对民族、种族、性别、性意识、性取向、年龄、身体残疾、神经系统状态、宗教和婚姻状况等各种问题产生的影响，那么你的问题很可能是愚蠢的，它们所产生的答案也没有价值。我们会在第十章中讨论这个问题，以及如何解决这个问题。

4. 光说不听

很多时候（就像上面列出的波特曼集团理事会成员一样），人们提出问题并不是因为好奇，也不是真正想通过聪明问题找到有意义的

第六章 提出蠢问题的原则是什么？

答案。很多时候，人们提出问题是有政治原因的，是为了让人看到他们的积极性。很多时候，虽然提问者可能会沉默，似乎允许对方回答，但提问者其实并没有倾听或思考对方的答案。相反，他们正在准备下一个问题，而这个问题也同样不会被倾听。即使下一个问题可能看起来与前一个问题有关，甚至与对方正在给出的答案有关也是如此。学会喜欢沉默并不仅是礼貌和礼节的要求。学会喜欢沉默还能帮助我们理解，如果我们对经慎重考虑的回答给予应有的关注，更聪明的问题能够产生什么样效果。

5. 尽可能让问题晦涩难懂

需要最少假设的那个解释通常是正确的。奥卡姆剃刀原理（Occam's razor）就是这样表述的。该原理是以14世纪神学家威廉·奥卡姆的名字命名的简单性哲学原则。这一原则同样适用于提问——简单的问题是最好的。而简单的问题之所以是最好的，是因为它们的意图不会被掩盖，它们不会迷惑被提问者，它们不允许避重就轻。

也就是说，如果你想问一个愚蠢的问题，并得到一个既靠不住又无用的答案，那就可以尽可能地把问题弄得复杂些。使用回答者不熟悉的行话、缩写、首字母缩略词和首字母缩写词。让问题变得不明确、措辞含糊，使其看起来像有隐含的意思（即使没有也这样做）。提出多个相互关联的集群问题和嵌套问题。使用抽象的而不是具体的语言。多用被动语态，少用主动语态。大量使用反叙法这种讽刺的修辞手法，即用否定句来确认肯定句来做不充分的表述，例如"我并非不喜欢这部剧"。以世界级专家的自信就一个你知之甚少的内容进行提问。

如果你被问到这样复杂、不明确的问题，那么你就要采取零容忍政策，拒绝回答这些问题。用你自己的、清晰的问题来回击，并要求对方先表述清楚，你再给出回应。试着说"你想让我先回答这些问题中的哪一个"或者"你到底想知道什么"。

6. 敞开怀抱，接纳认知偏见

我们自己的偏见、意见和假设不应该是更聪明的问题的一部分。世界上有太多数据，人类无法关注到和处理好每一个输入的刺激。这不仅仅是因为过去 25 年中数据的爆炸式增长，而且实际上这种增长并没有什么帮助，特别是在媒体和商业传播方面。其实，这是由我们周围世界的极端复杂性和人类大脑虽然出色但是有限的处理能力决定的。为了不用停下来对每个感官输入进行庞大分析也能正常工作，我们的大脑已经开发出了一系列广泛的认知捷径——也称为启发法，使我们看起来能够处理比实际能力多得多的感官输入数据。这些启发法或认知偏见能确保我们实时做出决定。不过，它们也会让我们犯可预测的错误。

因此，如果你想问一个愚蠢的问题，你不妨愉快地接受那些会导致决策中出现可预测错误的认知偏差，包括可得性启发法（Availability Heuristic；如果你最近听说了很多鲨鱼袭击事件，那么它们一定很常见）、锚定效应（意味着我们无法远离别人的预估）和证真偏差（寻求加强你的信念或假设的证据，而不是与之相矛盾的证据）。

7. 过度宣扬经验和专业知识的作用

苏格拉底之前的哲学家（以及后来的许多哲学家）相信专业知识、经验和先前获得的知识是最重要的。苏格拉底是第一批（至少是第一批被记录下来的）宣称"我唯一知道的就是我一无所知"的人之一。正如我们在第二章中讨论过的，苏格拉底悖论是提出更聪明问题的绝佳起点，其应用范围从哲学探究一直延伸到顾问式销售策略。

从领域的特殊性出发来构建问题会有很大的局限性，这与许多企业家、颠覆性创新者和他们的风险投资人采取的方法截然相反。由于被历史、现状和"我们这里做事的规矩"束缚，百视达和柯达都未从中受益。显然在你寻求构建和提出更聪明问题的时候，这些束缚也不会对你有好处。要多向网飞和Instagram学习，但是不要像Instagram那样纵容自残图像的发布。这种纵容有百害而无一利。

8. 反复问同一个问题，直到得到想要的答案

在托尼·布莱尔第一次以压倒性优势赢得大选，为保守党在英国18年来的不间断统治画上了一个耻辱的句号之后，前保守党内政大臣迈克尔·霍华德接受了BBC有"凶猛罗威纳犬"之称的杰里米·帕克斯曼的采访。在BBC的旗舰新闻分析节目《新闻之夜》

（*Newsnight*）的采访中，帕克斯曼就霍华德威胁要推翻英国监狱管理局局长德里克·刘易斯一事对他进行了逼问。帕克斯曼提出的问题确实非常狭隘，但这次采访被载入政治电视访谈史册。这是因为在不到十分钟的时间里，帕克斯曼问了霍华德"你是否曾威胁要推翻他？"十几次。霍华德一次又一次地拒绝回答这个问题，试图用他自己的方式重新定义这个问题，但都没有成功。

两个人都没有顾及脸面。霍华德拒绝回应这个他显然不打算回答的问题，因为这将使他妥协，承认一个重大的失败，并破坏他在选举惨败之后为了做政党领袖所付出的努力；而帕克斯曼则早已违反了爱因斯坦对疯狂的定义。两人都不断重复做同样的事情（问同样的问题），并期望得到不同的结果。我们很容易因为霍华德的政治误判而蔑视他并对他产生反感。但是，尽管帕克斯曼重复提问时非常冷静且有绅士风度，我们也会觉得他应该改变提问策略。

9. 不要害怕失去冷静

无论一个问题有多难回答——因为它会暴露过失或罪责，或者因为它会触发个人创伤的糟糕记忆——提问者失去冷静、威逼对方就范是绝对不能接受的。尽管帕克斯曼在上面的例子中对霍华德很执着，但他这个采访者从未失去冷静。犯罪和警察作品（小说、电影和电视节目）中经常有这种情节：警察或律师在讯问室或法庭上失去冷静、拍着桌子大喊大叫，或态度强硬地提问题。我们在第八章中会了解到，警察并不是这样向嫌疑人、受害者或证人提问的。为了实现自然正义，确保只对正确的嫌疑人定罪，警探们学到的提问策略总是要求他们保持冷静和控制力。如果你想问一个愚蠢的问题，那就丢掉冷静，尽早丢掉。

10. 尽早使用高明的提问战术

我们是理性的、善于分析的生物。现代知识经济中的许多工作——从市场研究到学术探究，从销售到医学，从新闻报道到培训——都依赖从业者使用分析性思维技术解决问题。解决问题具有强大的引力，让人从使用战略转至使用战术。然而，分析性思维并非职场中唯一有价值的思维形式。富有洞察力的思维能够将旧的东西结合起来，创造出全新的东西，对某个人、某个问题、某个话题或某个事物产生深刻而有用的新理解，这种思维也是非常有价值的。问题是，由于许多职业道路上的许多社会角色在有问题需要解决的前提下出现，并且扮演这些角色的人也因解决问题获得酬劳，而分析性思维是我们首选的思维方式，因此分析性思维比富有洞察力的思维在实践中更常被用到，也更受重视。这意味着我们的思维——以及我们的问题——太过战术化且快速，而且往往在可行（可能缺乏想象力）的解决方案被提出时就停止了。这种方法完全没有步骤。如果你想让你的问题更聪明——让它们显露、表达而且包含真正的洞察力——不妨读一读我的上一本书《如何拥有洞察力》。

- 203 -

小　结

愚蠢的问题损害了提问行为的名声。如果你想确保你问的是糟糕的、愚蠢的问题，可以遵循以下十种方法。

1. 不给询问对象可选择的项目。
2. 用既定的方向和假设引导证人。
3. 对问题潜在的影响无动于衷。
4. 光说不听。
5. 尽可能让问题晦涩难懂。
6. 敞开怀抱，接纳认知偏见。
7. 过度宣扬经验和专业知识的作用。
8. 反复问同一个问题，直到得到想要的答案。
9. 不要害怕失去冷静。
10. 尽早使用高明的提问战术。

如何提问——第 8 段采访（共 14 段）

从《推销员之死》(Death of a Salesman)到《拜金一族》，从在家庭晚餐时间打来电话的电话推销员到有针对性的数字广告轰炸，销售的名声一直不好。虽然广告业和公关界受到媒体的唾骂不无道理，但其实媒体的大部分内容和收入都依赖这两种行业。当一些高管遭遇工作调整，他们需要去负责销售工作时，"蛇油推销员"的标签常常

第六章 提出蠢问题的原则是什么？

使他们对这一挑战望而却步。但是，我从斯图尔特·罗瑟林顿那里发现（在过去的十年中，我一直在参加他和他公司举办的培训课，最近我还采访了他），优秀销售人员的形象与我们很多人想象中的形象相去甚远。这段采访对我们如何提出更聪明的问题也大有帮助。

姓名	斯图尔特·罗瑟林顿
组织机构	SBR 咨询公司
身份	总经理

斯图尔特·罗瑟林顿经营着 SBR 咨询公司。这是一家帮助企业提高销售业绩的公司。与销售领域的许多培训、训练和提升业务不同，SBR 鼓励其客户采取顾问式销售方法，而这种方法的特点是提出更聪明的问题。就像一个全科医生希望确定其患者预约的根本原因，或者一个商业顾问希望了解一个潜在新行业的市场动态，SBR 帮助那些负责销售各种产品和服务的人通过周到、专注的询问来推动用户参与销售过程。

罗瑟林顿这样解释道：

> 所有的顾问式销售模式都鼓励销售人员将注意力集中在客户参与的三个核心角色和关系上：（一）"他们"——客户和他们的需求；（二）"你"——你提供的产品；（三）"我们"——你和客户怎样合作。从建构主义者的角度来看，这就是销售过程的三个组成部分。四大学习理论之一的建构主

义认为知识是逐步建立起来的。这就像孩子们学习数学一样：在掌握加法之前，他们不可能学会乘法。

对罗瑟林顿来说，销售也是如此。"我们"不会出现在"他们"和"你"之前，"你"也不会出现在"他们"之前。

在现实情况中，你必须首先了解潜在客户的需求和痛点，否则你怎么能与他们谈论你能为他们提供什么呢？如果你不知道客户需要何种帮助，不知道你的产品或服务可以有效地解决他们的何种问题，那么再好的功能和再多的好处都是没用的。

对于典型的初次销售会议，罗瑟林顿建议在一个小时的会议中花30分钟—40分钟时间，通过面对面或线上提问来洞察客户的需求。根据所销售产品的技术细节，这个时长可以调整，但对那些咨询服务的销售会议来说，问题（和答案）应该始终主导讨论。SBR已经用这种方法培训了7.5万余人，并且收效良好——罗瑟林顿是通过客户的成功故事、业务回头客和口碑推荐了解到这一点的，SBR过去20年的成功和发展也印证了这一点。SBR绝对是其宗旨的最佳实践者。

"首先，你必须让你的问题简单明了。"罗瑟林顿建议。

你希望得到的答案不只是一个词语，这并不意味着你一

第六章 提出蠢问题的原则是什么？

定要问一个开放式问题（尽管通常是这样的）。好的首个问题可以开启对话，并引导对话的走向。一个真正在倾听的机敏的销售员如果发现你所提供的东西在某种程度上明显超出了自身通常的工作范围，那么这个销售员就会试图重新组织讨论。此时，你可以利用你的知识或者对方以前说过的话，又或者提及你在会议前搜集到的有用信息。例如，你可以说："在与 X 公司的 CEO 交谈时，他们提到供应链问题严重影响了他们的交货进度。你是如何处理这种市场压力的呢？"

谈及那些善于提问的销售人员的态度和方法，罗瑟林顿认为有两个关键点。第一，在准备阶段，销售员要事先调查，即思考什么是合适的问题以及如何提出这些问题。第二，在更有挑战性的阶段，销售员要在现场与潜在客户接触。这时，销售员需要成为一个好的、积极的倾听者，利用实时得到的答案确定后续问题的框架。与此同时，销售员还要根据潜在客户提出的需求来决定要提供哪种产品或服务。

罗瑟林顿打了两个比方来进一步说明。

在销售中，有效的提问就像一支舞蹈，你带着人们在舞池中跳舞，引导他们思考，并通过你的提问帮助他们构建思维框架。它也像一场足球比赛。如果你每次拿球时都只顾全力以赴地射门，你是不会得分的。你必须巧妙地吸引防守

（客户的局限性认知），这样你才能创造进球的机会（提出一个观点，希望帮助客户创造一个灵光乍现的顿悟时刻）。不论你想推销什么，提问都有助于你了解想要达到的目标。在心理治疗中，你要保持中立和不做评判；在销售中，你要帮助潜在客户想象出正确的未来，这样他们就能理解你的建议的真正好处。

那些销售产品或服务的人经常会发现自己处于这样的境地：他们要进入一个新的市场，但他们对这个行业领域知之甚少。罗瑟林顿认为这基本上是无关紧要的，他说："你永远不会像内行人那样了解他们的专业领域。"罗瑟林顿指出：

> 但要掌握关键数据或趋势并不难。客户不是很关心你是否熟知他们的行业，那是他们自己的工作。他们希望你擅长你自己的工作以及帮助他们。通常，他们会关心你的"社会认同"，也就是来自你的其他客户的第三方验证，以证明你所提供的东西真的有作用。第一个问题（也许是"谈谈你的业务，在目前的市场上你是怎么做的"）会给人留下深刻的印象。但真正重要的是第二个问题。销售是通过提问进行的，而不是解决方案本身。这需要你转变思维方式，从技术知识转向高质量的提问，展示你的专业知识，并带领客户与你一起踏上这段旅程。

第六章 提出蠢问题的原则是什么？

当谈到一个糟糕的问题有什么特点时，罗瑟林顿说，"封闭式"是最明显的特点。

在现实情况中，一个糟糕的问题具有与一个好问题相反的所有特征。如果你表现出没有倾听……如果你把注意力集中在无关紧要的细节上，或者在对话中过早地把对方的思维封闭在一个特定的点上（限制更广泛的对话）……如果话题已经超出了你的深度，而你无法理解答案……如果你让对方感到不舒服，比如太过个人化，或者节奏太快……这些都有可能在销售开始之前就将成功的希望扼杀在摇篮里。

在谈话的最后，我们讨论了这次疫情对销售过程的影响。从SBR公司自身的销售过程及其客户的销售过程中，罗瑟林顿观察到，现在销售人员要开更多的销售会议，满足更多的必要条件才能完成销售。

这非常有挑战性，因为这意味着要开更多、更短、更小的会议，而以前可能只需要在房间内开一两次会议就可以了。但是——就像新型冠状病毒在许多方面造成的影响一样——我们都在学习适应通过Zoom平台或Teams平台进行销售的新方式。

斯图尔特·罗瑟林顿关于"提出更聪明的问题"的五大要诀

1. 要像医生那样提问——用咨询式提问法。
2. 开始建立一段新的伙伴关系时,要提出关于"他们""你""我们"的问题,而且要按上述顺序进行提问。
3. 在与潜在客户的第一次接触中,拿出三分之二或更多的时间来问问题。
4. 不要觉得你需要成为客户所在领域的世界级专家。用问题来学习。
5. 第一个问题会让人印象深刻,但真正重要的是第二个问题。

第七章

提问者的话是不是太多了?

———

提问者要学会沉默与倾听,才能得到质量更高也更有深度的答案。

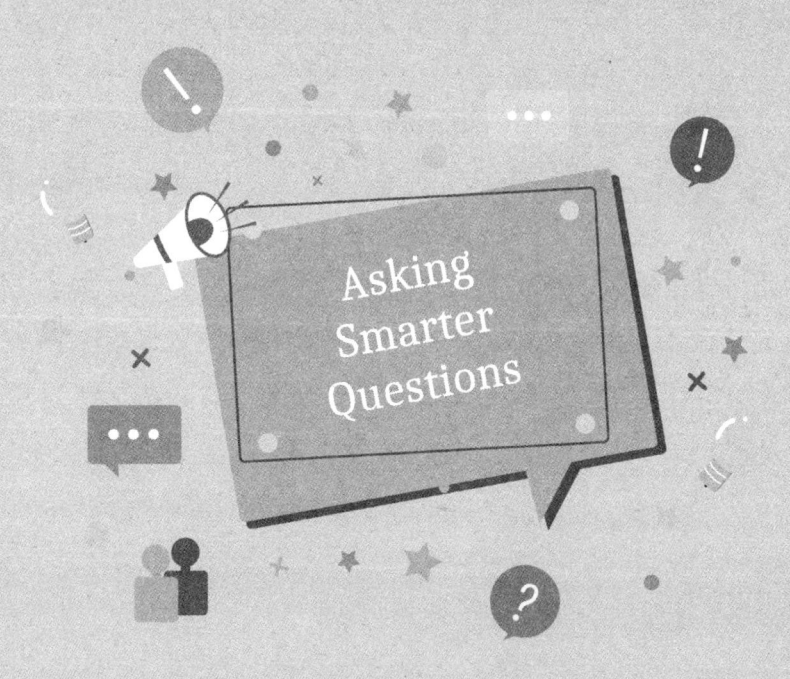

抑制人类用语言来填补沉默的自然欲望,是我们提出更聪明问题并从得到的答案中学习的一个必要组成部分。但是,要逐渐变得喜欢沉默,并允许被提问者有足够的时间和空间来回答我们的问题并不容易。这需要技巧、练习和自我控制,尤其因为我们在成长过程中需要两次学习抑制不当行为。第一次是我们幼年时期获得并熟练掌握语言能力的时候,第二次是青春期开始后。但学习抑制是值得的,因为与那些被催促着回答问题的人相比,被赋予沉默权的人给出的答案质量更高也更有深度。

不要插嘴，往后退

我们在第五章讨论什么是好问题时第一次谈到蒂姆·约翰斯。以"戴帽子的男人"这个绰号，他频繁但不定期地制作了一系列短视频博客，用短短几分钟的时间分享培训师的智慧结晶。在 2021 年 12 月题为"保持安静"（Be quiet）的视频博客中，蒂姆建议：

> 作为培训师，我们接受的训练是要少说话、少表达想法、多倾听，因为打断别人、发表你自己的观点对帮助别人找到他们自己的解决方案是没有帮助的。真正的答案只有通过沉默和允许其他人说话——以及倾听——才能得到。因此，我认为我们应该时不时重温美国演员威尔·罗杰斯所说的话："永远不要错过闭嘴的好机会。"

在先天的求知本能驱使下，我们拥有了能够提出问题的自然能力；除此之外，现在你也应该开始掌握一套新的工具和技巧，使你能够提出更聪明的问题。在我们努力提出那些我们认为能帮助我们满足好奇心的问题时，我们也需要给那些被提问者足够的时间和尊重，让他们尽可能充分地表达他们想要给出的和能够给出的答案。为了给予他们这种权利，我们需要关闭发射器，打开接收器。通过进入沉默状态，我们给了自己一个机会去倾听——积极地倾听并真正地听到——对方在说什么。进入并保持沉默状态有两大好处：

1. 使对方有时间收集、考虑和表达他们的想法，并对你的问题给予应有的关注。

2. 鼓励对方表现出人们几乎普遍对沉默抱有的厌恶，并用可能比他们想象中更具启发性的答案来填补这种沉默。

然而，在我们的世界里，越来越多的人处于飞速运转的状态，沉默太罕见了。我们不会积极倾听。我们会被自己的想法左右，也会分心。我们不能专注于对方真正在说什么。我们会插嘴打断对方，抓住一些细枝末节的、引发联想的词和短语，并试图替对方回答我们的问题。我们会在前一个问题得到适当解决之前就急着提出下一个问题。对许多人来说，来来回回的对话仿佛是一场竞争，是要看谁能在对话记录上留下最多的笔墨，也就是看谁能提出更多问题。我们中的很多人觉得沉默是尴尬和不自然的，并表现得好像我们认为这是对时间的极大浪费。讽刺的是，如果我们不能接受沉默并等待一个深思熟虑的答案，我们最终就只能再次提出同样的问题，因为对方没有充分回答。即使对方的回答已经接近充分了，我们不加节制地打断对方也意

第七章 提问者的话是不是太多了？

味着我们并没有专心听他们回答，而我们对答案的理解也不会充分。所以，事实上，浪费了时间的是打断而不是沉默。

打断也意味着我们没有注意到别人发出的元信息（metamessage）、肢体语言、面部表情和其他副语言信号。人类的大脑非常善于同时关注一个以上的感觉模态（sensory modality）——人们在说什么，以及他们是如何说的。然而，如果我们思考着下一个问题或要说的聪明话，或是实际上打断别人，因此使我们的处理能力超载，我们就很难抓住对方回答中的重要信息。试图在同一时间传送和接收信息相当于试图同时拍脑袋和揉肚子。这两种动作的同时进行是不可能持续很长时间的，最终其中一个动作会成为主导，另一个动作受到影响并失败。为了从对方的回答中获得最大的收益，我们需要集中注意力——看着对方，并且感兴趣地看着对方，关注对方的肢体语言和姿势，保持眼神交流，也许还要做笔记。打断和明显地思考其他事情不利于集中注意力。相反，这样做会导致注意力不集中，让你只能获得一个模糊的印象，而这种理解显然远远不够。

2021年夏天，《卫报》的咨询专栏作家安娜丽莎·巴比里开始创作一系列名为"与安娜丽莎·巴比里对话"（Conversations with Annalisa Barbieri）的播客。她在《每日邮报周末杂志》上发表的一篇关于此播客的文章中谈道：

> 我发现，倾听并不仅仅是等待对方停止说话或提出好的问题，甚至也不仅仅是不打断对方。倾听是要真正听到对方在说什么，以及他们为什么要这样说。要感兴趣，但也要有

好奇心。有时，这意味着你要寻找那些没有说出来的、被遗漏的东西，以及那些用来掩盖难以言说的情绪的词语。同样，用心倾听是要你像以前从未听过别人所说的话一样去对待这些话。简而言之，就是要集中注意力。

我们可以在 Zoom 或 Teams 平台上聊天吗？

越来越多的对话是在视频会议平台上在线进行的。在某种程度上，这是由新型冠状病毒肺炎疫情肆虐促成的，全世界大多数知识经济工作者在 2020—2021 年的大部分时间里都是居家办公。即使病毒有强变异性和不确定性，但实际上疫情不会永远持续下去。不过，似乎可以肯定的是，从 21 世纪 20 年代中期开始，一周五天到办公室上班的情况将成为例外，而不是必须。我们中的许多人已经体验了生活与工作相平衡的诸多好处，感受到生活在前、工作在后的感觉，再也回不到 2019 年底新冠疫情暴发之前的办公室生活了。

更重要的是，封控和强制居家办公终于彻底证明了，让每个人都在同一个实体空间内参加会议或研讨会没有必要。在精通技能的主席和主持人的带领下——当然，要提高履行这些职责的人的技能还需要做很多工作——过去两年清楚地表明，真正重要的是把人才聚集在一起，让每个人都有机会做出自己的贡献。我们原来一直知道，面对面的方式可以做到这一点。而现在，我们发现它还可以通过远程的方式实现，也可以通过混合折中——有些人在会议室里，有些人在线上——的方式实现。

第七章 提问者的话是不是太多了？

"所有人聚在一起开会或研讨"这种文化的消亡还带来了一些意想不到的好处，其中最大的好处是人类与环境的关系改善。我清楚地记得，有一次我受邀飞往雅加达，要在一个为期三天的研讨会快结束时做一个 15 分钟的演讲。但是由于之前的会议超时，这个总结环节被取消了。这次行程使我绕地球飞了近三分之一圈，还打乱了我几周的家庭生活。演讲没做成，我却要花几天时间倒时差。这些本来是可以避免的——这还没考虑这次行程的碳足迹。在过去的 20 年里，大家聚在一起研讨已经成为普遍的做事方式，直到疫情暴发，这种方式行不通了。研讨会停止了吗？并没有。他们不再能产出所需的结果了吗？也没有。他们的工作在一夜之间转到了线上。当然了，情况发生了变化，而且在线上进行互动和创造性的练习比在会议室里更难。但在后疫情时代，只有非常特别的会议才会必须在一个房间中进行，因为现在上下各级的人都已经看到了 Zoom 平台或同类的 Teams 平台可以实现哪些功能。这些功能不会造成时差、不会干扰家庭生活，也不会有不必要的旅行。

尽管如此，通过视频会议平台举行所有的会议和研讨会也并非没有缺点。人们在三维空间中的表现要好得多，真实的、持久的人际交往至少需要交往各方在现实生活中共处一段时间。即使许多人已经找到了新工作，并与在过去几年里从未见过面的新同事一起举办了活动，但疫情期间的会议和研讨会所取得的大部分成果都是由封控前建立的关系促成的。不能面对面的另一个主要缺点是茶水间的寒暄几乎没有了。也许两三个人在午餐排队时偶然相遇，然后他们在六个月后就一个新项目展开合作，而这个项目的孵化源于同事 X 递给了同事 Y

一盘咖喱角。现在已经没有这样的机缘巧合了。对像我这样极度需要建立人际关系而且喜欢在混乱中寻求机遇的人来说,这一直是居家办公最令人沮丧的缺点之一。我知道我不是个例。

而且,通过视频会议工具开展一项工作或者经营一份事业,我们要面临一些很现实的挑战。由于个人情况、家居布置和性格类型不同,在参加需要全程或部分时间打开摄像头的视频会议时,许多人会感到不够自信或不舒服。这使得组建有活力、融洽的团队变得更加困难——尤其是因为我们可能怀疑没有打开摄像头的同事要么没有在关注会议,要么在做其他事情(处理电子邮件、写逾期报告或者在手机上玩数独游戏),或者只是为了应付差事而"待在那里"。即使所有人的摄像头都开着,也没有"你静音了"的提醒打断他人的自由发言,线上会议也还是有一种难以克服的二维生硬感。同样,这在一定程度上可以通过一个经验丰富且机敏的推动者或主持人来缓解,但即使是最好的主持人也有局限性。将这些对注意力的挑战和本章第一部分关于提问者不能闭嘴的问题叠加在一起,很明显,集中注意力——积极倾听——对现实对话和线上对话来说都是一个挑战。在线上对话中,由于我们阅读副语言信号的能力受到阻碍,困难往往会更大。对领导层来说情况甚至更糟糕,但这就是另外的故事了。

关于倾听礼仪和网络礼仪

无论是当面提问还是通过视频会议软件沟通,一旦你提出了问题,就要监管并设法主动抑制自己的行为和欲望,不要插嘴打断对

第七章 提问者的话是不是太多了？

方，这很重要。如果你不让对方把话说完——如果你催促他们，让他们觉得你是在与他们竞争——你就很可能收获五种局面。而这五种局面没有一种是可取的，也没有一种能帮助你实现提出更聪明问题的愿望。这五种局面是：

1. 这种做法让对方处于紧张状态，这可能使得他们匆忙做出回应，没有过多思考就给出一个更明显、更直接的答案。

2. 这种做法表明你对对方说的话不感兴趣，你对你自己的声音和意见比他们的更感兴趣。最重要的是，这是非常无礼的行为。

3. 这种做法表明你对对方说的话缺乏兴趣，同时也会削弱你的问题的潜在力量。如果你的问题真的很聪明，但你却懒得听对方说什么，那么对方就会认为你的问题是无关紧要的，而对方本来可能认为你的问题很有趣。

4. 这种做法会把对话"变成笼中格斗而不是攀岩运动"，这是朱莉娅·达尔在 TED 沙龙演讲"如何进行有建设性的对话"中使用的生动比喻。笼中格斗只有两种结局，而这两种结局都是血腥的，既不具有建设性也谈不上聪明。

5. 无论对方在你留下的那几秒的陈述时间内说了什么信息，你都无法处理这些信息，无法在短期记忆中读取它们，也无法将其巩固到长期记忆中。你所说的将与对方所说的混在一起，变成一锅毫无意义的文字汤。

凯文·戴利在他的《苏格拉底式销售技巧》一书中指出：

学会更聪明地提问

大多数人在谈话中有两种状态：说话和等待说话。等待说话是一种不好的倾听习惯。如果你在等待说话，就意味着你在思考你想说的话，也就意味着你没有在听。

苏格拉底之所以惹人不高兴，可能是因为他向对话者提出了棘手而聪明的问题。但人们不能指责他（或者说是我们从柏拉图的对话中了解到的那个他）没有倾听，或者没有给对话者以沉默来回答他的时间。当苏格拉底指出对方回答第一个问题的答案与他们回答后面问题的答案相矛盾时，对方可能会感到恼怒或沮丧。而这恰恰表明苏格拉底很认真地倾听了他们的回答，给了对方足够的时间和可以让头脑清醒思考的沉默来构思他们的答案。

这就是沉默的声音（与神经科学）

艾莉森·麦基在她的小说《百川归海》(*All Rivers Flow to the Sea*) 中谈道：

> 当你最沉默的时候，你就是最有力量的。人们从不期待沉默。他们期待语言、动作、防守、进攻和反复拉扯。他们期待着投入战斗。他们已经准备好了，要举起拳头、口若悬河。沉默？不可以。

正如我们所见，沉默是对提出更聪明问题的完美补充。如果我们

第七章 提问者的话是不是太多了？

想让更聪明的问题达到预期的效果并产生更有趣的答案，我们应该学会喜欢沉默。这是一种对进入冥想领域非常重要的品质和环境，我们将在本章末尾对禅宗佛教师父塔妮娅·特纳的采访中谈到这个话题。在提出我们的问题后，我们应该闭上嘴，让对方有时间和空间来思考如何回应。沉默会扭转上面谈到的那五种不利局面。

1. 沉默能让对方有时间思考，并让他们可以在自己能掌控的时间里给出一个更聪明的答案，而不是按照某种苛刻的、争分夺秒的时间表展开竞争。

2. 沉默能表明你感兴趣，并准备好花时间听他们说完。

3. 沉默能使你有一切机会让自己的问题产生最大的影响。

4. 沉默能将对话变成一次攀岩运动而非一场笼中格斗，使双方都能无压力地寻找对话的"攀岩支点"。对被提问者来说尤其如此，反正很快也会轮到提问者讲话。

5. 沉默能使你记住对方说的话。你将能够在短期记忆的语音回路中重复播放你收到的答案，并将它们保留在那里，直到它们开始进入长期记忆。

你只需要安静下来，闭上嘴巴，坐下来，积极倾听，就能取得惊人的效果。什么都不做也能有不错的投资回报。好吧，是"几乎"什么都不做。为了不去做某件事，你需要在认知上、行为上，以及最底层的神经生物学层面上抑制这种行为。抑制是一个与兴奋同样重要的生化过程，甚至可能比兴奋更重要。人脑中有 60 多种不同类型的神

- 221 -

经递质。大多数神经递质是兴奋性的，包括一些最常见和最广为人知的，如组胺、肾上腺素和谷氨酸。谷氨酸存在于80%以上的突触（神经元之间的连接结构）中。

多巴胺——参与奖赏回路、愉悦感、注意力和运动——可以是兴奋性的，也可以是抑制性的，这取决于它在大脑中使用的位置和方式；5-羟色胺则是抑制性的。所谓的5-羟色胺选择性重摄取抑制剂类抗抑郁药的作用是对抗5-羟色胺水平过低。一旦5-羟色胺被释放到突触间隙，SSRI类药物就会阻断（抑制）这种神经递质的重摄取，从而可以对情绪和情感产生有益影响。到目前为止，最常见的抑制性神经递质是 γ-氨基丁酸，它存在于大约10%—20%的神经元中。谷氨酸和 γ-氨基丁酸是阴阳两面。大脑还有许多复杂的相互作用方式，可以根据相关功能调节大脑的"声音"。大脑及其介导的行为通过兴奋和抑制实现精妙的平衡，每个大脑使用者都需要数年的时间才能达到正确的平衡，尤其是在神经化学、行为和认知的互补层面上取得平衡。

年幼的孩子往往发现很难抑制和压制一些成年人认为对"文明人"来说不恰当的行为。这可能包括发出无礼的吽吽声、说脏话、大喊大叫、把猫放到睡裤里，或戳祖母的乳房等行为。随着时间推移，或者受到责罚或帕丁顿熊式的"怒目凝视"，大多数孩子能学会抑制被认为不恰当的行为。同样，这种抑制基于大脑使用者将复杂的认知过程（包括学习和记忆）加在复杂的神经化学混合物上——这种混合物就在他们的双耳之间晃晃悠悠，嘶嘶作响，冒着泡泡。什么也不做，只等着少年成长为青少年、青少年逐渐成熟变为成年人，这种放任孩子自由成长的养育方式并不能消除，甚至都不能减少不恰当或禁

第七章 提问者的话是不是太多了？

忌的行为。事实上，在青春期和青少年期的大部分时间释放的性激素漩涡会从根本上扰乱似乎在青春期之前就已经解决的抑制问题，这使得每个人，特别是孩子的父母感到困惑。

在某种程度上，这是情感决定的——从生物学角度来说，青少年要想在这个世界独立走自己的路，就需要没有顾虑地脱离父母和照顾者，就像他们在脆弱的婴儿时期会没有顾虑地依恋父母和照顾者一样。每一句"我恨你！你就是不理解我！"的背后都有进化生物学的逻辑，有时比"可怕的两岁"（Terrible Two）①还可怕。这是因为青少年与大多数蹒跚学步的幼儿不同，他们通常比父母更强壮、更快、更敏捷。在某种程度上，这也是生理因素决定的。抑制力在结构上由前额皮质控制。前额皮质是人类特有的灰白色物质，布满褶皱和沟壑，包裹在整个大脑的外表面，就像古老的、粗糙的树皮一样，但它直到人类20岁出头时才会完全成熟。

正是大脑左侧前额皮质受损导致虔诚的菲尼亚斯·盖奇变成了一个满嘴脏话的粗人。在工作中，盖奇意外受伤，被一根用来压实火药的铁棍贯穿了头部。铁棍从他的下巴进入穿出头顶，飞射出去的时候烧灼了伤口，带走了他大脑里10%的灰质。盖奇从创伤中恢复过来后，这个原本彬彬有礼的维多利亚时代男孩变得"粗俗不堪，满嘴污言秽语，以至于正派人都无法忍受和他交往"。盖奇失去了抑制力，无法控制自己的行为，非常像很多人提问时的样子。提出更聪明的问题需要我们自觉地抑制内心那个遭遇事故的菲尼亚斯·盖奇。

---

① 2岁左右的幼儿会处于一个反抗期，对父母的一切要求都说"不"，经常任性、哭闹，难以管教。

小　结

因此，如果你想给你的聪明问题留出时间，让它发芽、生根，并在被提问者的脑海中生长出更有趣的答案，就要像优秀的采访者那样行事——有意识地抑制你说话的欲望，避免用紧张的废话填补沉默。就像大卫·弗罗斯特1977年采访尼克松总统时那样，提出你的问题，让它自己产生影响。

在史蒂文·柯维所著的百万畅销书《高效能人士的七个习惯》（*7 Habits of Highly Effective People*）中，第五个习惯是"知彼解己"。通过有自制力地让交谈者回答你的问题，你不仅表现得有礼貌，而且还表现出你对谈话中轮流发言的规则有正确的认识和理解。提出问题然后保持沉默的主要好处是你能够提出更好的问题、得到更好的答案，除此之外，你还会收获更多。不要先出手，让对方先出手。之后你就会发现自己处于主导地位，因为你知道他们的想法和观点，而他们却不知道你在想什么。

如何提问——第9段采访（共14段）

姓名	塔妮娅·特纳
组织机构	禅宗佛教冥想流派
身份	师父

第七章　提问者的话是不是太多了？

塔妮娅·特纳修习禅宗佛教已近20年。她最近得到了传承，并被正式指定为师父，也就是得到授权可以指导他人学习禅宗的人。她的师承世系涉及禅宗宗派中的两个，即曹洞宗和临济宗。我与塔妮娅师父相识的时间几乎是她修行时间的两倍，我对她的修行非常感兴趣，见证了她在这个过程中如何丰富和加深了自己的人生体验。在多年的交流中，我可以明显看出，问题是她修行的核心。冥想问题——又称为公案，也就是无法解决的谜——会激发怀疑，可以用来测试学生的进步。特纳传承了大约700个禅宗公案。

"公案就是禅宗用来修行的问题，"特纳说，"它们会接引你获得大智慧。这些问题不能用通常的二元论思维方式来解答。必须放弃这种解决问题的方式，形成另一种方式。"

著名的公案包括"用一只手击掌会发出什么声音""如何让远处寺庙的钟声停止""如何从茶壶中取出五层宝塔""狗有佛性吗"。我想知道什么是佛性，特纳这样告诉我：

事实上，"什么是佛性？"这个问题本身也是一个公案。这就像描述菜单上的食物却不吃，只有概念上的理解而没有体验。当你想到你自己时，你想到的是你的名字、你如何定义自己、别人如何看待你，然而这些都不是你。这些是标签。我们通常认为自己是一个实实在在的人——有血有肉——但这也是一种错觉。我们并不像自己以为的那样坚实和独立，练习冥想公案有助于我们认识到这个真相。

特纳承认，用西方的分析性思维来解决公案的确是一件非常令人沮丧的事情。

你只需静下心来。因为我们被训练和培养得只以一种特定的方式思考，所以你会用通常的框架来处理它。但这并不奏效，你会觉得自己是在用头撞墙。不过，随着时间推移，这种感觉消失了。然后，公案的智慧会嵌入你的身体，与你一起工作。你会与它融为一体。

犹太裔美国禅师伯尼·格拉斯曼认为，"问题比答案更有生命力"。面对一个公案，你必须静下心来，直到它带给你一种豁然开朗的感觉。因为没有固定的立足点（我们通常必须依赖的既定参考框架），所以你可以进入未知的领域。因此，格拉斯曼认为公案没有"是"或"不是"的答案，公案是最开放的问题。

当启蒙者和受训者开始与他们的老师一起修行时，所有冥想活动都集中在回答一系列越来越具挑战性的公案上。老师会指导学生思考他们要解答的某个特定公案。学生把它写下来进行学习。你会静下心来，开始长时间专注地冥想。"它将成为你的一部分，"特纳说，"你可能不会像在日常生活中试图解决一个难题时那样不断地有意识地思考它，但它就在那里。"当一个学生觉得自己进步了，他就会去见老师。学生会坐在老师的房间外。铃声响起后，学生走进去，说出自己的名字和公案，然后向老师展示自己对它的思考——这不能称为答案。老师可能会进一步询问他对这个公案的看法，然后决定学生是否

第七章 提问者的话是不是太多了？

可以思考宗派规定系列中的下一个公案。每一个公案都可能需要几个月的静坐和冥想才能解决。

特纳说，提出问题，即以一种非常具体和规定好的顺序引出和解决公案，其目的是：

> 看到你的佛性，明白它与他人是分不开的；看到有情的众生和无情的万物之间的相互联系；正确地理解你在世界上的渺小。在西方传统中，我们格外沉迷于确认和验证自己。我们不断寻求自我安全感，而禅宗的修行会帮助你意识到，我们是做不到这一点的。这个过程并不是要否定或否认自己，而是领悟到我们并非一成不变。

禅宗佛教的修行更注重旅程而不是目的地。这个旅程的一个关键部分是倾听。你静下心来思考一个问题的时候，也许是几个小时、几个星期，或者几个月，你要倾听它。只有通过倾听，"正确"的答案——恰当的回应——才会出现。"通常，当我们听到一个问题时，我们会立即准备好——过于充分地准备好——根据我们的经验、假设和偏见仓促给出答案。但是当我们真正倾听时，事情就会变得不一样。"

> "研究自己是为了忘掉自己。当佛法与我的生命分离，我看不到自己的生命只剩一副躯体，那就是痴。当我看到二者合为一体，这就是所谓的开悟的人生。"
>
> ——13世纪日本禅宗佛教僧人，道元禅师

学会更聪明地提问

特纳认为，那些在禅宗中提出好问题的人已经意识到自己开悟了，而他们悟出的道不在别处，就在这些问题中。根据经验，她知道，试图抓住那些难以捉摸的开悟时刻是愚蠢的，因为它们非常短暂。"你对非理性的领域见识越多，你就会变得越灵活多变。不仅是在解决公案上是这样，在处理日常生活的挑战上也是如此。"

在特纳看来，禅宗的修行使她对生活的忍耐力提高了。"但只是有时候！它被称为修行是有原因的。"她分析道。

> 因为你必须不断地修行。每一天都要修行。虽然我仍患有神经症，但我对生活的不满已经不像以前那样困扰我了。修行也使我更容易忍受环境。当你热的时候，你就是热的；当你冷的时候，你就是冷的。你会意识到，你无法改变环境来满足自己。

像斯多葛学派一样，禅宗使修行者明白，他们无法改变事件，他们只有控制自己对事件作何反应的能力。就像苏格拉底一样——也许他正是这种修行一位不自知的早期实践者——禅宗的"初心"是理解我们的无知。在与塔妮娅师父交谈了一个小时后，苏格拉底悖论也不再像以前那样让人觉得自相矛盾了。

> 坏消息是，你在空中坠落，没有什么可抓，也没有降落伞；好消息是，根本就没有地面。
>
> ——藏传佛教大师，邱阳创巴仁波切

第七章 提问者的话是不是太多了？

当我们的讨论接近尾声时，特纳总结："在禅宗的提问过程中，有一些东西改变了修行者。它训练了你的灵活性、开放性，使你不拘泥于一个特定的答案，然后放手去做。你学会不让自己依附任何东西。"她发现这在疫情期间尤其有益，"我比自己之前担心的要好得多。我的修行让我对自己更有同情心——不过，我还是一直在努力处理好自己的情绪。"

讨论结束后，塔妮娅自我安慰似地对我说："不知道我的这些话是否说明白了，不过，即使没有，我应该也已经做得很好了。"看起来，修行所得已经深深扎根于她的行事风格中了。

她说得对极了！

塔妮娅·特纳关于"提出更聪明的问题"的五大要诀

1. 不要用通常的二元论方法来回答问题。
2. 静下心来思考问题，直到意识到我们可以用另一种方式来回答。
3. 让你正在努力思考的问题成为你的一部分——不一定是有意识地这样做，但要允许它们一直与你同在。
4. 用问题帮助你理解事物之间的相互联系。
5. 享受解决问题的过程而不是答案，尤其要重视倾听的作用。

第八章

在提问题之前要做多少准备?

冷静地制定好计划,安排好问题的顺序,这会给你带来很大的优势。

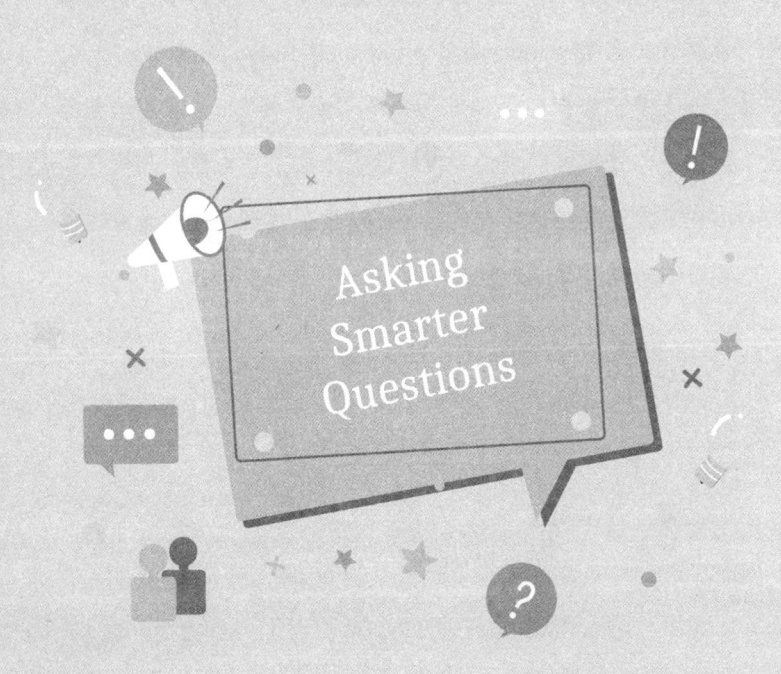

从那些从事极高风险工作的人所使用的工具和技术中，我们可以学到很多关于如何提出更聪明问题的知识。谈判专家向恐怖分子或银行劫匪提出的问题可以决定人质的生死，也可以决定警方的围攻是以本可避免的人员伤亡告终，还是安然无恙地平静结束。但更重要的是谈判专家提问题的方式。

　　对希望掌握重大犯罪事实的连贯和准确情况的警探来说，情况也是如此。尽管证据不足，而且嫌疑人、受害人和证人都可能出于各自的原因而不愿意对所发生的事件进行客观描述，但警方还是必须掌握情况。同样，在关注"问什么"之前，警探们必须掌握的是"如何问"。在事关生死的情况下，贯穿提问方式和技巧的黄金线索是冷静、共情力和准备工作。这些都具有广泛的适用性。甚至——或许应该说特别——适用于你的情况。

加大赌注

资深记者迪恩·尼尔森在他的《与我交谈》一书中说:"采访不仅是向随机的人提出一堆随机的问题。它是一种有引导性的对话。"我在不同领域内遇到越来越多的人认为提出更聪明的问题有助于他们取得成功,我也越来越相信我们一路上学到的工具和技术适用于我们所有人——生活中和工作中都是如此。

正如出庭律师蒂姆·毕晓普在第三章告诉我们的那样,律师在法庭上准备、排列和部署问题的方式会对法律诉讼的结果产生深远的影响。在一个案件中,不同的律师完全有可能以不同的方式介绍和阐述同一组重要的事实,而同样的法官或陪审团也有可能得出不同的结论。"做什么"很重要,但"怎么做"也很重要。毕晓普的专长是婚姻法,他关注婚姻关系不再持续时如何公平地分配婚姻的财产。可以说,这一法律领域的技术和原则在许多用来裁定个人、公司和政府之间纠纷的合同法中都有呼应和体现。一旦需要立案、提交证据,争端各方就要回答由代表双方的律师提出的问题,这些问题的语气和内容都会影响最终的结果。

　　从自然正义的角度来看，这很重要。社会制定法律，准许人们做出它认为公平的、不太可能对他人权益造成不当伤害或损害的行为或行动。同时，它也会制定法律来禁止其他不公平的、可能对他人权益造成伤害或损害的行为和行动。社会最初出现时，这些法律往往以宗教领袖制定的道德准则为基础。在许多西方国家，从启蒙运动开始，正式的、自觉的政教分离就开始了。不过美国和阿富汗这样的多民族国家在 2021 年还通过了完全由宗教教义驱动的法律——得克萨斯州立法禁止女性在怀孕六周后堕胎，而回归的塔利班则重新实施伊斯兰教法。在这些于 21 世纪初仍然政教不分离的地方，它们通过的法律往往以压制女性的权利、巩固男权世界观和政府战略为目的。对自然正义来说，幸运的是，如今这些都只是例外而非常规。在大部分情况下，大多数立法是由道德、人人平等的观念，以及对自然正义的强烈诉求驱动的。

　　正如柯南·道尔在《血字的研究》(*A Study in Scarlet*) 中借夏洛克·福尔摩斯之口所说的那样："你在这个世界上做了什么不重要。问题是你能让人们相信你做过什么。"在本章中，我对个人或公司是否有机会获得比他们在法庭上面对的律师更聪明的律师不感兴趣。在一个理想的世界里，每个人都能请得起同样优秀的法律代表，即使这可能导致法律僵局。这个世界离理想还很远，在一些著名的案件或法律领域中，聪明的律师可以成功为名人客户脱罪，或者取得不让关于指控的消息出现在报纸上的强制令。看看英国法院中臭名昭著的酒后驾车和诽谤案件就知道了。就本章而言，我更感兴趣的是法律语境中的

第八章 在提问题之前要做多少准备？

提问内容，特别是提问方式。我很想评估一下，我们这些不需要每天都在法庭上露面，也不需要每天都面对生死攸关的高风险谈判的人，可以从那些需要这样做的人那里学到什么。我们将从两个角度来看英国的警务工作。不过在此之前，让我们先走进美国联邦调查局前人质谈判专家克里斯·沃斯的内心。

强势谈判

每当有美国公民被绑匪当成人质抓获并关押时，美国政府就会从联邦调查局派出训练有素的谈判专家。从1984年到2008年，克里斯·沃斯一直在美国联邦调查局工作。他因表现出色而成为国际人质绑架案的首席谈判专家。他的工作就是（夜以继日，经常是一连数天）与银行劫匪和恐怖分子谈判。他曾接受过美国联邦调查局、伦敦警察厅苏格兰场总部和哈佛大学法学院的培训。

在积极参与现场行动时，沃斯领导的团队力求和平结束人质事件，既避免人质受到伤害（包括死亡），也避免以现金、实物或人员等形式向绑匪支付赎金。沃斯经常直接与绑匪进行谈判。以和平方式解决的人质事件——绑匪在没有暴力或流血冲突的情况下释放人质——的结果通常是触犯重罪的肇事者受到逮捕和监禁。然而，谈判专家的工作是通过谈判来和平解决问题。谈判专家要使绑匪不丢面子，当然也不能让他们受到羞辱。要做到这一点，谈判人员需要接受培训，以极高的标准提出问题，并完美地、反复地、冷静地实践他们所学到的东西。最重要的是，他们必须在最大的压力下做到这一点。

- 235 -

因为一个错误举动就可能令那些只是去银行兑付支票，或乘飞机去看望孙子的无辜平民受到附带损害，甚至死亡。

沃斯曾处理过150多起国际人质案件，还在纽约市联合反恐特别工作组工作过15年。2007年，沃斯离开美国联邦调查局，创建了黑天鹅集团（Black Swan Group）这家专门从事商业谈判技巧应用的公司。沃斯将他在美国联邦调查局工作的25年所得写成了一本非常精彩的书，名为《强势谈判》(*Never Split the Difference*)。他还通过在线教育课程平台"大师课"（MasterClass）将这些内容录制成了一些非常值得观看的在线课程。我并不想总结沃斯的全套谈判策略，但我认为，他在他的书、在线课程和咨询工作中列出的一些关键方法确实值得我们考虑。

1. **战术性共情**。高超的谈判者会将自己的预测和假设排除在谈判之外，从而进入对方的世界，从他们的角度看问题。沃斯将战术性共情描述为"极端情况下的情商"，并说谈判是"让别人走上你的道路的艺术"。乍一听，战术性共情的技巧似乎很虚伪。不过，当读到或听到沃斯如何用这种方法——同时也采用其他战术，包括镜像重复和拉近关系谈判等——解决生死攸关的事件后，即使是喜欢冷嘲热讽的人也不会对这种方法有什么意见了。在前面的章节中，我们已经讨论过在提出更聪明问题时共情力的作用（以及同情心的错误）。沃斯的方法只是将对许多人来说模糊不清的人类品质系统化了。

2. **镜像重复**。谈判者重复对方所说的最后1—3个词语——用对方使用的原词，绝对不能用你自己替换的同义词。镜像重复了对方所说的话后，你就沉默下来，让对方思考你在回应他们时所说的话。你使用了对方的语言这一事实会让他们感到被倾听和理解，进而更有让他们可能进行谈判。

3. 使用深夜电台主持人的声音。用低沉、柔和、平静的声音和下降的语调说话，让对方感到放心。"深夜电台主持人的声音"是一个很好的类比，听过这种声音的人应该都明白。

4. 贴标签。这是另一种策略，可以使谈判对象感到被倾听，使消极因素得到缓解、积极因素得到加强。不要指责或陈述对方的立场，要像谈判者那样使用贴标签法，用诸如"看起来……""似乎……"的短语。如果说对了，这就会让对方有表达同意的机会；如果说错了，这也会在损失最小的情况下，让他们纠正你。

5. 列举出罪状。危机双方的谈判者往往害怕大声说出这种情况下可能出现的最坏结果。然而，你把这些说了出来、承认了它们，就会削弱它们的力量，也就可以继续向前推进。

在沃斯的全套策略中还有许多其他技巧，包括设定框架、保持谦逊、评估副语言信号的影响、拉近关系（做自我介绍/对话时使用名字而非姓氏），以及使用标准问题来践行第六章中斯图尔特·罗瑟林顿强调的顾问式方法，挖掘沃斯所谓的"黑天鹅"（改变一切的关键信息）。他的书和在线课程非常实用且风格平易近人，通过阅读和学习，你可以详细了解这些内容，从而提高你提出问题的有效性。

我认为沃斯的方法如此引人注目原因有三。第一，它是在一些最艰难的情况中发展起来的，正如沃斯在副标题中所呼吁的那样——

"努力谈判，就像你的身家性命都依托于此"（Negotiating as if your life depended on it）。沃斯的方法如果能对恐怖分子、绑匪和银行劫匪起作用，就也能在销售中起作用；它如果能在生死关头起作用，就也能在生活和工作中起作用。第二，沃斯的方法是经过深思熟虑的，而且这些方法相辅相成、互为补充。第三，沃斯的方法所注重的谦逊和冷静也是警察局所青睐的提问策略的特点，我们将在接下来的两段采访中看到这一点。

沃斯应对议价的方法也非常令人耳目一新。虽然沃斯的书名为《强势谈判》，但议价并不是其焦点。但正如他在书中所说的："我把话放在这里，妥协折中就是狗屁。"他指出，折中的解决方案会让双方都非常不满意，重要的是一定要在谈判开始前确定你的临界点（价格、条件等）。你不能超过这个临界点。你可以在谈判中先提高（或降低）你的报价，然后每个回合不断减少增量（从20%、10%到5%，达到临界点就直接走开）。他的谈判方法让我想起了我从美国销售培训咨询机构桑德拉那里学到的两个技巧。

第一个是事先约定。在试销会议刚开始时，你要与参会者商定好会谈的时长（比如40分钟）。会议后回顾讨论的过程，就进一步合作的基础是否存在达成一致。确保在会议结束后，你完成了事先约定的义务，并核对下一步要做什么。

第二个是展示脆弱性，就像一只狗向另一只狗展示它的脖子。你可以这样说："合适的条件可能有，也可能没有。但我们还是回顾一下讨论情况，看看是不是能找到。"

第八章　在提问题之前要做多少准备？

这两种方法与沃斯的策略锦囊中的方法都经过了考验，从未让人失望。这两种方法都有可能使原本冷嘲热讽、持怀疑态度的潜在客户陷入购买狂潮。正如丹·平克在他的《全新销售》一书中所说的："我们都在做打动（说服）人的生意。"对于那些潜在的购买者来说，制定事先约定和展示脆弱性是非常有力的激励因素。就像沃斯的"黑天鹅"，这两种方法会告诉潜在客户，供应商对自己提供的产品或服务非常有信心，以至于在某种程度上，供应商并不在乎今天是否能成功销售。这种方法玩得过火了就会显得傲慢，但玩得好了就会产生猫薄荷一样的刺激效果。

叫警察！

在探讨了更聪明的问题在人质谈判中以及被律师使用时起到的作用，以及如何提出这些聪明问题之后，我很想找出受警方青睐的基本提问规则。在英国，警察负责决定如何收集犯罪证据以及向法庭提交，以支持皇家检控署和国家对不法分子和违法者进行起诉。

犯罪小说是许多国家，特别是英国和美国最受欢迎的文学体裁之一。从《天堂执法者》(*Hawaii Five-O*)到《神烦警探》(*Brooklyn Nine-Nine*)，从《杀死伊芙》(*Killing Eve*)再到《大楼里只有谋杀》(*Only Murders in the Building*)，犯罪剧在主流电视、电影和流媒体电视服务中也占据了主导地位。在许多小说中，警探们的行为和办案技巧往往表现得过于夸张。他们动辄情绪激动，对他人压迫、恐吓和胁迫性地大喊大叫。当你得知这并不是最佳做法，或者说根本就没有真正的警察这样做过时，你内心可能会吐槽这些不实的情节。不过，与伴随我们这一代英国人成长的《除暴安良》(The Sweeney)、《女警朱丽叶》(Juliet Bravo)和《警务风云》(The Bill)等作品中所刻画的形象不同，当代英国警察部门被训练和日常中使用的方法更加深思熟虑，更像克里斯·沃斯的风格。了解到这些，你内心那个追求自然正义的自己大概也会松一口气吧。

我采访了两位处于职业生涯不同阶段的警探，他们都来自北英格兰。克里斯·格雷格曾在西约克郡警察局任职。从1971年到21世纪初，格雷格从一名警察学员一直晋升到西约克郡刑事调查处处长。他为该郡的警察部队成立了凶杀案及重大案件调查小组。在二十世纪七八十年代经历了彼得·萨特克利夫（Peter Sutcliffe）案件的一系列失败后，英国警方在该小组的帮助下重新获得了公众的信任。我还采访了来自北约克郡警察局的侦缉警长汤姆·贝克。目前，贝克领导的几个侦探团队负责为更严重的犯罪案件收集和提供证据。与这两个人交谈时，我发现在警察代表他们所在社区做更专业、更成功、更公平的工作时，他们工作的核心就是要提出更聪明的问题——没错，要提问题，但尤其重要的是"怎样问"。正如我们从谈判专家那里学到了很多经验，警察的侦查工作也给我们很多启发。警察在侦查工作中运用许多令人钦佩和实用的工具和技巧，而这些工具和技巧也非常适用于我们的日常工作和生活。

第八章 在提问题之前要做多少准备？

如何提问——第10段采访（共14段）

姓名	克里斯·格雷格，女王公安勋章获得者
组织机构	西约克郡警察局；Axiom 国际公司
身份	前侦查总警司；Axiom 国际公司前首席执行官

克里斯·格雷格是 Axiom 国际公司的前首席执行官。该公司是一家在全球范围内运营的英国公司，业务范围涵盖提供战略能力建设方案、机构和公共部门改革、和平建设和国家安全发展，等等。在2010年与他人合伙创建 Axiom 公司之前，格雷格在西约克郡警察局担任警探，并且表现非常出色。在长达四十年的警务生涯中，他曾被授予女王公安勋章。

1971年，格雷格毕业后成为一名警察学员。三年后，他又在家乡西约克郡哈德斯菲尔德镇加入警队，成为一名见习警察。1978年，他改变方向，成为哈德斯菲尔德刑事调查处的一名警探。他说："对我来说，找出谁在犯罪，以及为什么犯罪，是这份工作中更有趣的部分。"西约克郡是城市和农村的混合体，管辖着利兹市和布拉德福德市的大都市区和其他几个大城镇，拥有英国最大的警察队伍之一。格雷格擅长处理重大犯罪案件，后来被提升为警司，担任高级调查官，负责调查谋杀案。2005年，他成为西约克郡警察局的总警司，后来又成为警察总队的刑事调查处处长。

正是在刑事调查处处长的职位上，格雷格成立了凶杀案及重大案件调查小组。他成功地领导了这个小组，直到离开警界。在格雷格的领导下，这个调查小组在侦破案件（包括悬案）方面获得了很高的声誉，不过，西约克郡刑事调查处也并不是永远充满鲜花和掌声。20世纪70年代末到80年代初的五年调查中，连环杀手彼得·萨特克利夫被警方九次讯问后释放。在多次未能抓到这位所谓的"约克郡开膛手"后，该部门的声誉已经破败不堪。

我想更多地了解提问在通常的警察侦查工作中的作用。我也有兴趣进一步了解，在格雷格重建西约克郡刑事调查处的文化、效率和声誉，并帮助这支队伍成为警察部门的亮点之一的过程中，更聪明的审讯发挥的重要作用。尽管"开膛手"案是前所未有的，而且侦查工作遇到了一系列特殊困难，但警方显然在许多方面都是失败的。如果有哪个机构像西约克郡警察局那样失败，那么它要恢复到原来的状态就已经是极难的挑战，更不用说像凤凰一样涅槃重生，成为行业标杆了。

案件侦破中的问题

提出正确的问题和倾听是侦查工作的关键。格雷格观察到：

> 如果被提问者——尤其是犯罪嫌疑人——感到提问者并不完全了解他们正在谈论的内容，或者没有做好充足的准备，那被提问者很可能会利用这一点，并可能在实际上控制大部分的讯问过程。虽然你作为提问者永远不会像被列为嫌疑人的罪犯那样了解所发生的一切（毕竟你不在现场），但你必须尽可能地做好准备，从而确保你能掌控局面。因为哪

第八章 在提问题之前要做多少准备？

怕是最微小的细节也能让一切变得不同。你首先要对各种事实有充分的了解，然后提出聪明的、有逻辑的、有条理的问题，并最终将这些事实连接起来。

讯问员训练有素，会分几个阶段进行讯问：首先是计划和准备，与对方建立一定程度的友好关系，鼓励对方不间断地叙述事件；然后是澄清和质疑；最后是结束。讯问员一般会倾向于在讯问过程中提出开放式问题。"你能告诉我上周四晚上10点你在哪里吗"这样的开放式问题要好于"我知道你上周四晚上10点在商业街的黑牛酒吧里，是吗"这样的封闭式问题。封闭式问题会迅速将嫌疑人的回答封闭成"是"或"否"的单字答案，这与讯问员想要达到的效果恰恰相反。

格雷格认为，讯问员提出让嫌疑人招供的问题并不只靠单一的方法，不过倾听的重要性是毋庸置疑的。好的倾听者也会是好的讯问员。"该处于接收模式的时候不要开启发送模式。"格雷格呼吁道。

讯问嫌疑人没有一个放之四海而皆准的方法。虽然对方所犯罪行的性质和所回忆的内容可能是非常可怕的，但讯问的关键是在整个过程中保持专业的、非评判性的和尊重的态度。我们都是人，我们听到的叙述和所调查的罪行可能确实骇人听闻，但讯问员在讯问过程中必须始终将情感放在一边。

准备是关键。每一次讯问的每一个步骤都要精心安排。在讯问重大犯罪的嫌疑人之前，受过专业培训的审讯顾问有时会协助讯问员进行计划和准备。例如，他们可以帮助警方确定在什么时候引入某些证据（例如 DNA 比对结果、监控录像、指纹或电话记录）。讯问员应该始终妥善计划讯问的时间和结构，而审讯顾问可以帮助警员做到这一点。

"讯问嫌疑人时的环境也要经过仔细考虑。"格雷格说：

> 不仅是房间布局和录音设备的问题（是否经过测试，是否正常运转），在我看来，还有讯问员本身。讯问员的外表、举止和全面的专业素养都非常重要，这有助于确保被讯问者在各方面都能认真对待讯问员。

高级调查官的作用

高级调查官负责领导重大犯罪案件和谋杀案的调查工作——对嫌疑人进行"追踪"、"讯问"和"评估"是此类案件侦查工作的关键部分。警探们在侦查重大案件时通常是两人一组，问一些能引出进一步问题的问题，例如"你当时在哪里""你当时要去哪里""你什么时候到的那里"以及"你走了哪条路"。在向证人和嫌疑人提问的过程中，侦查员希望能构建一个可靠的画面，确定谁值得（以及谁不值得）进一步调查。在萨特克利夫案发生后，西约克郡警察局的所有警员都不想成为那个弄错或忽略了关键证据的人。如果嫌疑人有可能值得进一步调查，侦查员就不应该过早地在侦查中将其嫌疑排除。

第八章 在提问题之前要做多少准备？

对于任何人来说，面对警探提问的经历都是非同寻常的。这种经历可能会带来强烈的压力，限制他们可能会做出的反应。嫌疑人——尤其是犯了罪的嫌疑人——可能会沉默寡言，不愿意开口，这是可以理解的。无辜的目击者也会保持沉默，因为他们认为自己某种程度上对犯罪行为妥协了。

"作为讯问员，最糟糕的是遇到一个只回答'是'或'否'这种单一答案的嫌疑人。"格雷格说。

嫌疑人也许做了非常可怕的事，但他们可能需要克服情感障碍才能向你提供你需要的信息。他们不希望自己的亲人（通常是母亲）因为他们所做的事情而对他们有不好的看法。摆脱这种情况的关键是让他们充分放松、开始说话。通过巧妙的讯问，你可以让嫌疑人感到发生的事情确实已经发生，而且会产生后果。让时间倒流是不可能的。你需要让他们明白，他们要为自己所做的事情承担责任。

凶杀案及重大案件调查小组的成立

格雷格透露：

为西约克郡警察局组建新的队伍时，我们拥有之前侦查包括萨特克利夫案在内的重大案件的所有经验。一个由八名高级调查官组成的小组将领导各个调查小组，小组中的每个人都是经验丰富的侦查员。我们从经验中了解到什么能激励和打击一个团队，以及如何能最好地利用数量有限的工作人员。我们学到的重要教训之一是：永远不要开始一连串无法完成的调查。这些调查可能会变成一个怪物，而这种情况在萨特克利夫案中不止一次发生过。

在成立凶杀案及重大案件调查小组的过程中，格雷格还必须处理好一个重要的人力资源和心理学问题。西约克郡警察局是一个有300人的单位，包括240名警探和60名后勤人员，他们的工作都涉及凶杀案和重大犯罪案件。这里不允许出现自负者或大人物。标准是设定好的，必须遵守。关键是把侦查员、案件准备小组、证物员、犯罪现场专家、家庭联络和案件调查室小组的技能融合在一起。整个团队来自警队的各个岗位，其中许多人彼此不认识，或者以前没有一起工作过，因此，为他们培养一种完全专业地对待每一件事的精神是至关重要的。每个人都需要准确地了解自己的角色是什么、对这个角色的期望是什么，并在每个方面都有所作为。在成立凶杀案及重大案件调查小组时，格雷格要求，被选中的警探和工作人员不仅要有合适的技能，还要有合适的性格。

这个小组有四个组成部分，格雷格坚持要求这些部分都要达到最高标准。这四个部分是：侦查、犯罪现场能力、家庭联络，以及庭前准备。这些部分的高标准都要求其成员提出更聪明的问题，并正确地使用提问技巧。格雷格确保了每一个部分的工作使用标准化、系统化的方法来完成。

第八章 在提问题之前要做多少准备？

设定并保持高标准就要求你以一种安静、谦逊、专业的方式工作。这听起来很简单，但事实并非如此。但是，如果你坚定不移地执行高标准，它可以带来变革性的改变。

数据和技术对警察讯问的影响

在格雷格 34 年的警察生涯中，捕捉、记录和分享证据的过程已经从完全的手工操作（手写和打字录入证人陈述和讯问录音）转变为数字化的了。过去，警察们必须先看到记录的内容才能进一步行动。无论是陈述还是讯问，所有信息都记录在不同的纸上，只有处理具体案件的工作人员才能将这些信息联系起来。而今天，重大犯罪案件中的所有陈述、讯问和信息都以数字形式存储，并被打上标签，而且全部都可以被搜索到。

多年来，侦查过程和讯问技术可能已经发生了变化，但侦查员的作用从根本上来说仍然是一样的。罪犯往往不愿意承认罪行，所以警察要通过侦查把他们找出来。侦查员的工作是进行彻底的专业侦查、收集证据。如果嫌疑人被起诉，警察则需要有条理、有组织地提交相关证据。在数据和技术的影响下，现在信息汇集得更快了，警察可以更容易地进行分析和交叉引用。因此，关键信息或事实没有被连接起来的可能性变得小得多——就是这样。不幸的是，在萨特克利夫的案子里，审讯人员并没有掌握所有相关信息。

- 247 -

克里斯·格雷格关于"提出更聪明的问题"的五大要诀

1. 让讯问对象平静下来，放松下来，然后倾听他说话。
2. 想清楚讯问的场景——房间、座位、你的着装。
3. 做好充分准备，计划好你的问题的结构和节奏。
4. 使用开放式的、非评判性的问题来让对方开口。
5. 给讯问对象时间和空间，让他们做出全面的回答。

如何提问——第11段采访（共14段）

姓名	汤姆·贝克
组织机构	北约克郡警察局
身份	警长

汤姆·贝克是北约克郡警察局的警长，负责监督一个由警探、见习警探和警员（后者是穿着制服"巡逻"的警察）组成的小组，以及收集和评估更重大犯罪案件的证据。在交谈中，我希望进一步了解提出更聪明的问题在警方侦查工作中的作用。

在犯罪行为发生后，警长根据提交给他们的证据做出决定："我们应该起诉嫌疑人吗？""我们是否有足够的证据来继续处理这个案件？""我们是应该起诉还是停止侦查？"贝克管理的这个警察小组负责处理因商店盗窃或低级抢劫等罪行而被拘留的囚犯。其他警长则在

第八章　在提问题之前要做多少准备？

更传统的刑事调查处，他们手下的警探处理的是强奸、抢劫、严重抢劫和谋杀未遂案件。

"在我的工作中，提出问题主要有两个方面。"贝克评论道：

首先是向犯罪嫌疑人、受害者和证人提问，这是我每天都会做的事。我们有一个特定的提问风格，因为需要确保我们所问的问题是公正的。法律要求我们向法庭和评估案件的陪审团提交公正的调查结果。如果我们提出不公正的问题，审判就可能受到影响。我们这样做是为了伸张正义，也是为了维护公众的信心。如果我们开始向嫌疑人或证人提出不公正的、封闭式的或诱导性的问题，那么公众就有理由认为警方是别有用心的。对警长来说，提问的第二个方面是对我们自己和我们作为警察所做的事情提问，即我们对某一特定犯罪行为提出假设："它是这样发生的还是以其他方式发生的？"我们还要问自己如何改进每天的工作。

在贝克看来，一个好的问题必须是开放式的，不能是诱导性的。接受过培训的警探在提问时会使用一个简单但非常有效的方法：TED——Tell（讲述）、Explain（解释）、Describe（描述）。使用这三个词语可以构建一次完整的审讯。贝克举了一个例子。

例如，你正在处理某起袭击案的嫌疑人。你知道时间框架、地点和时间。TED公式允许嫌疑人提供他们对事件的

- 249 -

看法，所以你可以从"告诉我上周四晚上 10 点你和某人在做什么"开始提问。如果你以"……是什么"这样的封闭式问题开始，你能从嫌疑人那里得到的信息的范围就自动缩小了。接下来，你可以用"你能更详细地解释一下吗"和"描述一下你离开酒吧后发生的事情"来跟进。这是非常有效的，而且这三个问题的顺序是可以调整的。

当然，有罪的嫌疑人会试图摆脱这种状况。在律师的建议下，或者受到电视、电影和小说中警察审问情节的影响，嫌疑人会说"无可奉告"或者保持沉默。这当然是嫌疑人的权利，但警探的工作就是提出相关问题，并给嫌疑人一个机会，让他们说明自己与案件的关系。

相比之下，警探接受的训练是，不要问压迫性的问题，也不要重复问题来恐吓讯问对象以使嫌疑人屈服。如果他们不想回答，他们本就有机会拒绝的。但是，如果后来嫌疑人对于同一个问题——包括在先前的调查中他们没有回答或拒绝回答的问题——在法庭上给出了不同的答案，那就说明他们的说法前后不一致。"这时候，"贝克解释道：

> 我们会向法庭和陪审团指出这一点，并支持他们对此做出推断。与警察的初次讯问是你说明你在犯罪发生时行为或行踪的最佳时机。

再往前追溯，警察在逮捕嫌疑人时总是会警告他们："你可以保持沉默。但是，如果你在被讯问时没有提到一些你后来在法庭上提出的

第八章 在提问题之前要做多少准备？

东西，这可能会对你的辩护不利。你所说的一切都将成为呈堂证供。"在审问开始时，警官还会再重复警告，确认对方是否理解了该警告。"这就像下棋一样，"贝克说，"关键在于这句'可能会对你的辩护不利'。"

对贝克来说，好问题的另一个特点是提问者需要给它们设置参数，以避免得到无关的信息。警官需要问一些问题，使他们的讯问对象能够专注于具体细节，而不是泛泛而谈。例如，要问"告诉我，关于上周四晚上 9 点 45 分到 10 点 15 分之间，在布洛格斯街的'狗与鸭'酒吧发生的事，你还记得什么吗"，而不是"告诉我，你上周四做了什么"。好的问题会迫使嫌疑人思考那个特定的时间和地点。在不复述所有细节的情况下，警官会使嫌疑人将注意力集中在非常具体的内容上。这种技术被称为"切培根"，能够在极短的时间内得到非常详细的信息。"尽可能详细地描述一下当时的情景。你先推了那个人。告诉我，你是如何接触他们的？"而在讯问对象描述案情时，警官只要问一句"你当时有什么感觉"就能够带出对方的情绪，这对警方在法庭上证明嫌疑人的意图有极大帮助。贝克总结说："这个问题有助于揭示嫌疑人的性格和他们在事件发生时的心理状态。"

运用警察讯问的工具和技巧，使用以 TED 公式为指导的开放式问题，而不是压迫性的封闭式问题，警探就很容易得到他们需要的信息。

你从一张相对空白的纸开始，逐步添加色彩和细节。作为一名侦查员，重要的是不带着既定想法去提问。你需要完全开放。如果你有一个既定想法,而且从一开始就认为嫌疑人有罪,那么你的讯问风格就会改变。你会问一些符合你既定想法的问题。这样一来,你就无法倾听答案,无法真正听到他们在说什么。你可能错过一些至关重要的信息,而这对案件非常不利。以不同的方式反复问同一个问题也是如此——你会重新措辞直到得到你想要的答案。这不是一个好方法,它是压迫性的,你不会得到对真相的真实描述。嫌疑人只会对所问的问题感到厌烦,并给出一个能停止这种问话的答案。

在贝克看来,一名警探提出聪明问题的能力是通过接受培训和积累经验两个途径形成的。在警察培训中,专业化侦查训练(Professionalising Investigative Practice,PIP)资格有三个级别:一级代表可以进行基本的讯问,二级是所有警探都必须通过的,三级是可以讯问重大案件的嫌疑人和证人。在这之上,顾问(讯问专家)会评估警官和警探是否使用了正确的提问方式。专业化侦查训练使用 TED 公式确保了审问的高标准和一致性,并避免压迫性提问。在训练中,我们鼓励警探制定一个正式的计划来组织他们的讯问——与其说这是一个脚本,不如说是一个逻辑流程,以确保提问涵盖所有相关问题,并使用了 TED 公式。贝克说:"培训为提出更聪明的问题提供了框架。但经验真的很重要。你的讯问经验越多,你做得就越好。你需要面对嫌疑人和证人。如果没有经验,你就会像机器人在表演一样,机械地阅读问题清单。"

第八章 在提问题之前要做多少准备?

糟糕的问题和提问技巧——压迫性、封闭式或诱导性的问题,以及不听答案急于准备下一个问题——只会让你得到糟糕的答案,还可能妨碍案件的侦破。贝克表示:

> 如果你确实问了一系列压迫性的问题,而且案件提交到了法庭,那么辩护律师可以向法院上诉,说讯问是压迫性的,当事人为了避免惹上麻烦不得已才在讯问中那样回答。基于这些原因,他们可以向法院申请将讯问中获得的证据从庭审中剔除,这样一来陪审团就听不到这些证据了。这可能会对案件产生很大的影响。我们本来可以从嫌疑人拒绝回答讯问中提出的问题入手,得出推论,但如果法官接受了辩护律师的质疑,我们就不能再这样做了。

贝克描述了警察讯问的真实情景,让我们看到了一幅清晰、平静、有条不紊的画面,而这与大众通过影视剧了解到的询问过程大相径庭。安静而有效地办案并不符合黄金时间电视剧观众的要求。但是,正如贝克所说:"我们现在真的不会敲桌子和大喊大叫。"我们将在下一章讲到有关临床态度的内容,以及全科医生和新闻工作者等不同职业的从业者采取的方法。与这些人一样,有些电视剧里的警探也做得恰到好处。特别是弗兰克·可伦坡警长和他经过深思熟虑冷静地说出的那句"还有一件事……"。它具备了TED公式"讲述、解释和描述"的所有特征。

- 253 -

> ### 汤姆·贝克关于
> ### "提出更聪明的问题"的五大要诀
>
> 1. 使用 TED 公式（讲述、解释、描述）来让人们开口说话。
> 2. 开放式的和公正的问题永远胜过封闭式的、诱导性的和压迫性的问题。
> 3. 不要过早缩小范围，但要设置参数以避免获得不相关的答案。
> 4. 鼓励讯问对象在回忆事实的同时回忆当时的感受。
> 5. 把你的既定想法和假设置之门外，否则你的问题就会面临出现偏差的风险。

小　结

在 2021 年 Disney+（迪士尼在线流媒体平台）推出的连续剧《大楼里只有谋杀》中，探长威廉姆斯向故事核心的三位真实犯罪播客爱好者提出挑战，要求他们作为业余侦探调查出相关犯罪案件的"谁做的；怎么做的；为什么做；现在又为什么"这一系列问题。正如我们从本章中的专业人士那里看到的，在最艰难的职业环境中——从说服恐怖分子到让杀人犯承认自己的罪行——提问者保持冷静是至关重要的。通过保持自控，并有策略地调用共情力（但绝不是同情），提问者可以向犯罪者或嫌疑人展示，他们可以通过提问把各个点连接起来。这表明他们厘清了事件和相关人员在案件中的角色。没有摔桌

第八章 在提问题之前要做多少准备？

子、没有咖啡杯被扔在墙上、没有虚张声势的表演。

无论是老板和员工、客户和供应商，还是父母和子女，情况都是一样的。当其中一方失去控制并被愤怒吞噬时，被吼叫的一方就获得了权力，而攻击的一方则失去了控制。在计划下一次艰难的对话或谈判时，引导出你内心的谈判专家或警探。制定计划，安排问题的顺序。最重要的是保持冷静。把握好环境、你的语气和你的举止。永远记住，你的会谈比这些真正的专业人士所面对的风险要低得多。试想一下，在谈判加薪或签订折扣很高的复印机合同时，这能给你带来多大的优势。

第九章

如何让对方给出最好的答案?

提问者的目的是用恰到好处的态度引导回答者讲述他们的故事。

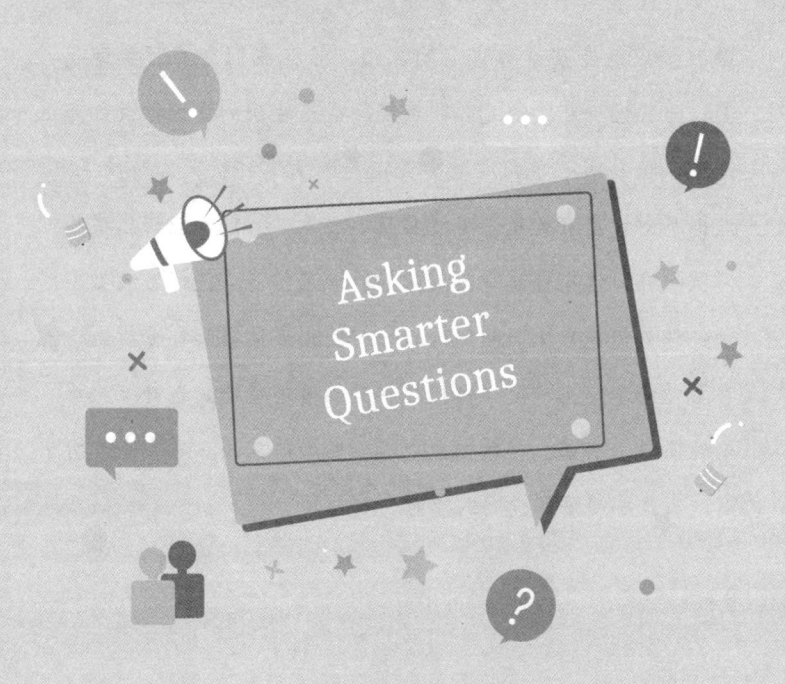

提问的方式和时机与提问的内容同样重要。德才兼备的医生——特别是我们英国人所说的全科医生——以良好的临床态度闻名。人们甚至认为这种态度可以加快和改善手术后和患病后的恢复。然而，在医生接受培训期间，很少有人关注他们对待患者的态度。这项内容甚至往往不会像医学知识那样受到严格的测试。与技术知识和医疗专业知识相比，它的优先级远远排在后面。

　　从某种角度来看，这是正确和恰当的。与许多其他行业不同，医学往往涉及生死攸关的问题。我们需要具有广泛或深入知识的专家维持我们的健康，并在我们生病时帮助我们，与我们一起，通过聪明地提问找出生病的原因以及如何治疗。但从另一个角度看，现在是改变这种状况的时候了。考虑到对待患者的良好态度具有的潜力，人们不应该指望实习医生在工作中通过观察前辈的行动来学习。他们应该更多地关注如何提出更聪明的问题——使用提问技巧和分析副语言及元语言信息——以更快地得到正确的诊断。这种方法不仅在医学上有益，在新闻业也有着明显的应用。事实上，所有的工作都要用到提问的技能。

喜剧和脱口秀之国王和皇后

尽管在为本书寻找灵感时,我一直努力想要覆盖所有方面,但也有一些明显的途径我没有探索过。无论是阅读相关书籍,还是采访不同行业内依靠提出更聪明问题取得成功的杰出人士,我都试图做到广泛涉猎和兼收并蓄。我采访的人既有禅宗佛教徒也有获得诺贝尔奖的科学家,既有警探也有冲突调解员,既有市场、研究人员也有记者。

在很多行业中,提出更聪明的问题会让从业者更好地完成工作。我并不会假装自己已经和这些行业的人都交流过。我也不是想说,我接触过的人就一定能代表他们的职业,或者他们就一定是柏拉图式的完美律师、医生、培训师。更确切地说,我希望对从古希腊哲学时代就开始发展和完善的提出更聪明问题的原则进行框定和分类,从头开始,逐步找到提出更聪明问题的方法。

在我的专家访谈中,来自不同行业的专业人士解释了这些原则的含义,以及它们在实践中如何发挥作用,由此加强了我们对这些原则的理解。在采访的过程中,我们还会看到那些从事完全不同工作的人可以使用非常相似的方法，而那些在同一领域工作并每天相互交流的人却可能使用完全不同的方法。例如，医生、记者、培训师和治疗师都喜欢开放式的、放松的、几乎是随意的可伦坡式问题。同时，警探虽然可能喜欢没有预设的开放式问题，并鼓励讯问对象用"讲述、解释、描述"来呈现他们经历的事件，但在法庭上进行交叉询问质证时，律师和警察又都可以聪明地使用一系列逻辑环环相扣的封闭式问题。这种方法旨在建立非常具体的叙述，防止交叉询问的对象提出可能破坏提问者观点的疑问或事实。

有一类人我不想过多讨论，那就是专业的采访者——在电视、广播和越来越多的播客中——他们要么是轻松聊天节目的主持人，要么是严厉的政治审问者。我不想多谈的一部分原因是，媒体采访的环境与我们大多数人在日常工作中面对的环境非常不同，而我写这本书的目的是提供具有实用性和可操作性，并且能够在现实世界引起共鸣的建议。另一部分原因是，专业媒体采访者的例子过于生动和精彩，我们很容易沉迷于其中，而忽略了其他职业。还有部分原因是，已经有其他人分析了谈话类节目主持人成功的秘诀。而且被讽刺的反面教材也有了，尤其是演员史蒂夫·库根在英国广播公司第四台恶搞新闻喜剧《演播时刻》(*On the Hour*) 中塑造的倒霉的阿兰·帕特里奇。库根在无数的电视剧、书籍，甚至是2013年的电影《阿尔法爸爸》(*Alan Partridge: Alpha Papa*) 中塑造着帕特里奇的形象。也有人说，帕特里奇被他榨干了。

资深记者和新闻技术学者迪恩·尼尔森在他的《与我交谈》一书中对优秀的广播媒体采访者的技巧进行了精彩的分析。虽然他完全是

第九章 如何让对方给出最好的答案?

以美国为中心,但从英国记者大卫·弗罗斯特对名誉扫地的尼克松总统的解构,到对许多位主持人才华的分析,近几十年来电视采访中最好的和最坏的例子他都谈到了。他点评过的主持人包括大卫·莱特曼,以及美国全国公共广播电台的节目《美国生活》(*This American Life*)的主持人,即传奇二人组的艾拉·格拉斯和大卫·赛德瑞斯。他在列举"当采访失败"的例子时,谈到了美国全国公共广播电台拍摄花絮里的两次"车祸"现场:一次是戴维·格林采访摇滚乐队"伪装者"(the Pretenders)的克里希·海德,另一次是特里·格罗斯对话摇滚乐队"KISS"的吉恩·西蒙斯。尼尔森作品的引人注目之处在于,他再现了大量好的和坏的采访,然后从中挑出哪些是更聪明的提问方式,哪些是更愚蠢的。因此,我就没有必要再去讨论这个问题了——你可以阅读迪恩的书以及许多主持人的回忆录。

专业的媒体采访者需要创造结构和环境——过程和气氛——使那些坐在沙发上(或冲在前线)的人提供信息并构建令人信服的叙述。对于一个轻松的访谈节目主持人来说,他们通常需要让嘉宾感到足够轻松、舒适和放松,才能让普通观众一窥他们的生活。一位艺术家出现在聊天节目中是有条件的,无论是音乐家、作家,还是电视或电影明星,他们通常只在有新作品要推广的时候才会出现。为避免节目沦为新作品的宣传广告,主持人需要有决心和技巧。当然,这种微妙的平衡并不总是奏效。主持人未能让嘉宾感到轻松自在——他们试图表现出像医生对待患者那样得体的关切却明显失败——往往是因为他们的采访计划与嘉宾及其公关团队的想法不一致。在极端的情况下,嘉宾会感到非常不舒服,甚至直接冲出片场。

- 261 -

学会更聪明地提问

《英国电视四台新闻播报》的优秀主持人克里希南·古鲁-穆尔蒂曾经向名人问过一些让他们非常恼火的问题,以至于这些名人缩短了采访的时间。他采访小罗伯特·唐尼时就遇到了这种情况。当古鲁-穆尔蒂将话题从《复仇者联盟2:奥创纪元》(*Avengers: Age of Ultron*)转移到这位演员吸毒、被收监的经历,以及他与父亲的不正常关系时,小唐尼先是疑惑,然后露出痛苦的表情,悲伤地问:"我们不是在宣传电影吗?我们这是在做什么?"古鲁-穆尔蒂回答说:"嗯,我只是在问问题⋯⋯"随后,小唐尼站起来,厌恶地摘下衣服上的麦克风,离开了现场。

还是这位主持人,在采访电影《被解救的姜戈》(*Django: Unchained*)的导演昆汀·塔伦蒂诺时,引起了对方更加敌对的反应。在和塔伦蒂诺建立起勉强算得上融洽的关系后,古鲁-穆尔蒂问对方:"你为什么这么确定享受电影中的暴力和享受现实中的暴力之间没有联系呢?"或许是因为塔伦蒂诺的电影中一直有暴力元素,这位导演显然对在公关活动中遇到这样的问题感到措手不及。塔伦蒂诺反驳道:

> 不要问我这样的问题,我才不在乎。我拒绝回答你的问题。我不是你的奴隶,你也不是我的主人。我不会任你摆布。你不能强迫我回答你的问题。我不是一只猴子⋯⋯我是来宣传我的电影的。这是为我的电影做广告⋯⋯闭上你的臭嘴。

第九章　如何让对方给出最好的答案？

　　塔伦蒂诺脱口而出的这几句即兴台词，放在《落水狗》(Reservoir Dogs)、《低俗小说》(Pulp Fiction)或《危险关系》(Jackie Brown)[①]中都不会显得格格不入。他就差再飙一堆脏话了。

　　古鲁-穆尔蒂在这两次"插刀"式提问之前都显得有些紧张，但他向塔伦蒂诺申辩自己是无辜的："讨论一些严肃的话题是我的工作。"在这两次访谈中，主持人和他的提问方法都值得探讨。虽然他可能很讨厌被要求成为宣传电影的公关机器的一部分，但他也违反了这种类型采访的规范，导致两次采访都以尖刻的争吵告终。在娱乐史上还有很多"车祸"现场式电视采访的例子，涉及的名人包括流行音乐组合比吉斯、演员梅格·瑞恩和魔术师大卫·布莱恩。

　　这些采访的主持人都没有表现出能让采访持续下去的提问能力。2021年10月的加比·洛根在播客节目《中点》(The Midpoint)中，由说唱歌手转为电台主持人的尼哈尔·阿尔萨纳亚克告诉她：

> 作为一名访谈类节目主持人，我有探索世界的自由，可以问关于世界的问题，问关于人类经验的问题。加比，我像你一样也很好奇。不要努力让自己变得有趣，而要努力让自己对别人感兴趣。我是那个为故事讲述者助力的人，这就是我的工作。

　　不是成为故事本身，而是帮助别人讲述他们的故事——这种谦逊

[①] 这三部电影都是昆汀·塔伦蒂诺执导的犯罪类型电影。

无疑是广播媒体采访者对自身角色的清醒认识。除了有好奇心和掌握一点儿苏格拉底式助产术的知识，定义这门艺术中的成功从业者的关键特征还有一个，那就是像医生对待患者那样对待受访者。

良好的临床态度

亲切的医生会成为更好的医生，良好的临床态度会影响患者的康复速度，甚至会影响患者到底能否康复。医疗行业将临床态度定义为医生如何与患者打交道。它取决于医务人员是否准备好在共情、倾听和从患者的角度看问题方面投入地工作。对许多人来说，去看医生是有压力的、不愉快的，而且令人尴尬。患者不愿意在医生的手术室或医院的咨询室这种急匆匆的临床环境中主动提供信息，这是非常可以理解的。以下七个因素可能扰乱医生与患者之间的相关信息交流。

第一，生病并非常事，我们没有接受过如何做患者的培训。生病这件事，该发生的时候就发生了。

第二，生病关系到我们的个人健康和幸福，每个人都知道（或听说过），一些表面无害的症状后来可能会变成不治之症。

第三，有些人感觉身体出问题可能是道德软弱的表现——"如果我没有每周五都吃烤肉，并喝下两升可乐，我就不会胖得这么厉害，也不就会得 2 型糖尿病"。

第四，与第三个因素类似，有人会认为，症状可能会揭示一种自我选择的疾病——"如果我戒烟了，我就不会得肺癌"。

第九章　如何让对方给出最好的答案?

第五，我们并不是每天、每周、每月，甚至每年都会在一个陌生人面前脱下衣服，让他们在自己身体上摸来摸去。

第六，患上严重的病症可能意味着患者的生活会发生巨变，甚至患者会提前结束生命。

第七，医务人员向患者寻求信息时所处的环境往往是让人很不平静和很不放松的，在这样的环境中，患者不太愿意敞开心扉。

迪恩·尼尔森反思了新闻采访中地点对提出好问题的作用，并将其与医疗咨询进行了比较。

> 医生和护士经常在狭小的房间里与患者面谈。房间里有检查台、明亮的顶灯，以及摆满手套、针头和缝线的柜子……患者穿着单薄的病号服坐在检查台上，周围都是带来疼痛的工具，这本身就不会让任何人安心。但是医生如果能提出一些经过深思熟虑的好问题，就可以帮助患者忽略周围的环境。

这对医生来说是一个巨大的挑战——特别是全科医生，因为他们可能是任何疾病患者的第一接诊人，但其实对专家和顾问来说也是如此。如果让患者自愿提供相关信息有这么多潜在的障碍，那么医生对待患者的态度就显得更加重要了。在每十分钟就会换一个病情完全不同的新患者的情况下做到有共情力地温和劝说，对患者感兴趣而专注，但不进行审问或指责的能力可不简单。在对医疗专业人员的培训

- 265 -

和评估中,演员们总会觉得扮演患者的角色很难。对医护人员而言,患者不仅仅是一个角色。具有良好的临床态度是他们专业技能中不可缺少的一部分,医护人员一秒钟也不能显得不真诚或敷衍了事。

尽管医生的临床态度至关重要,但可笑的是,它在世界各地的医学院的培训中得到时间和关注却少得可怜。法律培训中也有类似的空白。正如"法律之鹰"蒂姆·毕晓普在第三章告诉我们的那样:"就像医生几乎没有学过怎么对待病人一样,出庭律师受到的教育也几乎没有留出时间用于教授如何提出适当的问题。"这是可以理解的。医生的主要专长是医学知识,而不是人际交往的技巧。就重要程度而言,医护人员能够提出深入了解疾病根源的聪明问题,要比以友好、令人快乐的方式提问更重要。但是,因为上述医患互动的不寻常性质,因为它确实可能事关生死,也因为有令人信服的证据表明,医生临床态度的积极作用远比询问病情的作用更多,所以,在如今大多数国家对医生的培训中,临床态度理应得到更多的时间和关注。

威尔·怀斯和查德·利特菲尔德在《提出强有力的问题》一书中提供了这方面的证据。他们的一项研究报告显示:"医生平均会在患者开始说话的11秒内打断70%患者的陈述。"打断患者的话、快速而唐突地查看排得满满的预约日程表、以傲慢的权威姿态高谈阔论,这些都反映了医生的不良临床态度。事实上,这会降低患者报告或医生发现准确症状的可能性。

良好的临床态度包括以下六点。

1. **给人留下良好的第一印象。**微笑、欢迎,使用正确的称呼(包

第九章 如何让对方给出最好的答案？

括发音），将注意力集中在患者身上，与患者交谈时看着对方，用点头来鼓励他们回答。

2. **沟通要清晰**。尽量少用专业术语——不使用各种首字母缩略词和首字母缩写词、拗口的药物名称、隐喻性语言，以及源自拉丁语或希腊语的抽象名词。例如，许多人第一次听到"预后"（prognosis）[①]这个词时并不知道它的含义。

3. **坐下来**。这样就不会与患者产生身体上和知识上的隔阂。知识的诅咒对医患关系来说已经够麻烦了，不需要更多身体上的距离，患者就能感受到对面全科医生身份尊贵。

4. **抵制住打断对方的诱惑**。让患者描述他们的症状和忧虑，不要突然或跃跃欲试地插嘴。

5. **使用成年人的方式进行提问和对话**。借用交流分析（Transactional Analysis），而不是使用像几十年前父母对待子女那样的方式。一些（通常是年长的）医生和一些（通常是年长的）患者仍然以旧的观念来看待医疗谈话该如何进行，这对双方都是不利的。

6. **积极倾听**。倾听和观察肢体语言和面部表情的线索，这部分我们在第七章中探讨过。

在新型冠状病毒肺炎疫情的高峰期，英国通过电话或视频会议软件进行的全科医生咨询占比高达70%，许多其他国家的数字也很相似。尽管高峰期过后，面对面的咨询变多了，但在我写这本书时，

[①] 医学术语，指医生根据经验预测的疾病发展情况。

- 267 -

线上咨询仍然比面对面更加普遍。两种咨询方式在英国的比例约为60：40，而在新型冠状病毒肺炎疫情之前，这一比例为20：80。只要患者有经验、有信心、有隐私空间、有技术，以及有足够强大的无线网络来进行通话，常规的预约问诊在网上进行一般也不会有什么问题。与许多知识经济工作者相比，不太富裕的患者以及年龄较大的患者对Zoom和Teams这类线上平台不太熟悉。这是可以理解的，毕竟对知识经济工作者而言，视频通话已经是家常便饭了。对许多人来说，在许多情况下，线上全科医生咨询是可以接受的。

即便如此，远程全科医生咨询也面临着巨大的挑战。尽管从2020年到2022年，视频会议电话从职场和学校到家庭聚会，从线上虚拟普拉提课程到Zoom酒吧猜谜无处不在，但每一个用过视频会议软件的人都知道，在线上非常容易忽略他人的细微差别、肢体语言和眼神变化。Zoom不仅允许参与者上半身穿夹克、打领带，下半身穿睡衣和拖鞋，而且在二维空间中，我们更难读懂他人。

对全科医生来说，在线上使用得体的态度对待患者并从中受益更难，特别是——但不仅限于——偶尔患者在不说话的时候会选择暂停或停止视频，并将自己设置成静音状态的情况下。患者的这些做法可能出于完全合理的原因，比如他们与家人或室友共处一室，所处环境有孩子、宠物或其他人在家中工作而产生的背景噪声等。但是这些做法剥夺了医生看到非常重要迹象的机会。我们删除的线索越多，全科医生就越难从元语言和副语言中感知我们的状况。艾伯特·梅拉比安指出，经常被错误引用和误解的93%的交流是非语言的。

2021年，剑桥大学的研究人员采访了1500多名初级和二级护理

第九章　如何让对方给出最好的答案？

医生，即全科医生和临床专家，以及一组患者。虽然研究发现，受访各方都认为线上虚拟咨询比现实生活中的预约咨询更方便，但其准确性也较低。英国《i报》报道："约86%的患者和93%的临床医生认为，就评估的准确性而言，网络或电话医疗咨询比面对面的咨询更差，而且线上咨询中还出现了一些误诊情况。"

在最大限度减少手术或医院中的新型冠状病毒传播方面，我们取得了一定成果，但其中一些成果已经丧失了意义。这是因为，医生在线上无法流露感情，患者也无法从医生的态度中受益。早在2021年5月，英国皇家全科医师学会就发表了一篇题为《后疫情时期的全科医师咨询应根据患者的需要，将远程和面对面相结合》的论文，总结性地分析了这次疫情对行业的影响。事实的确如题所述。

如何提问——第12段采访（共14段）

姓名	詹姆斯·刘易斯
组织机构	英国国家医疗服务体系
身份	临时代理全科医生

詹姆斯·刘易斯是一位拥有20多年从业经验的全科医生。在过去十年的大部分时间里，他选择做一名临时代理医师，在各种诊所担任短期职务。这些诊所有些在城市，有些在农村，有些在相对富裕的地区，而更多的是在贫困地区。"比起一直与'忧心忡忡的人'打交道，他们更有趣，而且你也会感觉自己起到了更大的作用。"他会在

一个地方持续工作几个月，很少超过一年。与许多全科医生相比，他不太能够与患者建立长期（几年甚至几十年）关系，因为他会经常换地方。相应地，刘易斯作为医生的直觉、他的临床态度，以及他能够问出具有启发性问题的能力，都必须比在单一地点执业的全科医生更强。

"提出问题是我工作的一个基本部分——这是理所当然的。"刘易斯说。

> 但我也非常依赖非语言沟通。我在与患者见面之前就开始评估患者的状况。我会到候诊室去迎接他们，看他们如何站起来、如何走路、穿什么衣服、和谁一起来。我不会心怀假设或偏见，但经验告诉我，我要注意那些对不是医生的人来说可能毫无意义的线索，因为它们会给作为医生的我一个早期预警。

开诚布公

刘易斯会微笑着从友好的介绍开始他的工作。如果他以前没有见过患者，他会自我介绍，然后问一个开放式的问题："你好，我是刘易斯医生。对不起，我有点儿迟到了。今天我能为你做些什么？"在英国，全科医生的预约咨询通常持续10分钟，这个过程包括完整的咨询、确认患者是否明白接下来要做什么（开处方以及转诊给专科医生的转诊单）、开具一些相关的药物或疗法，以及于在线记录系统中做

第九章 如何让对方给出最好的答案？

好就诊病历记录。

我并没有太多的时间可以与患者闲聊或者提出很多问题，而患者往往想谈论好几个问题。他们把这些问题攒在了一起。他们会讲出一个小的、常规的疾病，但往往还有其他新的问题在悄悄困扰着他们。他们很担心，不知道如何谈论它，甚至不知道是否应该用它来"打扰"你。

然而，全科医生的作用就是使用开放式的、非常温和的指导性问题，鼓励患者讲出他们的困扰，列出他们的症状，并且描述得越精确越好。"经常出现"或"三小时前出现"这样的短语确实是有用的。

如果他们透露了一些听起来很关键的信息，我们就会忍不住想插话。但你必须先让患者说，否则会让他们失去思路。如果他们一上来就说："我上周二坐了一辆从花园中心出发的大巴，我总是周二去那里。我和我哥哥一起去的，你也认识他，他上周来找你看他的溃疡了。无论如何……"这可能会让人感到沮丧，但无论我有多想打断，我都会让他们讲60秒。然后我会开始用问题来增加他们答案的分量，以筛选和排除一些可能性。例如，如果他们抱怨腹痛，我就会问他们腹痛的部位，如果他们说是左下腹，那么我就可以排除阑尾炎。

阑尾炎患者感到疼痛的部位几乎都是在右下腹。

在这个过程中，全科医生可以缩小范围并开始考虑与某些器官以及身体系统有关的病症，不过经验告诉刘易斯不要过早缩小范围。"有些病症可能是非常明显的，有时你会很幸运，能够快速诊断出来——比较典型的是尿路感染（虽然病因不一定是什么）和耳部感染。"

然而，人们往往会表现出更多模糊不清的症状。"我觉得有点儿头疼"的症状可能是任何病引起的，如脱水、鼻窦发炎、血压升高、脑瘤，等等。

这就是在这么短的时间内去了解发生了什么的有趣之处。我们在使用人工智能进行算法诊断方面已经做了很多工作，但我认为我们在这方面还有很长的路要走。人们无法提供准确的、教科书式的答案，因为他们面对的是他们无法轻易或完全描述的症状。患者的描述有很多细微差别、模糊逻辑和随机抖动，而我见过的人工智能都无法处理这些。

谷歌医生和 Zoom 先生

对许多医疗保健专业人员来说，谷歌医生的出现是一件令他们喜忧参半的事。当患者开始出现不寻常的症状并查找它们可能意味着什么时，谷歌医生的存在可能是好事。这使患者能够表达出"感觉好像……""我的肚子有点儿不舒服……""我在网上看到一些说法"。

第九章 如何让对方给出最好的答案?

而当患者无意间在脸书群组或其他地方陷入阴谋论时,谷歌医生的存在反而更像是一种诅咒。新型冠状病毒肺炎疫情期间的反疫苗运动就是证明。当然,如果患者的性格类型就是会大惊小怪,认为背部肌肉拉伤就意味着肺癌晚期,这可能也是个问题。

不过,总的来说,谷歌医生是有帮助的。人们带着有趣的想法来,我对此表示欢迎。这表明他们对正在发生的事情感兴趣,他们已经为我做了一些前期工作。但是你需要小心那些(在患者和医生之间和各个媒体平台上)变得"时髦"的病症,以及与之相关的药物。在我的从医生涯中,线粒体脑肌病(mitochondrial encephalomyopathy,ME)、成人注意力缺陷多动障碍(attention deficit hyperactivity disorder,ADHD)和体位性高血压(postural hypertension)都发生过这种情况。甚至双相障碍(bipolar disorder,BD)也出现过这种情况,因为它发生在一些创造性艺术家的身上,而这些艺术家会在公开场合谈论自己的疾病。有些人的生活不顺利,他们会把问题外化,并寻找医学诊断来验证自己的问题存在。面对大众媒体平台上可能出现的一些关于病情和疗法的半吊子的理论,我们必须努力用聪明的问题去了解真相,而不是相信报纸上提出的那些愚蠢的、不切实际的解决方案。

在疫情期间,全科医生面对面咨询和线上或电话咨询的比例从

80∶20反转到了30∶70。像许多全科医生一样，刘易斯发现这大大提高了他的工作效率，但同时也降低了他发现细微差别并采取行动的能力。但是，即使是面对面，医生也要谨慎行事——不要过早地将患者引向一个封闭的问题线，不要做假设，要抵制时间限制对严谨性的影响，防止因为工作疲惫而错过信息或走弯路。

刘易斯认为，线上咨询或电话咨询带来的最大变化是，患者不太可能主动说出他们预约的真正原因。由于这种方法很容易导致通话结束，他发现自己不太可能问"还有什么其他事吗？"这样的可伦坡式问题。而从下面的内容可以看出，在面对面咨询时，在患者从椅子上站起来向门口移动的时候，他原本是会这样提问的。

> 因此，你经常会听到患者说："我确信这真的没什么，只不过昨晚我确实感到胸闷……"因为比起面对面的咨询，线上咨询结束对话要更容易、更迅速，我发现自己必须有意识地强迫自己问他们这些。因为没有与患者面对面，所以我没有机会在一个出现胸部感染的患者的皮肤上发现黑色素瘤。通过Zoom，你无法在机缘巧合下发现关键信息。

临床态度培训有利有弊

医学培训很少将时间用于教医学生们如何提出更聪明的问题，与我在研究本书的过程中接触到的许多医学界人士一样，刘易斯对这一点也很惊讶。"我们有一套关于向患者询问病史的教程，也有一套公式化的开放式问题，用来确定患者当前的诉求、过去的病史、社会经历、服用的药物、过敏情况，等等——这些都是非常标准的问题。"

"你的全科实践经验越多，就越能得心应手地使用'外科筛子'——这种诊断框架可以帮助你筛选并确定病情是内科的、心理的、代谢的，还是生物化学方面的。"就像律师的交叉询问培训，全科医生的培训也旨在让医生学会如何在短短的 10 分钟内利用提出的问题找到患者的病症（如果有）是什么。基本知识是靠传授的，但技能来自经验和应用。

在刘易斯看来，不合格提问方式的特点就是以封闭式问题开始，然后过早地逐步结束交谈。这将使你走上一条可预测的道路，这也是许多自认为"医生最懂"的贵族式全科医生在 20 世纪大部分时间里遵循的原则。

> 一些老年患者仍然喜欢被医生告知自己有什么问题，但现在医学界正在发生巨大的变化。以遵从医嘱为基础的医学已经被淘汰，我们现在更多地谈论协调一致性，也就是基于医患之间开放式的讨论和开放式的问题。医生有责任确保患者认同他的假设——基于证据，基于患者对医生问题的回答得出的假设——是合理的。这是一个非常受欢迎的进步。

刘易斯在结束我们的谈话时说，他认为全科医生高估了同理心（共情）的作用：

当然了,你会同情那些患有严重疾病的人,这些疾病对他们产生了深远的影响,限制了他们的生活或意味着他们将早逝。但是共情并不能影响你如何给他们治病。重要的是,你在表现出同理心的同时,要尽量保持客观。花太多时间设身处地为患者着想会影响你的判断力,也意味着你会把他们的问题带回家。这对任何人都没有好处——对你或你的家人没有好处,但更重要的是,对患者也没有好处。

刘易斯就如何使用同理心开出的处方听起来非常像我们在第七章中讨论过的克里斯·沃斯的一系列谈判技能的应用,特别是沃斯的战术性共情策略。刘易斯用到的技能包括倾听时微微偏头,抑制打断的冲动,以及镜像重复患者描述症状时使用的语言。说到底,劝服一个持枪抢劫犯可能与温和地鼓励患者说出隐藏的症状并没有太大区别。

詹姆斯·刘易斯医生关于
"提出更聪明的问题"的五大要诀

1. 试图理解某种情况时要调动你的所有感官。你要关注的对象既包括人们用语言给你的答案,也包括他们使用的语气,还包括身体语言和动机行为的所有非语言线索。
2. 要开放、友好、放下戒备,但不要陷入闲聊的状态。
3. 给别人时间和空间来回答你的问题。不要过早插嘴,避免讨论他们的答案。

第九章　如何让对方给出最好的答案？

4. 警惕视频会议软件在时间上带来效率提高。它是细微差别和微妙之处的敌人。
5. 在咨询即将结束时，不要低估可伦坡式问题的力量。问一问："还有什么其他事吗？"

第四等级

在研究和撰写这本书的过程中，尤其是在为此所做的专家访谈中，我体验到很多非常真实的乐趣，其中之一就是找出这些专家学者的建议在哪些地方一致，又在哪些地方不同。从中我们理解了不同类型的职业如何使用相同类型的提问方式来实现相似的或不同的目标。还有，当同一个工作或工作环境所呈现的情况不一样时，提问的方式也会发生180度的大转变。

就像我们刚刚在詹姆斯·刘易斯的采访中看到的，他鼓励全科医生使用开放性问题来确定患者是因为什么才不得不与医生进行预约。刘易斯明确建议不要使用封闭式问题和过早结束谈话。然而，刘易斯也是第一个承认封闭式问题在紧急情况下确实有其用武之地的人。例如在全科医生与家人或护理人员当面交谈的时候，或者患者打通电话却无法说话的时候（像是发生意外，或者心脏病发作或中风，因此不能为自己发声）。医生在患者等待救护车、护理人员或医生到来期间，谨慎地、指令性地使用准备好的脚本，按照树形图分层次地提出封闭式问题，就可以在急救人员到来之前帮助患者维持生命。急救中心接线员就是这样工作的。

在与《每日邮报》专栏作家简·弗莱尔的单独谈话中，我得到了类似的启示，还发现了全科医生与新闻从业者的神奇共同点——希腊人（以及幸运的拼字游戏玩家）称之为"syzygy"（天文学术语，指会合）。在医疗咨询的最后，医生可以问一个最具启发性的问题："还有什么其他事吗？"患者继而就会给出最具相关性的答案。同样，最有趣的故事或出人意料的轶事也会出现在记者即将结束采访的时候。时机决定一切。

先问最棘手的问题，并以一种似乎是完全正面攻击的方式提问，很可能会适得其反。朱莉娅·达尔的 TED 演讲中有一个令人难忘的类比。她将这种方法比作"笼中格斗而不是攀岩运动"，因此，被采访者会感到被追捕，很可能缄口不言，不会提供有意义的答案。《与我交谈》一书的作者，记者迪恩·尼尔森建议：

> 如果你有一个棘手的问题要问，不要在开始的时候提出来。你必须缓缓推进。我一般会在访谈进行到三分之二的时候提出一个棘手的问题。你必须与对方建立足够的默契，或让对方信任你。时机非常重要。

我与简·弗莱尔的谈话更多地揭示了提问时机和举止的重要性，还涉及其他一些更聪明的提问方法。这些提问方法共同构成了记者-采访者的技巧。

第九章　如何让对方给出最好的答案？

如何提问——第13段采访（共14段）

姓名	简·弗莱尔
组织机构	《每日邮报》
身份	专栏作家

当《每日邮报》的专栏作家简·弗莱尔准备进行访谈时，她从不会写出她计划要问的问题清单。有些访问对象——特别是那些经历曲折、脾气暴躁的名人或者过度保护他们的公关人员——在同意采访之前会要求先看问题清单并进行审核，但是简更喜欢把他们引向她想要讨论的一系列话题。这并不意味着她没有为访谈做准备，实际上恰恰相反。她接受过培训并做过律师，随后很快意识到法律行业绝对不适合她："我是个糟糕的律师。"但她把法律行业特有的严谨和纪律性带到了她的新闻工作中。弗莱尔认为：

> 谈话和对话不是这样进行的。我想没有人会为约会或聚会准备一份问题清单，然后一个一个地去问。那会扼杀自然对话。作为一名专栏作家，我有时间深入地报道人们和他们所做的事情，我希望我的访谈尽可能自然和人性化。

弗莱尔通常会花一个小时左右的时间与她要采访的人进行交流。她会在一张纸上列出她想谈的话题，供她参考。这些话题的形式一般是一组气泡或圆圈，用箭头按主题连接起来。这有点像第四章中"什么会点燃你的热情?"那项练习的思维导图法。

> 我从来不会从他们的生活、事业、生意或工作开始,按时间顺序进行采访。那样很没意思,也讲不出什么有趣的故事。那些不习惯与记者交谈的人可能会害怕,甚至感觉受到了威胁,认为我是来陷害或者揭露他们的。为了让他们愿意与我交谈,我会让他们先说他们想说的,而不是我想知道的。

气泡式主题导引图是一种辅助性备忘录,可以用来确保访谈按计划进行。

> 我会说"我只是想确认/问一下……"。这会让对方看到你已经做好了准备。通常我的问题根本不是问题,只是未完成的陈述或思考——对方往往会完成它。因为人类就是这样。我们不能忍受思想被搁置,我们喜欢用语言来填补沉默。

问一些难回答的、非常私人的问题(关于私生活或财务丑闻,以及采访对象在某个事件中所扮演的角色)可能会很有挑战性。但经验告诉弗莱尔,她决不能从这样的问题入手,否则一定会出现采访对象要么缄口不言要么怒气冲冲离开的局面,访谈也会被迫结束。这样的结果会使记者和采访对象一样不受编辑的欢迎。弗莱尔喜欢把更具挑战性的问题留到双方建立了良好的个人关系后再提出来——也许是在采访的最后,甚至是在摄影师拍照的时候。

第九章　如何让对方给出最好的答案？

除了几个相当明显的特殊情况，你真的可以向任何人问任何事，只要你做得好。关键在于要在访谈的什么时候问、怎样问，而不是问什么。如果你能表明你真的对他们做了研究——通过提及他们说过或做过的其他事情，特别是多年前的事情——他们会觉得与你交谈是值得的，无论你聊到多么私人的话题。

弗莱尔写的是她喜欢读的那种文章，这种文章与人们生活中的小细节、他们生活的动力是什么、他们日常都忙于哪些工作等相关。这反过来又决定了她所提出问题的类型。弗莱尔发现，如果故事需要她问一些重大的私人问题，那么先问一些关于受访者自己和他们生活的小细节问题，例如"为什么你每天中午都吃同样的东西"，然后问那些大问题就容易得多了。"与大众对小报记者的刻板印象相反，我并不会用诡计哄骗受访者告诉我他们内心深处的秘密。在某种程度上，我的工作是让人们舒服地聊天——然后把这些记录下来。"

如果弗莱尔看到受访者因为被推到一个他们从未想过要参与的新闻故事或话题中而感到紧张，那么她就经常会开始在她的包里摸索，让自己"看起儿来有点呆呆的"，这有助于让受访者放松并打开心扉。但她并不会回避困难的问题。

最好的方法是直截了当，直接提出问题。如果他们拒绝，就再问一次。如果他们仍然拒绝，可以尝试这样说："我不明白你为什么不想回答这个问题。你能解释一下吗？"或者说:"为什么回答这个问题会让你不高兴?"

这两个问题——元问题:思考如何提问而不是单纯考虑问题本身——可以使受访者更容易回答你想知道的问题。这种方法非常像培训师和冲突调解员鼓励谈话对象敞开心扉时使用的去人格化提问法——在第五章的访谈中,培训师罗布·瓦尔科和蒂姆·约翰斯以及冲突调解员皮普·布朗对这种方法做了解读。弗莱尔的元问题就类似培训师问你"你最好的朋友会建议你做什么"或者"如果你知道有人正处于你的情况,你会给他什么建议"。

随意而非正式的环境也有助于让采访对象敞开心扉。弗莱尔更喜欢在受访者自己的地盘进行采访,因为那里他们会有家的感觉、有掌控感,并且感到舒服。疫情使做到这一点变得更加困难,而在Zoom上进行访谈则意味着你在转换中会失去很多信息。在受邀进入采访对象的个人空间、家庭或办公室后,弗莱尔会将自己的身体摆成一种非正式的、放松的姿势,懒洋洋地坐在那里。这与蓄势待发的攻击姿态截然相反。后者会使受访者紧张,因此即使提到有趣的相关内容,受访者也不太可能做出反应。

一名优秀的专题访谈者在很大程度上要让对方感到轻松,感觉你有魅力、有礼貌。把你的杯子拿到厨房,展现出你的人性,到达后询问是否可以使用洗手间。你放松下来,也会让别人感到放松。

第九章　如何让对方给出最好的答案？

如果访谈出了问题——访谈事故取代了访谈本身——那就说明访谈主持人搞砸了，没能让受访者放松下来，就像上面提到过的古鲁-穆尔蒂对小唐尼和塔伦蒂诺的采访。弗莱尔指出：

> 由于没有什么有用的报道内容，有些人就会试图通过写一个受访者如何不合作或难以捉摸的故事来挽救他们的采访。但对我来说，这是工作不顺利的证据。采访对象和他们的团队都很不高兴。你也不高兴。而你的编辑也会不高兴。这种情况发生得越多，你就越不会被未来的受访者信任。事实上，大多数人都喜欢接受采访和谈论自己。如果他们同意谈话，并且没有任何被强迫的感觉，他们会欢迎你进入他们的空间，享受谈话和陪伴，并乐于谈论自己，讲述他们自己的故事。

在我们讨论的最后，简反思了她有责任保护她代表《每日邮报》所采访的人。尽管《每日邮报》很受欢迎，销量也很高，但对许多人来说——包括她采访过的一些人——《每日邮报》绝对不是他们最喜欢的出版物——无论就它的意识形态角度，还是就它涉及的主题和开展的活动而言。

> 如果人们变得过于放松，他们就会说得太多，而访谈结束后，他们就会为此感到后悔。因此如果在采访过程中或采访结束后，他们因为泄露了别人的秘密而要求删减评论，我总是很乐意配合。

简·弗莱尔关于"提出更聪明的问题"的五大要诀

1. 不要列问题清单。创建一个话题思维导图,并按主题连接起来。
2. 努力使对方放松下来。营造随意和非正式的氛围,但要尊重他人。
3. 不要先从最难的问题开始。建立融洽的关系,渐进式提出那个难题。
4. 何时问和如何问比问什么更重要。你可以向任何人提出任何问题。
5. 使用元问题:"对于处于你这种情况的人,你的建议是什么?"

可伦坡式问题

"垮掉的一代"代表作家威廉·巴勒斯将临床态度的概念完全颠倒了过来。他说:"患者需要对医生有良好的态度,否则是没好处的。"在谈临床态度的这一章中,我们已经探讨了某些庸医和江湖郎中都使用了哪些方法让别人放松下来,从而提供有用的答案。在本章结束之前,如果不花点儿时间了解一下这位虚构的洛杉矶警察局警长弗兰克·可伦坡,那就是我们的疏忽了。

20世纪70年代,彼得·福克霸占了大西洋两岸以及许多其他国

第九章 如何让对方给出最好的答案?

家的电视屏幕。福克扮演的洛杉矶警察局的可伦坡警长,总是身穿标志性的、皱巴巴的凯特菲尔(Cortefiel;一个西班牙品牌,在西班牙语中的意思是"剪裁精良")雨衣。他在破案时表面看来天真幼稚,一路跌跌撞撞、徒劳无功,但似乎总是能成功破案。而且为了戏剧张力和满足三幕式故事结构的要求,他总是会在第三幕也就是最后一幕才破案。

在每一集的结尾,当暗示和线索(往往是最后一分钟用来转移注意力的信息)出现,观众对着屏幕激动地大叫时,可伦坡会说出那句经典的话:"还有一件事……"然后,他会提出案件中看似相互矛盾的事实,假定他的嫌疑人无罪,并以澄清的方式提出最后一个问题。从本质上讲,"可伦坡式问题"问的是"有什么事情我应该问你但还没有问吗",而这确实是一个更聪明的问题。

正如我与詹姆斯·刘易斯医生和简·弗莱尔的谈话中提到的那样,当患者或采访对象认为激烈的提问时间已经结束时,他们更有可能放松警惕。在全科医生的咨询过程中,经过六七分钟温和、开放式的提问,问题会逐渐变得集中和封闭,但是此时还是完全有可能时机未到,导致患者预约这次咨询的首要原因没有被问出来。刘易斯认为,对一个有经验的全科医生来说,这种情况是显而易见的。问诊记录上的内容都是重复的处方或者持续不断的抱怨,而这些问题可能通过网络或咨询实习护士就可以得到解决。当患者收拾东西(包、外套,以及更多相同类型药物的"处方")时,刘易斯总会问:"还有什么困扰着你吗?"言外之意,不言而喻。

通常情况下,"可伦坡式问题"在第一次被提出时得到的回答都是否定的。这时候,刘易斯经常会说:"你确定吗?"患者很可能仍然给出否定的答案。然而,当患者下次预约时,导致前一次咨询的真正原因可能会被提升到这一次议程的首位。这个原因也可能在咨询快结束时出现,或者可能需要医生用另一个可伦坡式问题把它从非常不情愿的患者口中引出来。当出现新的、意外的、不熟悉的症状时——这些症状可能只是衰老表现的一部分,并没有危及生命或缩短生命的后果——有些人不愿意主动提供细节是可以理解的。但是,通过提出一个可伦坡式问题,医生表明自己意识到了患者可能有其他的想法。这会让患者甚至在开始表达之前就感到被认可和被倾听,因此他们就可能说起,他们的尿液有时候看起来像可口可乐(如果是长期的,那情况不太好,可能是肾脏问题),或者他们的右下腹有咕噜声(急性的,但如果发现及时,很容易处理;阑尾炎)。

我清楚地记得,2017年1月底,我接到了亲爱的母亲贝的电话。她的母亲西奥多西娅有一副低沉的嗓音——20世纪20年代中期,她曾在伦敦的皇家戏剧艺术学院与好莱坞贵族查尔斯·劳顿一起接受过训练,但她从未使用过这把好嗓子。贝的嗓音继承了她母亲的低沉,而且又降低了一个八度。

然而,在我接到电话的那个早晨,我听到的不是她一贯润泽的声音,而是沙哑的嗓音。几年前,她做了乳腺癌手术和放疗。现在她的病情明显缓解,因此,她对全科医生的诊疗方式并不陌生。像许多70多岁的人一样,她一直在做各种各样的各方面的检查。医生怀疑她的咳嗽是喉炎导致的,但她不相信,因为她没有表现出其他相关症状。在接下来的一周,她又因为其他问题去看医生——可能是血小板过低

第九章　如何让对方给出最好的答案？

或者其他轻微但令人恼火、耗时的疾病——她还是预约了同一个全科医生。医生问："还有一件事：你的喉部有什么变化吗？"贝嘶哑着说似乎没有什么变化。这位医生意识到她以前患过癌症，出于直觉，他建议贝做一次彻底的胸部扫描，以确定是否有更可怕的事情发生了。

这句"还有一件事"揭开了我母亲生命的最后一章。三周后，作为检测报告领取人，我和她一起坐在了一位肿瘤顾问医生的办公室里。这位医生以良好的临床态度对我母亲做出了癌症晚期的诊断结论。她的癌症已经复发，又回到了她的肺部和肝脏（幸运的是他没有说转移）。而癌细胞早期攻击的地方之一就是用来控制喉部力量的迷走神经。因此，她的声音才会嘶哑。我们都很清楚，剩下的时间不多了，而且"问题"已经不能用放疗或化疗、希望或祈祷来解决了。贝带着她标志性的幽默感询问，这是否可能是"我18岁时和一个非常顽皮的法国男友在巴黎抽了高卢蓝盔烟"导致的。咨询医生很有风度，让贝在咨询超时后又回忆了一会儿，但同时也确认这不太可能是病因。让人惊叹的是，在接下来的三个月里，贝积极地接受了自己的命运，找人开车带她再去见家人和朋友最后一面。正是由于贝的全科医生提出了"可伦坡式问题"，她才免于接受各种各样的其他检测、探针和扫描，少受了很多罪。

在简·弗莱尔的案例中，采访对象会给出他们对事件的看法，并在他们觉得舒服的情况下讲述尽可能多的故事。当采访者和被采访者从问答环节转移到收集物品和拍摄照片时，他们之间的节奏和强度就有了变化。这种放松和节奏的变化使"还有什么其他事吗"这个问题产生了效果，鼓励采访对象比在"正式"谈话中聊得更深入。

以上两个问题都是可伦坡式问题，它们所揭示的信息都比被提问者想象的更多，它们都能为你在工作中如何使用这种形式的问题提供线索，无论你的工作是销售、咨询、研究，还是与商业伙伴建立融洽的关系。对于可伦坡式问题，把握好时机非常重要。掌握好了如何提问，问什么就水到渠成了。试试吧。我想你会喜欢它的。

强大的洞察力——对某个人、某个问题、某个话题或某件事的深刻而有用的理解——可能会出现在被询问者认为交流已经结束的时候。如果你是提问的人，那么你在交流或访谈接近尾声时要提高警惕，不要掉以轻心。

小　结

无论我们想从所问的问题中理解或学习到什么，我们都应该提醒自己，问题有提问者和回答者。医疗咨询和被记者提问的情况是非常态的，是我们可能面临的情绪最极端的情况。通过研究医务人员和媒体专业人员为使患者和受访者感到轻松而采取的策略——使他们充分放松、舒适，并且有动力做出回应的策略——我们可以推断出适用于许多其他情况的一般原则。

如果你没有从这本书中学到其他东西，我建议你在可伦坡式问题的时机和部署上磨炼磨炼技能。这种提问方法可能只是演员彼得·福克或《神探可伦坡》的编剧抖的一个小机灵或者用于塑造人物形象的一个小伎俩，但我保证你会发现它是你技能宝库中最有用的补充之一，因为你希望提升自己提出更聪明问题的水平。

第十章

你的问题是否冒犯到他人？

由于既得利益和特权的存在，提问者会存在偏见或假设，从而使问题偏离轨道。

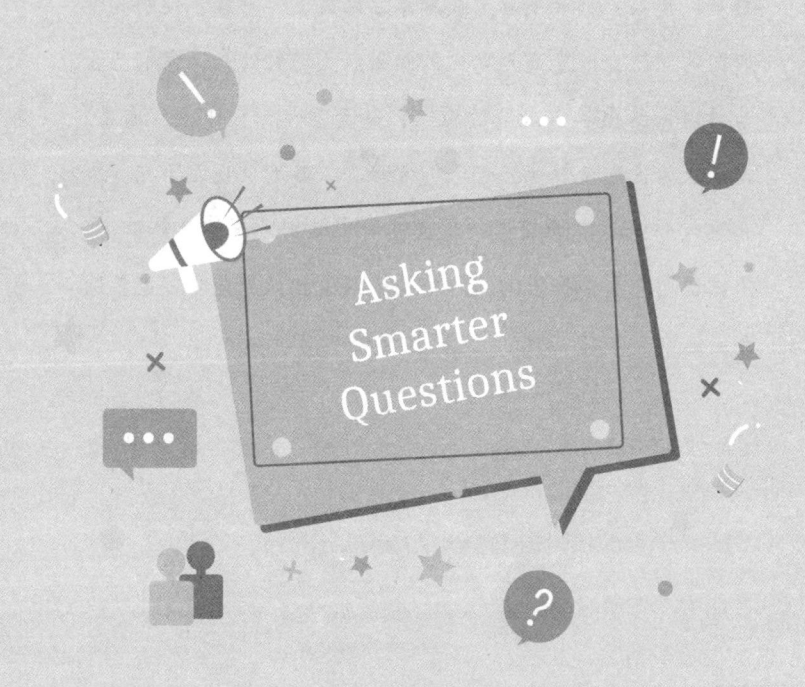

"重要的不是你做了什么，而是你做事的方式——这才是获得结果的方法。"20世纪80年代初，青年时代的我听的原声音乐带中，"快乐男孩三人组"和"香蕉女郎乐队"就是这样唱的。就提出更聪明的问题而言，内容和形式（话语和意图）同样重要。我们所问的问题和我们通过提问创造的情绪确实都很重要。

隐性和显性的偏见以及假设甚至可能让善意的问题和问卷调查在提出之前就偏离轨道。隐性的偏见更根深蒂固，也更难以消除。那些不考虑或肆意践踏民族、种族、性别和性取向的问题会产生毫无意义的结果。更糟糕的是，它们会歪曲针对所给出答案采取的策略，从而强化刻板印象。通常，这是因为提问者对他们自己的优势和权威地位视而不见。本章重点介绍了市场营销和市场调研中性别歧视的具体情况，用以说明在我们提出的问题中不带假设和偏见是非常重要的普遍原则。

培训中你会听到的两个最大谎言

疫情引发的远程工作革命有一些非常实际的好处，其中之一就是，生活在不同地点和不同时区的更多样化的团队现在正以前所未有的方式定期共同工作。这是一个典型的因势利导的例子。随着全世界的知识经济工作者变得越来越熟练，掌握了许多功能完善且还在不断丰富的视频会议软件（主要是 Zoom 和 Teams 平台），我们越来越习惯于更加动态、更高效率和更有成效的工作方式，就像我们在第七章探讨的那样。

对提问来说，线上会议或网络研讨会的一个优势是参与者能够进行投票或调查。他们可以使用云视频会议平台自带的模块（例如 Zoom 平台的投票功能），也可以使用独立的在线服务工具（例如 Slido、Menti，或者 SurveyPlanet）。各个团队可以就一个主题进行辩论，然后设计选项进行投票。参与者可以在幕后进行无记名投票，除非他们愿意公开，否则大家看不到彼此的选择。这种方式非常好。它可以防止最响亮或最资深的声音——仍然往往是白人男性的声音——

占主导地位,确保决策更加民主、多样和包容。更多的声音当然是重要的,但太多人只是口头上认可这种说法。线上投票则可以让所有声音被公平、有效地听取。

谎言一:"这个投票结果太有意思了"

尽管线上会议投票降低了观众和参与者的影响,使首批或早早投票的人更有可能坚持自己对相应问题的看法,而不太可能受到不正当的影响,但另一方面,这也导致了会议、培训和团队发展会议中的最大谎言之一出现。主持人发起投票,随后大家进行投票。当投票结束,到了答案揭晓的时候,除了"好吧,这真是一个有趣的结果",我从来没有听到过任何一个被征求代表意见的人说过什么不一样的话。这就是一个完全无关痛痒的回应,就像一个毫无兴趣的团队在线上发送了一个冷漠的"嗯"。投票结果可能是100%可预测的(按照公司一直以来的思路和行为方式),也可能与主持人的预期截然不同。但无论结果如何,他们都会说这很"有趣"。这个"有趣"表达的并不是英国人表达的那种"完全搞砸了"或"真是讨厌,我们不得不放弃原计划"的消极对抗意味。它的意思只是简单的、单纯的、普通的"有趣",而实际情况往往与有趣毫不相干。通常情况下,问题在于投票中没有提出更聪明的问题。尽管消除观众效应(audience effect)有明显的心理和行为上的好处,但这样得来的答案并没有什么意义。

谎言二："我从他们身上学到的东西比他们从我身上学到的东西更多……"

无论线上还是线下培训，培训中的第二大谎言是培训师的这句话："我认为我从会议代表们身上学到的东西，比他们从我身上学到的东西更多。"这是一种自谦、包容的说法，但那些负责培训的人往往不会给受训者时间、范围或空间来让他们与同伴和课程负责人分享任何有价值的东西。这往往是因为培训的运作方式太像正规教育，培训师提出的问题和要求的任务太狭窄和封闭。培训师根本无法接纳清晰的、开放的、思路开阔的回答，而是会为受训者准备一份任务清单。真正有趣或新颖的东西如果出现了，它们就会被停在类似"停车场"的挂图或幻灯片上，再也不会被提及。

这种情况是不幸的，因为它扼杀了更聪明问题的提出和回答。也许我很幸运，因为我展开培训的领域之一就是有洞察力的思考和如何做到有洞察力。我会在研讨会前设置一个非常轻松的家庭作业，即要求所有代表花 15 分钟时间列一个简短的名单，列出他们认为有洞察力的个人、品牌或公司，并说明原因，再列出哪些企业可以很好地掌握能够影响客户态度、行为和信仰的阻碍或驱动因素。通常情况下，这个结果是可预见的，它们都是有洞察力的企业的典例。奥维思、亚马逊、苹果、迪士尼、多芬、宜家、乐高、网飞、耐克、声田、特斯拉、优步等，都是很好的研究案例。它们都是出色的洞察力使用者，而且能够一直使用洞察力来推动策略。它们的洞察力源自它们对现有数据提出了更聪明的问题。这些都很容易预测，而且可能思考五分钟就有结果了，不用花整整 15 分钟的时间。

但有时大家会提到一些商业后起之秀——自新型冠状病毒肺炎疫情以来，越来越多的代表，尤其是越来越多经验不多但好奇心更强的年轻人会这样做——如电商平台 Etsy、美国美妆品牌 Glossier，以及瑞典燕麦植物蛋白品牌 Oatly。这些代表们有时会举出一些超级本土化的新创公司的例子。这些公司刚刚在他们本国的市场上崭露头角，但显然有可能像亚马逊或网飞一样成为颠覆全球的品牌。有时他们会推荐书籍的作者。这种情况同样在疫情期间越来越多了。我是一个好奇心极强的人，这些回应是我喜欢的。在线上会议的虚拟茶歇期间，我可以订购一本以前从未接触过的某个主题或作者的书。当我拿到书并一口气读完后，我的视野拓宽了。我变得更包容，我也会想，说到底，"我从受训者身上学到的东西比他们从我身上学到的东西更多"也并非全是谎言。至少对我来说不是。

多样性是思想狭隘的解药

疫情和连续的封控使一些人比起以前多做了一些事（例如开始学习用酵母发面，或尝试超长距离跑步）。它也使一些人比起以前少做了一些事（例如与他人会面，或不远万里前往雅加达只为在一个为期一周的研讨会结束时读 15 分钟幻灯片）。但书籍和电子书的销售情况表明，我们很多人都做得更多的一件事就是阅读，尤其是阅读非小说类书籍。我们接触的刺激越多——敞开心扉，把更多的"材料"放进潜意识的"漏斗"里——我们就越有可能保持开放的心态和包容更多

第十章　你的问题是否冒犯到他人？

的观点。

在我于2020—2021年举办的洞察力思维培训课程中，我收获了三位作者和她们的书，分别是：雷尼·埃多-洛奇和她的《我为何不再与白人谈论种族问题》(Why I'm No Longer Talking to White People About Race)、弗洛伦斯·吉文和她的《女人不欠你美貌》(Women Don't Owe You Pretty)，以及阿什莉·"多蒂"·查尔斯和她的《出离愤怒：为什么每个人都在大喊大叫而没有人愿意交谈》(Outraged: Why Everyone is Shouting and No-one is Talking)。通过第一本书，我开始重新思考，我们对问题先入为主的想法会让我们以一种从根本上来讲令人不适的方式提出问题。第二本书让我开始着手制订提问的原则。当我读到第三本书的时候，我被彻底地改变了。我听说，这些书不该在一个50多岁的、享有特权的白人男子的阅读清单里——现在就把这种偏见抛到一边去吧！

我在本书中一直在谈论，将偏见留在门外，避免让假设、先前的知识和态度影响你所提问题，这一点非常重要。苏格拉底以无知为起点——如果按字面意思理解这句话并虔诚地遵守——应该意味着偏见和假设不会影响提问的风格。但是在职场中，规则正在被改写，所有人都有真正的平等权利，自觉和明确地做到这一点比假设它被做到更重要。在从无意识无能力（假设和偏见影响了问题、答案和策略）到无意识有能力（假设和偏见不存在，所以不能产生破坏性的影响）的过程中，我们还需要经过有意识无能力（我们做错了，但会自己纠正）和有意识有能力（我们做对了，但不是像自动驾驶一样做到的）。

在所有行业中，市场调研可能是最依赖通过提出更聪明问题来满足客户，进而得到更多委托工作的行业。市场调研的作用和存在的理由就是提出更聪明的问题，即使数据技术的爆炸使它正在演变成一个集研究、洞察和分析于一体的行业。然而，就像它所服务的所有甲方以及为它服务的所有乙方都是白领行业一样，市场调研由享有特权的、白色人种的、中产阶级的、中年的、异性恋的男人创造，其提供的服务也会被其他享有特权的、白色人种的、中产阶级的、中年的、异性恋的男人委托、使用或无视。

幸运的是，世界正在进步，职场也更能体现民族、种族、性别、性征、性取向、年龄、身体残疾、神经系统状态、宗教信仰和婚姻状况的多样性。世界上有许多国家的法律都要求公司不得在这些方面歧视任何人。当社会逐渐认识到反歧视政策在实践中的意义时，许多人会感到不舒服。这更加说明了这些人以及他们在成长过程中耳濡目染的假设和偏见是有问题的，而不是世界前进的方向出了问题。

从随意容忍这些歧视到无法容忍地宣布一切形式的歧视为非法行为，这条路上难免会有一些障碍。极端右翼中的"反政治正确"派就非常难以接受这种趋势，他们经常对此大加指责。反歧视的发展催生了各种社会事件，包括"黑人的命也是命"、美国反性骚扰运动"我也是"（#metoo）、美国全国广告商协会旨在更准确地描绘女性在媒体上的形象而发起的计划"看见女性"（#seeher）、拆除买卖奴隶者的雕像、"取消文化"（cancel culture），以及在性别认同是否比生理性别更重要这个问题上水火不相容的争执，等等。我住的地方离萨塞克斯大学教授凯瑟琳·斯托克曾经工作的地方不到6.5千米，但因为跨性别和非二元性别学生的抵制，凯瑟琳最终不得不在2021年辞职。这些

第十章 你的问题是否冒犯到他人？

学生们说他们被描绘成了"强大的政治操纵者"[1]。

与歧视的斗争进行得如火如荼。我认为我不太适合对这个特定的争论（或者其他类似的话题）发表意见，毕竟我是从一个享有特权的、白色人种的、中产阶级的、中年的、异性恋的男性角度来看待世界的。我无法提供新的观点，也想不出为什么会有人想听我对这件事的意见。这并不是因为我害怕由于观点陈旧而受到批评，甚至否定我自己。实际上，我认为我最近学到的东西——在很大程度上来源于最近洞察力培训班的学员向我推荐的书籍——以及我开放和好奇的天性，都使我相对来说不带偏见。但也只是相对而言。正如我最近了解到的，享有特权的人看不到特权所消除的障碍，因为对特权者来说，这些障碍根本不存在。我仍然是我，尽管有时我也试图与自己抗争，但我并不会做无谓的克己反思，故作姿态，或是自我批评。我只是认为自己没有什么有用的东西可以为这个问题做贡献。丽贝卡·索尔尼特于2014年出版的开创性著作《爱说教的男人》（Men Explain Things to Me）催生了一个绝妙的新词"男人的说教"（mansplain）——毫无疑问，我也有这种毛病。

我能做的就是观察在各个领域的探究中——从社交媒体分析中的布尔字符串（Boolean string）到新闻报道，从医学试验到市场调研——开发和提出不会强化任何偏见或刻板印象的问题有多么重要。

---

[1]《i报》在2021年10月30日刊登了文章"凯瑟琳·斯托克辞职：跨性别学生指责萨塞克斯大学将他们描绘成'强大的政治操纵者'"（Kathleen Stock resigns: Trans students accuse Sussex Uni of depicting them as 'powerful political operators'）。——作者注

不仅如此，构建问题的时候还应该尽可能秉承一视同仁、不冒犯到任何人的原则，借助问题来粉碎偏见、消除歧视和打破刻板印象。当然，这仅仅是因为我们无意造成冒犯，但并不能保证我们一定能成功做到。

这样做并不意味着要让每个问题都平淡中庸到没有机会发现任何有趣的东西。事实远非如此。这样做的目的是让我们考虑到所提问题的意图可能会造成不好的影响、冒犯到别人或造成偏见。以这种方式思考，我们既要考虑问题问的是什么，又要考虑提问的方式。同时，我们还要明白，一系列或一连串的问题可能会导致某种氛围形成或一系列期待产生。夸张的是，就连英国内阁办公室也有关于"包容性语言：撰写有残疾相关内容的文章时应该使用和避免使用的词语"的一些非常有用的指南。

正如特里·费德姆在他的《提问的艺术》一书中所说的，有一些（类型的）问题确实应该不惜一切代价加以避免。

避免提出故意伤害别人的问题。还有一些比较隐晦的问题，比如带有偏见的问题——这些问题本身就带有某种评判，而这种评判是不必要的。还要尽量避免提出轻视、贬低、羞辱或以其他方式对他人造成伤害的问题。

各种各样的轻度冒犯行为都绝对应该被淘汰。

为了展示在实践中怎样做到上述几点，让我们花些时间与简·坎宁安和菲莉帕·罗伯茨聊聊。她们是PLH研究咨询公司的创始人，还

第十章　你的问题是否冒犯到他人？

共同创作了 2021 年热门书籍《广告中的性别歧视》[*Brandsplaining: Why Marketing is (Still) Sexist and How to Fix It*]。

如何提问——第 14 段采访（共 14 段）

姓名	简·坎宁安和菲莉帕·罗伯茨
组织机构	PLH 研究咨询公司；著作《广告中的性别歧视》
身份	PLH 研究咨询公司共同创始人；《广告中的性别歧视》作者

21 世纪 00 年代中期，简·坎宁安和菲莉帕·罗伯茨辞去了在奥美广告公司的策划总监和客户服务总监的工作，共同创立了 PLH 研究咨询公司。该公司自称是"英国领先的专门针对女性受众的市场调研机构"。2007 年，她们出版了一本名为《在她漂亮的小脑袋里》(*Inside Her Pretty Little Head*) 的优秀书籍，以此宣告她们的研究方法独具包容性、人性化，而且对性别问题敏感。

这本书的标题很有讽刺意味，批判了几代人自以为是的、傲慢的性别歧视研究。而在我看来，它与大卫·奥格威的那句话——"客户不是傻瓜。她是你的妻子。"——遥相呼应，而且是更进一步的、有证据支撑的呼应。奥格威是麦迪逊大道（Madison Avenue）[①] 的创始"狂人"之一。正如安德鲁·克拉克内尔在 2012 年为《赫芬顿邮报》撰写的一篇文章中所说："虽然（奥格威的观点）在如今听起来有点

---

① 美国纽约市曼哈顿区的一条著名大街，美国许多广告公司的总部都集中在这条街上，因此这条街就逐渐成了美国广告业的代名词。

- 299 -

儿对性别问题不敏感，但是它对企业创造产品的愚蠢方式进行了及时的谴责。"《在她漂亮的小脑袋里》的两位作者在创立自己的企业和撰写这本书之前，都曾在奥美广告公司工作过。从某种程度上来说，这个事实也很符合格式塔理论。这本书总结了一项为期18个月的研究，其研究内容是女性的动力，以及品牌如何通过将利他主义代码、连接代码、排序代码和审美代码这四种代码中的一种可靠地植入女性的思想和生活，从而与女性受众建立最有力的联系。

　　这对先锋二人组在随后的15年里与英国以及全世界的各大品牌合作，始终致力于帮助它们更好地了解和激励女性消费者。诚然，在此期间，她们的宣传方法和基调也发生了一些令人鼓舞的变化。从多芬的"真美运动"（Campaign for Real Beauty, Always）、护舒宝的公益广告"像个女孩"（Like a Girl），以及和英格兰体育（Sport England）的广告"女孩，你能行"（This Girl Can）中可见一斑。在消费品巨头联合利华和宝洁的倡议下，跨行业的"反刻板印象联盟"（Unstereotype Alliance）甚至也建立了起来。但在充满厌女症、"男人的说教"、性别歧视和刻板印象的黑暗夜空中，这些都还只是闪烁的星星。在种族和性别多样性这样重要的问题上，广告业可能会说得很好，说它有能力实现有意义的社会变革。但是，至少在英国，行动比意图要落后了很多年。与商业传播所反映和试图影响的社会相比，广告业在实现包容和平等方面的进展即使存在，也落后得多。

第十章 你的问题是否冒犯到他人？

"品牌的说教"

坎宁安和罗伯茨在2021年初出版了一本名为《广告中的性别歧视》的新书，书中指出，每条暗含性别歧视的广告背后仿佛都有个声音在告诉女性应该要怎么做。作者将这种声音称作"品牌的说教"。这本书在某种意义上以加速行业变革，消除针对女性的性别歧视为目的。她们在这本书的序言中指出："大多数品牌仍然从男性视角去和女性沟通，向她们传达男性的看法，以及她们可以成为怎样的人。"在丽贝卡·索尔尼特的《爱说教的男人》一书的标题和中心思想的启发下，坎宁安和罗伯茨的最新著作描绘了我们是如何走到今天的。最令人振奋的是，她们为纠正市场营销中带有性别歧视的言行指明了下一步的方向，确定了"新对话的十项原则"，从"接受女性现在取悦自己的现实"到"请做好准备：女性制造的品牌将占据首要地位"。由于两位作者都是经验丰富的专家级调研人员，这份新的变革宣言正是以市场营销行业有能力提出（和回答）更聪明、无偏见的问题为基础的。

2021年春天的时候，我们有过一次交谈，当时《广告中的性别歧视》的影响力已经远远超出了营销行业出版物的范围。《纽约时报》《卫报》《每日电讯报》和《每日邮报》都刊登了两位作者的文章和采访，还发布了大量的广播和播客访谈。虽然她们的想法非常一致，但这两位作者还是很巧妙地轮流回答，分别回应了各自最关心的问题。

对简来说，好的问题既充满假设，也不含假设，特别是在与女性交谈时。

多年来，女性一直在"接收"，而我们希望她们能够"输出"。当我们向女性提出开放性问题时，我们希望她们能够理解全局。并且我们热衷于发现女性的想法和感受。女性不会经常被问及研究问题，尤其是几乎不会以女性身份被问及研究问题。

菲利帕做了补充：

询问感受是非常重要的。近年来，提问的行为似乎已经与试图真正理解人们的感受和需求越来越脱节。要求女性在两个或三个选项中做出选择，并强迫她们做出理性的反应的做法，没有给她们机会去拒绝所有的选项并提出其他完全不同的需求。男性视角决定了这些选项，并试图要求女性在男性可能想要的选项中做出选择。这一点必须改变。

菲利帕认为，能提出好问题的人是开放的，是一个好的倾听者，不会用过度的定向性或规定性来抑制答案。《广告中的性别歧视》一书的中心论点是，品牌现在是在告诉女性应该如何表现，以及她们应该成为什么样的人。这本书也通过严格和详细的案例研究揭示了品牌是如何做到这一点的。这样一来，它就进一步提供了一个建设性的框架，帮助品牌更好地倾听女性的心声，了解她们真正的需求和欲望，以及她们的感受如何影响选择。聪明的问题使受访者能够深度思考，并反复斟酌回答中的细微差别。简进一步谈道：

第十章 你的问题是否冒犯到他人？

有同情心肯定有助于提出更好的问题。当我们在做研究时，我们所做的很多事情都是不断地尝试把自己放在采访对象的位置上，把他们的答案与答案背后的信念网络联系起来。如果对话中没有同情心，这个过程就无法发生。你可以收集信息，但无法揭示或感受对方所感受的东西。

男性视角的数据过多？

简认为，在降低成本的愿望驱动下，近年来人们对越来越大的数据的迷恋已经失控了，这绝对是一种男性的迷恋。虽然数据使我们更容易获得对消费者行为的细化理解，但我们只关注了"做什么"，却忽略了理解"为什么"，特别是驱动行为的潜在动机。这就扩大了女性受众与品牌和产品之间的差距。"近距离的亲密对话真的很重要，特别是在你想改变现状，并与不断变化的、日益多样化的受众保持同步的情况下。"

菲利帕同意这一点，并强调某些女性群体相对而言更容易出现这种情况。

可支配收入较低的女性、有色人种女性和年纪较大的女性被理所当然地排除在研究样本之外。即使她们被包括在内，那也只是作为补充内容。通常情况下，她们根本不会受到关注。性别歧视是我们所有人都会遇到的问题，而且仍然无时无刻不在影响着我们所有人。除非你有像我们这样的专业视角来帮助你了解它如何以及在哪些方面产生影响，否则你很容易忽视包含性别歧视的内容。因为在我们的社会和文化中，几乎没有人会注意到性别歧视。

PLH研究咨询公司鼓励研究对象在参加讨论之前做好准备。男性往往会假设，素不相识的女性会准备好在小组讨论中对未曾考虑过的问题给出自信的答案。"但我们对于女性像男性一样'发声'不感兴趣，"菲利帕说，"我们会给受访者一个机会，让她们在参加研究之前准备好自己的想法和感受，这样就更有可能开展真实的对话。"

PLH研究咨询公司采用的方法以性别心理学理论，以及男女在交谈方式和确定性上的差异为依据。这家公司还使用了由三个自我组成的框架：真实的自我（女性每天做什么）、希望的自我（她们如何处于最佳状态和希望别人如何看待她们），以及恐惧的自我（她们害怕别人如何看待自己）。正是在这些不同的自我之间，简和菲莉帕通过深入研究女性对自己的感受发现了她们真正的需求以及她们需要做什么——继续做真实的自我，朝着希望的自我前进，并摆脱恐惧的自我。

简说："能够细致入微地理解女性以及她们生活中隐藏内容的品牌才是能够引起女性共鸣的品牌。这里所说的内容包括她们生活中——尤其是家庭生活中——的各种酸甜苦辣。"重要的是，能够有效驾驭这些细微之处的品牌不会带有满满的假设。相反，它们会使用提问的策略，真正去审视和聆听女性的真实情况。它们在寻找——发现和理解——潜在的东西。

什么问题不该问？

菲莉帕认为，由过时的假设驱动的问题是不好的问题。检视式的问题——让人觉得自己被评判的问题和让人觉得自己可能会答错的问题——也不是好问题。这些问题不能被开放地理解，只会迫使人们仓促地应答。她进一步谈道：

> 如果你提问的语言中有任何暗示要做出某种判断的内容，那真的是无益的。除了语言，提问者的表情、态度，以及他们在房间里营造的气氛也很容易出现这样的问题。有一点非常重要，即提问者要解除自己的武装，不做任何有附加性或定向性的动作，并表明他们不是来当法官或老师的。回答者是首要的，提问者是次要的，交流应该以这种态度开始。奥普拉能有今天的地位和表现是有原因的，其中一部分原因就在于她的提问方式。

简·坎宁安和菲利帕·罗伯茨关于"提出更聪明的问题"的五大要诀

1. 像探究事实一样，探查每一点感受。
2. 避免在语气、语言、内容，以及语境中给对方被检视的感觉。
3. 使用能够给回答者沉思空间的问题。

4. 意识到并消除你问题中的偏见和片面的世界观。

5. 给对方准备答案的时间。

窥一斑而知全豹

在我们这个日益数字化的世界里，市场调研已经扩大了自身的范围。现在这个行业喜欢把自己视为集研究、分析和洞察于一体的行业，吸引并囊括了更多的个体、学科和工作职能。这意味着，如今的现代知识经济工作者比以往任何时候都多，他们的成功取决于他们是否有能力提出更聪明的问题，并从而产生更有用的答案，也就是更有影响力、更有意义和更有指导性的答案。

在本章中，我着重介绍了市场调研作为一个典型的行业领域的具体情况，以及阻碍它发展的性别歧视问题。詹姆斯·乔伊斯接受《爱尔兰时报》艺术评论家阿瑟·鲍尔的访谈时所说的话让我很受启发。他说："我一直在写都柏林。因为如果我能抓住都柏林的精髓，我就能抓住世界上所有城市的精髓。普遍性包含在特殊性之中。"正如乔伊斯选择都柏林作为代表性城市，我选择了营销中的性别歧视作为代表性问题，并用它来说明我们在提出更聪明问题时需要考虑并适应的各种因素。

在《广告中的性别歧视》中，坎宁安和罗伯茨细致地描绘了一些理念和工作方式的发展和演变。这些理念和工作方式长期以来一直困扰着市场调研，因此阻碍了市场正确理解女性的感受、愿望、欲望和需求。它们尤其强调"好女孩"的形象，以及这种形象如何在不同人

第十章 你的问题是否冒犯到他人?

生阶段转变成理想伴侣、完美妈妈、完美家庭主妇,以及无所不能的强大职业女性。坎宁安和罗伯茨指出:"这是一种无形的力量,驱使女性将自身塑造成最讨男性喜欢的那种人。"她们展示了在社会眼光、媒体和营销的压力下,女性形象如何通过男性凝视呈现。女性被迫"'按照男人的眼光'看待自己,并且在几乎所有的情况下都按照男性的理想和看法来调整自己。这是来自男性的凝视,而视角往往是批判性的。"正如弗洛伦斯·吉文在《女人不欠你美貌》中所说:"如果你在潜意识中试图成为别人的最佳人选,你就永远不会成为自己的最佳人选。"

本章的目标是关注某个特定行业领域的某个具体问题(在这个领域中,提出更聪明的问题是非常关键的),然后详细探讨这个问题和这个领域。通过探讨哪里出了问题、几十年来问题一直存在的原因,以及如何消除假设并改善现状——这里要特别感谢《广告中的性别歧视》一书的开创性原则,它向我们指明了下一步该往哪里走——我希望能够从特殊性中概括出普遍性,窥一斑而知全豹。那些被支配、被定型,甚至永远那么微妙地带有性别歧视色彩的问题,会产生被支配、被定型,以及永远那么微妙地带有性别歧视色彩的答案。在民族、种族、性别、性征、性取向、年龄、身体残疾、神经系统状态、宗教信仰和婚姻状况,以及任何其他内部群体经常用来排斥外部群体的问题上,情况也是如此。正如20世纪50年代的计算机编程首字母缩略词GIGO(Garbage In, Garbage Out)表达的——"垃圾进,垃圾出"。

那些把自己的特权、主流、公认规范强加于人的人看不到这些。

正如雷尼·埃多-洛奇所说:"如果你是白人,你的肤色几乎肯定会在某种程度上对你的人生轨迹产生积极影响。而你可能甚至不会注意到这点。"然而奇怪的是,压迫者声称自己感到被压迫。从右翼小报新闻网站的文章下不断涌动着"政治正确狂热"的评论中就能可悲地预测出情况的确如此。在社交媒体时代,这往往会导致愤怒和尖刻的语言攻击,而且这些语言攻击往往是匿名的。当然,对于压迫者来说,处理自己的特权以及被几代人认为是正常的事情通常令他们不舒服;这也的确是事实。要求他们为了每个人都应该享有的公平待遇,而以新的、不同的方式行事,这会让人自相矛盾地感觉到不公平。然而,正如弗洛伦斯·吉文雄辩地指出的:"白人的特权就像一个隐形的没有重量的背包,里面装着特殊供给、地图、护照、密码本、签证、衣服、工具和空白支票。"

为了实现真正的平等,现在是时候摘下这个背包了。如果这会伤害几代人与生俱来的特权,或使其暂时处于不利地位,那就这样吧。除非我们能够为所有人设计背包——又或者干脆取消对这种背包的需求——否则,少数享有这种特权的人就必须忍耐。这一次,他们需要屈尊俯就,承担起他们的责任。当涉及我们在个人和职业生活中提出的问题时,我们也可以通过这种世界观的帮助来使情况变得更好。

小 结

性别问题是从社会运转中截取出来的一个单独视角,它压迫着女性,而男性却往往拥有看不见的优势。通过关注我们如何破除市场调

第十章 你的问题是否冒犯到他人？

研中几代人以来的性别歧视的假设，以及改变被这些假设扭曲了的市场营销传播，我们可以建立关于如何提出更好问题的普遍规则。这些问题不歧视任何人，适合所有人。由于既得利益和特权的存在，实现这个目标并不容易，也无法一蹴而就，但它现在已经提上了每个人的议程。用娜塔莉·海恩斯的话来说，这个特殊的潘多拉魔盒是无法关闭的。

第十一章

最好的问题是什么样的?

没有哪个问题能适用于每种情况,但我们可以利用其普遍原则。

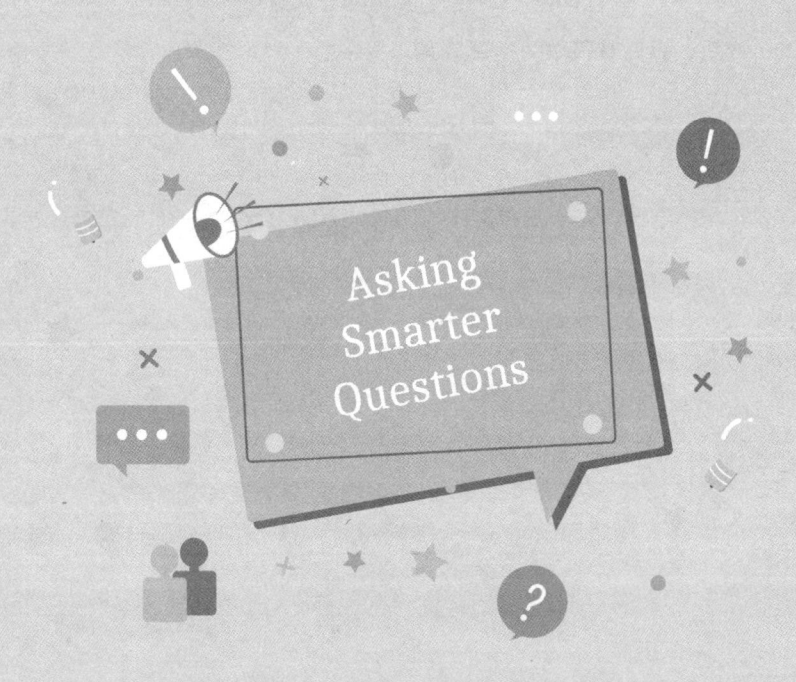

提出更聪明的问题可以帮助我们重置这个脱离了轴心的世界。这是一个大胆的主张，但如果你已经读到这里，得出这个观点也就顺理成章了。前面几章集中讨论了提出更聪明问题的不同方面，最后这一章则要列举几十个关于真正更聪明的问题要"问什么"的例子。这些例子的灵感源于各个不同领域的人或机构，包括马塞尔·普鲁斯特、贝恩公司、广告公司智威汤逊和美国前国防部长唐纳德·拉姆斯菲尔德。在这个过程中，我们可以重新认识令拉姆斯菲尔德痴迷的"未知的无知"所蕴含的潜在智慧。本书将以15个世界上最聪明，也是最简单的问题收尾。

为什么需要提出更聪明的问题？

我在本书中不止一次地使用过"邪恶"的问题这个说法，其定义为"由于难以识别那些不完整的、矛盾的且不断变化的需求，而难以或无法解决的问题"。我心中那半个乐观主义的自己更倾向于认为"邪恶"的问题是"困难的"，而不是"不可能的"。21世纪20年代以来，我们的生活就像在高空中走钢丝一样，可谓险象环生、举步维艰。我心中那半个悲观主义的我看到"邪恶"的问题越来越多，比如气候变化、性别平等、自利主义领导者相关问题——当然，还有新型冠状病毒及其变种，以及如何最有效地解决它们。

我们史无前例地需要就所有问题以及可能出现的更多问题进行冷静的、相互尊重的和广泛的辩论。而就在这个时候，社交媒体平台的发展反而让我们一头扎进了教条主义、蛊惑人心、只说不听、我对你错、谩骂、引战、幽灵式社交和草根营销的狂热氛围中。技术本来可以——也应该——赋予人们权力并促进民主化，但与之恰恰相反的是，实际上胜出的是声音最大的人。科马克·摩尔于2021年底发布在推特上的一部影片对这种现状进行了精彩的讽刺。他在影片中吹嘘自己在短短四天内就获得了"脸书网大学"的"病毒学博士学位"。"值得庆幸的是,该'大学'将这些信息分解成易于消化的、很小的梗图,而且根本没有经过同行评议,这一点至关重要。"

我真是受够了。拜托,人类的集体智慧已经推动了铅笔和电脑鼠标的发明,这些创造复杂到地球上没有任何人能够独自一人从头开始把它们制造出来。人类智慧的蜂群思维并不是遵循某种等差数列般的线性规律;相反,每一个能够站在前人肩膀上的人的重组能力遵循的都是几何级数,带来的不是增量级增长,而是指数级增长。

正如尤瓦尔·诺亚·赫拉利在《人类简史》一书中展示的,我们人类这个物种凭借强大的聪明才智,经历认知革命、农业革命、工业革命和数字革命,才达到了今天的水平。我们依靠进化获得了语言,利用了西蒙·巴伦-科恩"如果……那么……"系统化模块的力量,提出"为什么"的问题,并通过问"我们可以如何……"的问题对日益增多的"邪恶"问题提出了可能的解决方案。要解决当今越来越多的"邪恶"问题,我们仍然离不开人类的蜂群思维——不是通过回到某个神话中的黄金时代,也不是通过回到一切都变糟糕之前的样子,而是通过自信地大步迈进一个后石油、后性别歧视、后新冠的时代。我们有技术——或至少有发展技术的潜力——以及利用数据力量的能力。我们有智慧。至少目前,我们还有着这样的意愿。

我写这本书的动机是表明立场,并提供工具和技术来帮助那些有兴趣以不同方式做事的人,帮助他们解决对他们来说最有意义的"邪恶"问题,哪怕只是问题中的一小部分。我从许多不同的行业中收集

第十一章 最好的问题是什么样的？

到了这些工具和技术，这些行业的成功依赖提出更聪明问题的能力、倾听的能力和依据问题所得答案采取行动的能力。从我们谈及的主题以及对话过的专家中可以清楚地看到，在提出更聪明的问题方面有一些相当普遍的原则。这些原则适用于你所处的任何领域或行业。

1. **好奇心**——利用人类的这一本能来理解"为什么？"。
2. **开放的心态**——不存在偏见或假设。
3. **准备工作**——准备好问题和环境。
4. **开放性**——不封闭问题的选项，鼓励对方讲述故事。
5. **简单明了**——在意图和语言上不拐弯抹角。
6. **倾听**——留出时间和空间让对方回答。

带着这些原则，在这最后一章中，我们来看一些我认为是世界上最好的、最聪明的问题。你会发现，这些问题并非适用于你需要提出问题的每一种情况。但我认为有必要把它们汇总起来，将其用作最具影响力的工具的总结，帮助你找到你想知道的和需要知道的答案。这些问题基本上符合我们目前为止涉及的普遍原则对"问什么"和"怎么问"的要求。

新鲜出炉的玛德莲娜蛋糕的淡淡香味

法国作家马塞尔·普鲁斯特用自己的名字命名了一份调查问卷，

不过这份问卷并不是他首创的。有人认为这份问卷上的问题是一个人可以回答的最重要的问题。普鲁斯特问卷（Proust Questionnaire，PQ）中问题的答案构成了一种在维多利亚时期流行的室内游戏的基础。这位创作了《追忆似水年华》的作者认为，这些问题能够揭示一个人的真实本性和最重要的方面。这些问题能够确定回答者最欣赏的美德、男性或女性的品质、职业、颜色、花、鸟、散文作者和诗人、小说中的男女主角、画家和作曲家，等等。这些问题还可以更进一步询问回答者的主要性格特点是什么、他们最欣赏什么样的朋友、他们的主要缺点，以及他们对幸福和痛苦的看法，等等。问卷还会问到，如果你不能成为你自己，你会成为谁，你还可能生活在哪里。这是一组还不错的问题，只是可能有点儿过时和精英主义，更适合犹太基督教徒与白种人。

普鲁斯特问卷催生了大西洋两岸的两个大受欢迎的高端访谈节目。贝尔纳·毕佛 1975—1990 年在周五晚上的黄金时段主持了 700 多集的法国节目《文化撇号》（Apostrophes），他在这档节目中用普鲁斯特问卷向著名的小说家、演员和政治家提问，被提问过的人物包括纳博科夫、索尔仁尼琴、勒卡雷、安伯托·艾柯和罗曼·波兰斯基。普鲁斯特问卷和《文化撇号》为美国节目《演员工作室》（Inside the Actor's Studio）提供了灵感。在 1994—2018 年，主持该节目的是佩斯大学演员工作室戏剧学院的荣誉院长詹姆斯·里普顿。里普顿会使用十个问题向受访者提问，包括对方最喜欢和最不喜欢的词语、什么会让他们产生和失去兴趣、喜欢和讨厌的声音、他们最喜欢说的脏话、他们想要和不想要尝试的其他职业，以及每一集的收尾问题——"如

第十一章 最好的问题是什么样的？

果天堂真的存在，当你到达天国之门时，你想听到上帝说什么？"。

在英国，运营历史最长，而且节目形式一直没有改变的访谈节目是英国广播公司电台第四频道的《荒岛大碟》(*Desert Island Discs*)。该节目于 1942 年由播音员罗伊·普拉姆利创办。就像《文化撒号》和《演员工作室》，这档节目也会采用一套固定的问题，让嘉宾在一个相同的框架内敞开心扉，谈论他们的生活。当然，这三个节目的主持人都会即兴发挥，在中间穿插一些附加问题，以建立一种叙事感。《荒岛大碟》中的模式化问题是，请嘉宾在他们要被永远扔在荒岛上的假设下，选择八张唱片（通常是音乐唱片）、一本书（除了他们必须携带的《圣经》和《莎士比亚全集》之外）和一件奢侈品。在访谈结束时，他们必须选出会"从海浪中拯救出来"的那张唱片。在过去的 80 年里，这种节目形式通过如此有限的问题和选择深入了解了 3000 多名"荒岛漂流者"的内心，也因此经久不衰。

单独来看，这三个节目可能并没有提出一套明确的问题。它们提出的这些问题可能并没有遵循前面说到的提出更聪明问题的所有普遍原则。但从每个节目都能经久不衰来看，很明显，在流行文化中，人们一直对这类节目有强烈的需求。这类节目向公众人物提出有深度的问题，然后给他们时间、空间和可以安静思考的环境，让他们给出深思熟虑的答案。

净推荐值

"谷歌"这个词早已获得了胡佛（Hoover，著名真空吸尘器品牌）

或施乐（Xerox，著名复印机品牌）这样的地位。这个公司的名字已经成为它所提供的服务的默认动词，这种词性的混用，在修辞上被称为"转类"（anthimeria）。然而，在谷歌的档案库中似乎并不能找到更聪明问题的灵感。据该搜索引擎的母公司 Alphabet 的数据显示，2021年最热门的三个问题是：（1）"看什么？"（搜索 900 万次）；（2）"我的退款在哪里？"（搜索 750 万次）；（3）"你觉得怎么样？"

也许有史以来最好的商业问题是由贝恩公司的研究员弗雷德里克·F. 雷赫德提出的。雷赫德等人研发并提出了净推荐值（Net Promoter Score，NPS）的概念。净推荐值这个术语首次出现在 2003 年 12 月的《哈佛商业评论》刊载的文章中，文章的标题是"你需要致力于增长的一个数字"（The one number you need to grow）。净推荐值的吸引力之一在于它非常简单。它背后的问题是：

在 0~10 的范围内，您向朋友或同事推荐这家公司的可能性有多大？

给出 0~6 分的人被算作诋毁者，给出 7~8 分的人被算作中立者，而只有给出 9~10 分的人才被算作推荐者。要计算净推荐值，你只需用推荐者的总数减去诋毁者的总数即可。中立者——那些虽然相当喜欢你，但还不会给你打 9 分或 10 分的人——可以被忽略。尽管存在文化差异——例如，与美国或澳大利亚相比，日本和欧洲的消费者和客户倾向于给公司打更低的分数——但最终得分高于 0 分（推荐者多于诋毁者）的公司就可以被认为是正面的，20 分以上是受欢迎的公司，50 分以上是优秀的公司，80 分以上是世界级的公司。

第十一章　最好的问题是什么样的？

因为净推荐值管理起来非常简单，所以由此形成了一个巨大的数据库，其中的内容涵盖各种行业、类别和市场的规范性数据。不仅如此，净推荐值还与企业的成长密切相关，是衡量和预测客户忠诚度的最佳单一指标。净推荐值比其他任何单一或复合的品牌健康度、忠诚度或亲和力的衡量指标都更可靠，预测能力也更强。这是因为，如果有很多客户给你打 9 分或 10 分——特别是如果他们的数量超过了诋毁者的数量——他们就已经成为你的推销志愿者。你满足甚至超出了客户的期望，他们的回报方式就是向朋友、家人和同事夸耀你。虽然也有一些对净推荐值的批评，它的使用也的确有局限性，但这无疑是有史以来最好的商业问题之一。

净推荐值还催生了其他使用相同格式的、具有类似影响力的指数，其中就包括由 IceSight 公司推出的"净目的值"（Net Purpose Score®™，NPS）。这家公司的经营者是超级聪明的前"联合利华二人组"，肖恩·戈加蒂和西蒙·通。这个后来的"NPS"评估的是客户——熟悉产品、品牌和服务的客户——认为这家公司"让世界变得更美好"的程度。IceSight 公司发现，目的与消费者的喜好密切相关，而且在目的上得分高的公司也更有可能发展得更快。在净目的影响方面得分最高的两家美国公司分别是谷歌（+64%）和全食超市（Whole Foods；+42%），而得分最低的两家公司是万宝路（Marlboro；-82%）和高盛集团（Goldman Sachs；-45%）。在第一章中，我提到了嘉柏国际，我的咨询公司 Insight Agents 帮助该公司制定了一个强有力的"目的"声明——"让世界上任何地方的生活、工作和商业运营都变得更简单"。嘉柏国际的"目的"项目在 2021 年赢得了五个行业奖项，部分原因是它使用净推荐值的原则创建并推出了一个新的净简化值（Net Simpler Score），来衡量其目的在同事、客户和合作者心中的实现程度。

更聪明、更简单的问题和更聪明的简报

如果你在一个为其他组织提供产品、服务或咨询的企业工作——这涵盖了相当大比例的工作——那么你就很可能需要频繁地进行业务投标，并与来自完全陌生的领域或行业的全新客户打交道。即使遇到合作多年的老客户，他们往往也需要你帮助开发新的产品或服务。在会议桌的另一面，客户也需要向他们的合作伙伴汇报简要情况。

为了把客户想要的东西变成他们可以购买的东西，就相关情况进行简要汇报是必不可少的——从可持续地采购巧克力粒的新供应链到针对单身母亲的研究项目，从为政府部门提供的安全视频会议解决方案到以解决青少年肥胖问题为目的的广告活动。这个过程可能涉及第一次简报会议；最好有一份双方都签署的标准化书面简报；代表提供服务的供应商进行研究、思考和创新的阶段；正式投标书；也许还需要第二次会议，以明确、协商和演示实际提供的服务；等等。在各种各样的企事业单位中，这就是问题最重要的地方。即使你或你的客户已经有了一个既定的简报模板——这本身可能就是有问题的，因为它可能会束缚技术进步，或很快就跟不上市场的动态发展——但其实你真正需要的是一套更聪明的问题，用来引导你得到更聪明的简报。

人们普遍认为斯蒂芬·金（Stephen King；不是那位同名的恐怖

第十一章 最好的问题是什么样的？

小说家）是广告战略策划专业的奠基人之一。20世纪60年代末，他在智威汤逊的伦敦办事处工作时创立了这门专业，并编写了相关的规范。1974年，还是在智威汤逊，金在他撰写并出版的一本策划指南中提出了一个简单明了的策划框架。这个框架提出了五个简单的问题。从那时起，尽管许多机构的许多人都对这个框架进行了很多修饰和补充，但作为一个工具，这个框架提出了最重要的问题，可以帮助任何人从任何类型的客户那里了解到所需的简报，也经受住了时间的考验。它的适用范围很广，不仅局限在广告策划周期方面。这五个问题是：（1）"我们在哪里？"；（2）"我们为什么在这里？"；（3）"我们要到哪里去？"；（4）"我们如何到达那里？"；（5）"我们到达那里了吗？"。

金在模板中就这五个主要问题中的每一个都给出了进一步的问题，使其成为一个全方位的工具，以帮助那些需要了解简要情况的人。

1. 我们在哪里？
   - 我们的品牌现在（与竞争对手相比）在市场和人们心目中的地位如何？
   - 如果是一个新品牌，我们品牌的竞品或可替代品的地位如何？
   - 我们的品牌源自哪里？
   - 我们似乎在向什么方向发展？
2. 我们为什么在这里？
   - 哪些因素促成了我们品牌的优势和劣势？

3. 我们要到哪里去?

- 我们品牌未来的实际定位应该是什么?
- 我们是要寻找新的定位还是保持我们现在的定位?

4. 我们如何到达那里?

- 对营销组合中的哪些元素进行哪些改变可以实现这一目标?
- 广告的作用和目标是什么?
- 哪些广告活动可以实现广告目标?

5. 我们到达那里了吗?

- 广告是否达到了它的目标?总体效果是否达到了?
- 如果是地区测试,哪个地区做得更好?

有两个主要原因促使金之后的人试图对这一模板进行演变或调整。第一个原因是"非我所创综合症"(Not Invented Here Syndrome)[1]——这个原因很容易被忽视——来自其他竞争机构的人想在他们做简报的方式上打上自己的而非智威汤逊的印记。第二个原因是"新奇事物综合症"(Shiny New Object Syndrome)[2]——这个原因同样很容易被忽视——人们认为随着技术和市场动态的发展,这个模板过时了。而且,正如前文所述,在广告、研究、分析、处理能力、物

---

[1] 又称NIH综合症,指社会、公司和组织中的一种文化现象。人们不愿意使用、购买或者接受某种产品、研究成果或者知识,不是出于技术或者法律等因素,而只是因为它源自其他地方。
[2] 指个人或公司不断被新想法或新刺激吸引的现象。

第十一章 最好的问题是什么样的？

流等领域，没有什么技术是金的模板不能适用的。从"广告非常人"鲍勃·霍夫曼到创意广告大师戴夫·特罗特，许多评论家都一再观察到，尽管市场上有很多闪闪发亮的新奇事物，但激励消费者改变行为的原则仍然没有改变——不仅是从 1974 年到现在，而且是几万年以来一直如此。就像被保存在庞贝古城火山灰下的政治口号展现出的一样，改变了的只有包装和运输方式。

在金的核心问题之外，我可能会增加第六个问题："是什么阻碍了我们的道路？"而且，作为第一个问题的补充，我还会增加第七个问题："最近有什么变化意味着我们需要采取行动吗？"这样这些问题应该就能适用于所有潜在的技术进步情况了，也包括扎克伯格和其他人试图通过元宇宙实现的那些东西。在 90 分钟的简报过程中解决了这七个问题后，任何称职的、有能力对简报做出回应的服务供应商都应该能够给出一份强有力的、值得购买的提案。当然，前提是他们要听懂答案。

唐纳德·拉姆斯菲尔德的智慧

在一次关于伊拉克是否有可能向伊斯兰恐怖组织提供大规模杀伤性武器的简报会议上，时任国防部长唐纳德·拉姆斯菲尔德是这样说的：

我一直觉得那些谈论尚未发生之事的报告很有趣。我们知道，世界上存在"已知的已知"，即有些事我们知道自己已知晓；我们也知道，世界上还存在"已知的未知"，即有些事我们知道自己并不知晓；但是世界上同样还存在"未知的未知"，即有些事我们并不知道自己不知晓。纵观美国和其他自由国家的历史，我们会发现，最后这一类往往是最可怕的。

当时，拉姆斯菲尔德备受嘲笑，因为他这段话在语言和逻辑上都十分混乱，不知所云，而且他还用这套说辞支持西方国家一直坚持的观点：萨达姆·侯赛因藏有生化武器（从未被发现），正在为发动战争做准备。然而，尽管近20年来，这场不公正的、毫无根据的战争的余震仍在影响中东以及世界各地，但实际上这段话本身并不应该被嘲笑。已知-未知范式及其衍生的 2×2 矩阵是一个解决问题的框架，多年来一直被安全和国防战略家以及美国国家航空航天局使用。它起源于心理学和乔哈里资讯窗（Johari Window）——后者的创始人是乔瑟夫·勒夫特和哈林顿·英厄姆，这个概念的名称也是由两人的名字合并得来——其作用是帮人们更好地理解人际关系。

2021年7月，拉姆斯菲尔德刚刚去世后不久，资深广告策划师和培训师约翰·格里菲思发表了一篇精彩的博客文章来讲述拉姆斯菲尔德的罕见天才时刻。格里菲思用已知-未知维度来确定客户业务内部知识的性质和位置，其中已知-未知代表"显性知识"，未知-已知代表"隐性知识"，已知-未知代表"已知差距"，而未知-未知代表"未

第十一章 最好的问题是什么样的？

知差距"。他评论道：

> 到目前为止，此项研究最有趣和最有价值的地方就是能够发现你不知道自己已知晓的内容，因为你的客户或者你的组织中有人已经知道了——而你可以让他们用开放式或非结构化的答案来告诉你这些内容。

多年来，在与全球跨国公司，尤其是联合利华的合作中，我多次听到这样的慨叹："如果联合利华知道联合利华已知晓的事情就好了。"技术以及关系型数据库的普及在不断完善机构知识库和获取这些知识的方法。拉姆斯菲尔德矩阵（Rumsfeld matrix）也有这样的作用。

我们可以用这个矩阵来思考地球未来宜居性这个"邪恶"的问题。

已知-已知——温室气体和全球变暖带来的明确和现实的危险；
已知-未知——你意识到的但尚未发生的风险；
未知-已知——你意识到可能发生，但没有被任何人注意到的风险；
未知-未知——来自你意想不到的情况的风险，比如月球或一颗巨大的小行星撞击地球。

因此，在展望未来时，除了努力填充拉姆斯菲尔德矩阵的所有维度，你还要确保将你的时间和注意力投入未知的未知。有些人也称这种思维为"蓝天思维"(blue sky thinking),即一种打破常规的创新思维。"我们未知的未知是什么?"——这绝对是一个更聪明的问题。

更多更聪明的问题

因此,为了完善本章和本书,这里还有 15 个我认为足够聪明的问题供你使用。至于为什么我认为这些是更聪明的问题,我已经给出了一些理由或依据。这些问题不一定都能与你的下一通电话、下一次会议或下一个偶遇有关。但总的来说,我认为这是一组非常出色的问题。我相信你会发现,即使其中的一个、几个或全部问题都不是你所需要的,但它们所体现的普遍原则以及能带来的结果都意味着,你可以使用支撑它们的隐藏模板创造出属于你自己的更聪明的问题。

你如何度过你的时间?

我们对最亲近之人所做的事情知之甚少。我们可以借用理查德·斯凯瑞著名的《忙忙碌碌镇》一书的书名——"人们整天都在做什么?"(英文原版书名为 *What Do People Do All Day*)——来问他们。不过,对于"你在做些什么"这个问题,他们往往会习惯性地解释工作中的细枝末节。这些实在太过沉闷了。在研讨会、工作或娱乐聚会时,用"你如何度过你的时间"来打破僵局,让人们关注是什么使他们成为现在的自己、真正定义他们的是什么,而不是他们对于不得不

第十一章 最好的问题是什么样的?

按时间表赶工作有多反感。这是达伦·布朗最喜欢的问题。在《一个魔术师的自白》(Confessions of a Conjuror)中,他说:

> 知道人们每天去什么样的办公室真的能帮助我们了解他们吗……莉儿·朗帝的《10秒钟让自己不同凡响》(How To Talk to Anyone)解决的正是这个问题。她的答案是改变问题——她建议人们摒弃"你在做些什么"这样无效的问题,把它换成"你如何度过你的时间?"。

什么会点燃你的热情?

我们的热情——在工作或游戏中,在运动场上或在修道院里——可以告诉别人很多关于我们的事情,比如,我们擅长单打独斗还是团队合作、我们是苦行僧还是享乐主义者等方面的情况。比起"你的爱好是什么"或"你在业余时间会做什么""什么会点燃你的热情",这个问题更有吸引力、更有诗意、更包罗万象,而前两个问题则充满了假设。销售培训师斯图尔特·罗瑟林顿在我们的采访(第六章)结束后告诉我,他的妻子把这个问题调整了一下,变成:"你会做哪些有意思的事?"

学会更聪明地提问

耶稣、"侃爷"、克洛普、碧昂斯、奥普拉、尤达大师会怎么做?

在历史或当代社会中,在文学或神话故事中,你最崇拜的是谁?你想影响的人最崇拜的是谁?发挥你的共情力(但不是同情心),把自己代入那个人的思想、心态和位置,从他们的角度来思考你的"邪恶"问题。这个问题就是培训师蒂姆·约翰斯那些神奇问题——"你认识的最聪明的人是谁""他们会建议你怎么做""那么,这对你有用吗"——的一个姐妹问题。通过将难题从自己身上剥离,并将其"外包"给你所崇拜的对象,你就能更容易地回答自己的问题,为自己分忧。

你好吗?……你真的好吗?

询问他人的情况——特别是如果你们有一段时间没见——已经成为一种社交礼仪。英国人会本能地回复"还不错,谢谢"或"挺好,谢谢"。我知道我在这本书中已经多次谈到,不打断别人说话以及充分发挥你的更聪明问题的影响是非常重要的。那么,在这种情况下,时机就是一切。问出"你好吗"之后,即便对方已经开始张嘴说话,你也要紧跟着再问一句"你真的好吗"。这会拉近彼此的距离,让他们注意到你的这个问题并不仅仅是一种社会修饰行为(social grooming），并不只是灵长类动物在彼此的皮毛上挑跳蚤那么简单[1]。"自从我们上次见面后，你过得怎么样"可以产生类似的效果，因为用这种英语中的完成进行时态句子来询问过去一段时间内的情况，会鼓励对方唤醒短期的自传体记忆（autobiographical memory）。不过，用"你好吗？……你真的好吗"来提问的效果会更好。

做自己是什么感觉？

这个更聪明的问题侧重于个人。喜剧演员理查德·赫林向多面手斯蒂芬·弗雷提出了这个"救急"问题，让后者敞开了心扉，坦然透露了曾有过自杀的念头（见第四章）。在前十五个聪明问题中，这个问题也许最接近电影《人生七部曲》(Meaning of Life) 开篇所提出的那个问题：

什么是人生？什么是命运？
有天堂和地狱吗？我们会转世吗？
人类是尚在进化中还是已经没有希望了？
今晚，我们来探讨人生的意义。

---

[1] 社会修饰行为是指社会性动物（包括人类）清洁或维护彼此的身体或外观的一类行为，其中灵长类动物最为典型。

我在和谁说话？

这并不是一个需要问出声的问题，更多可能是在你准备进行推销、演讲或展示时问自己的问题。如果你真的了解你的听众，你就会按照他们的情况来调整你知道的东西，讲一些对他们有意义的内容，而不仅仅是炫耀自己有多专业。作为一种共情力的练习，问自己这个问题可以让你深入对方的思想、心态和立场，使你能够评估听众对数据、行话和专业知识的容忍度（一般情况下，无论听众是谁，容忍度都会比较低）。当你问自己这个问题时，花 15—20 分钟为你的听众写一篇 150 字的人物描述。了解你的听众是六大黄金法则之一，特别是对讲述数据故事而言。

我可以控制什么？

这是第二个要问自己的问题。斯多葛学派对待人生的态度需要践行者接受那些他们无法控制的事件或环境——比如大流行病或经济衰退，或者某个老客户的新营销总监偏爱的合作企业不包括你的企业。斯多葛学派者意识到，他们能控制的只是他们对事件或环境的反应。这很难做到，但如果你做到了，就会有巨大的改变。"忧心如焚，还是淡然处之，这是个问题。"

第十一章 最好的问题是什么样的？

今天 / 本周让我感激的三件事是什么？

这是第三个要问自己的问题。感恩练习——在你写日记的时候，留出时间思考并写下你所感激的三件事，或许还可以与你的家人、伙伴或同事分享——是通往幸福的一块敲门砖。让你感激的事情不需要太大，也不需要能影响你的人生，但是坚持承认和表达感激之情，累积下来的影响可能会改变你的生活。励志演讲家托尼·罗宾斯——肯定不是每个人都喜欢他——在他的网站上创办了一个优秀的博客栏目。该栏目由他的同事托里·孔兹撰写。以"将完全重塑你日常生活经验的三个问题"为题，托里提出的第一个问题是感恩练习的变体，即"我今天能为别人做什么事"。试试看吧。

这句话是否属实以及我们如何证实它？

事实核查网站 PolitiFact 以及其他数百个相关领域的网站和组织都致力于消除真正的假新闻——不是特朗普式、约翰逊式的假新闻，他们所谓的假新闻基本等同于"他们不喜欢或不同意的东西"——它们在澄清事实方面发挥了重要作用。但我们需要将这些原则应用于同事、客户、机构、政治家在日常生活中所说的话。我们不希望总是质疑和争论别人说的话，但我们也不应该不加批判地接受宣称的事实。MOOC 上的课程"拆穿数据胡扯"所传达的精神可以帮助我们这些身处不同社会却又住在同一个地球村的人摆脱无处不在的虚假事实带来的痛苦。

学会更聪明地提问

为什么？

在合理的范围内，只要不是像审讯那样不停地使用，这个问题就是世界上最简单、最有力量的问题。我们在五岁的时候就有四万个关于"为什么"的问题了。但后来，先是学校，再到职场，我们这种求知的本能被压制了，因为人们只喜欢"正确"的答案。这个问题可能很简单，但作为西蒙·巴伦-科恩系统化模块的一种表现形式，"为什么"可以查明原因与结果，并将它们从巧合中分离出来。同时使用五个充分阐明的"为什么"，使其构成根本原因分析的一部分时，效果就会特别好。

我以前从未这样想过，你能给我讲讲，让我也了解一下你的想法吗？

这是 TED 沙龙演讲者朱莉娅·达尔的父亲为了更清楚地了解人们为什么在 2016 年大选中支持特朗普而提出的问题。这也是一种共情力的练习，它将意识形态、文化、宗教等方面的对立双方的对话，从相看两厌转为理解包容，从笼中格斗转为互为攀岩支点的攀岩运动。

我们可以如何……？

这个问句中的三个神奇词语来自设计思维过程中设置的问题，能够解放思想和激发潜力。这个问题的提出没有附带假设或引导特定的答案，"可以"意味着无尽的可能性和潜力，"我们"表明了合作和共同创造的诚意。

世界上有多少把剪刀？

好吧，这是我哥哥杰里米 40 年前向我和我的家人提出的一个用于思想实验的问题，你并不需要完全照搬。但这个问题所体现的精神——在你从各个角度全面考虑这个问题并产生一系列其他问题之前，不被允许搜索查询——是开始解决问题的一个很好的方式，无论问题是微观的还是宏观的，是"善良"的还是"邪恶"的。

讲述、解释、描述

警方使用的这个开放式的提问公式具有强大的威力。我们第一次谈到它是在介绍第八章对汤姆·贝克警长的采访时。在实际使用中，这个公式会扩展成具体的问题。包含这三个动词的问题平静、温和地鼓励嫌疑人、证人和受害者讲述他们经历（或目睹）的事件。这个公式适用于任何场合。培训师克里斯·梅林顿，这位优秀的销售和谈判书籍《为什么聪明人会犯这样愚蠢的错误？》(*Why do Smart People Make Such Stupid Mistakes?*) 的作者提出了这个公式的一个变体问题，而这个问题被认为是最好的社交活动破冰器。他推荐大家去问："能给我讲一讲你所从事的业务以及你在当前市场上的表现如何吗？"通过将对方及其从事的业务放在当前市场的背景中，你就不会受困于一个推销无关紧要小玩意的销售员。而且，鼓励对方讲述更有可能使你得到一个故事。

还有一件事……有什么我应该问你但还没有问的事情吗？

可伦坡式问题。这是最具开放性的问题，很受医生和记者的青睐，对那些不愿意表达自己来找你的真正原因的人来说非常有用。第十章的内容在你的记忆中应该仍然很清晰，所以我在这里没有必要多说了。请记住全科医生詹姆斯·刘易斯医生和记者简·弗莱尔对这个问题的高度认可和支持。

小　结

好了，就这些了，读者朋友们。

我相信你会喜欢上这本书，而且应该已经掌握了提出更聪明问题的工具，得到了认可，也获得了信心。这些更聪明的问题将为你提供你所需要的数据和信息，从而帮你对你想要影响的人的生活提出真正有洞察力的见解。有了这些数据驱动的洞察力，你将能够讲述更有力量和更有说服力的故事，这些故事能够为你的个人或商业生活带来真正的变化。无论你是在公司、慈善机构、政府部门，还是在学术界工作，都能从中获益。按照我们的六个普遍原则（图11.1）来创造和提出更聪明的问题，你一定可以取得惊人的成就。

第十一章 最好的问题是什么样的？

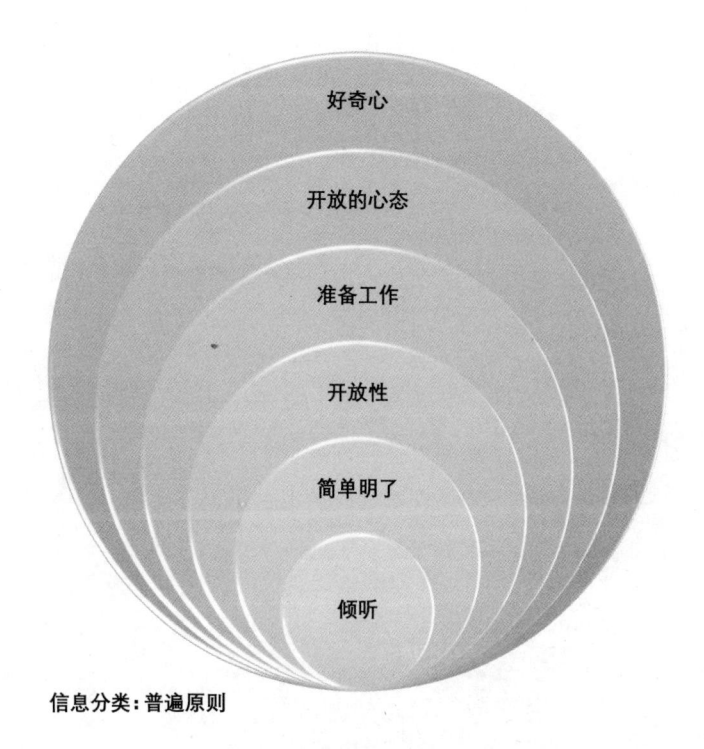

好奇心
开放的心态
准备工作
开放性
简单明了
倾听

信息分类：普遍原则

图11.1 提出更聪明问题的六个普遍原则

致谢与灵感

2021年初，我受邀为制药行业的几十位洞察力和分析专家举办了一个关于如何提出更好问题的研讨会。这似乎是一个很单纯的要求——也是合理的要求，毕竟作为一个数据故事家，我花了很多时间钻研数据，尝试从统计数据中梳理出故事。准备这90分钟的会议材料时，我莫名感到异常兴奋。

那段时间我的脑海里也在翻来覆去地思考着：继2018年出版的《用数据讲故事》和2020年出版的广受好评的《如何拥有洞察力》之后，"更好地使用数据"三部曲的第三本书该聊些什么话题呢？我发表完演讲，进行了推演，得到了比平时更好的反馈。此时我才意识到，这次研讨会就蕴含着现在你们手中这本书的种子。

出于这个原因，我对优秀客户卡林·杜图瓦满怀感激。我要感谢她邀请我举办这次研讨会。当然，即使是这本书的一小部分内容也无法通过 Microsoft Teams 这个不稳定的媒介被装进90分钟的研讨会。但是，卡林，如果没有你的这次邀请，《提出更聪明的问题》这本书无疑需要我花更多的时间来创作。因为这次研讨会，我萌生了想法，然后确定了主题，最终写出了现在这本书。非常感谢你邀请我主持这次会议。在此之后，我便顺理成章地有了这些文字，有了越来越多的资源、培训课程和与之相关的材料。你将永远是这个项目的仙女教母。

我书中的致谢对象通常不局限于人类，还会偏离到猫科动物身上。上次我感谢了有见地的小猫托尼，这次我想把这本书献给我们新冠时代的小猫米莉。米莉出生于疫情 1.0 期间的 2020 年 4 月。在限制措施放宽时，她来到了我们身边。她无疑是最毛茸茸、最可爱、最爱冒险的小动物。我想把这本书献给米莉，因为她有永不满足的好奇心。和我们在一起的第一个晚上，我们以为她从完全密封的厨房里逃了出去（她爬到了护墙板后面，在炉子下面抽屉里的砂锅上面安了新家）……她像蜘蛛侠一样逃跑，轻松地爬上垂直的墙壁……她以弱胜强，吵赢了隔壁家的"女头领"珍珠……她给我们带来了各种鸟类、田鼠和松鼠，其中一些是活的……她在黄昏时出去，在玫瑰色的黎明时回来。米莉不仅漂亮，而且还是好奇心的化身——好奇心的猫科动物化身。而我们都知道好奇心会带来什么，不是吗？

2021 年 9 月的一个天，我要参加一个追悼会。天蒙蒙亮，我就出去跑步了。回来时，我发现手机在响，通话记录里有来自五六个陌生号码的十个未接来电。这只漂亮的会忽闪大眼睛和喵喵叫的浣熊尾杏色虎斑猫来到这个世界仅仅 454 天后，有人发现她被撞倒在了布莱顿路的旁边，就在我们花园约 3.7 米高的栅栏外面。我们不知道这是她第一次还是第 101 次好奇地穿过这条马路，但这无疑是最后一次了。从震惊中缓过来后，我抱住了美丽的猫女士那仍然温暖的身体，和全

致谢与灵感

家人一起号啕大哭。她的猝然离世让我们十分痛苦。这些年来，我们经历了太多生命的逝去，人和猫都有。我当孤儿的时间比我成为出版作家的时间还要长。但是，除了十几岁的时候，我最好的朋友"小文人"和他的兄弟死于飞机失事的那次经历之外，我还从来没有经历过像米莉这样猝不及防的重要家庭成员的去世。这太令人心碎了。

米莉，你的好奇心害死了你，但你会在这本书中被永远纪念。我支持并鼓励好奇心的使用——用于提出一些聪明的问题来找到正确的数据，阐明正确的见解，进而讲述由正确的数据驱动的、富于洞察力的故事。但不要学我们的小毛球米莉——我们用利物浦足球俱乐部球员詹姆斯·米尔纳的名字为她命名，因为被叫作维吉尔（Virgil）[1]或尤尔根（Jürgen）[2]的几个小公猫都夭折了——要确保在寻求答案的过程中看好两边的路。2022年我生日那天，一个阳光灿烂的1月的清晨，我们把米莉的骨灰撒在了能看得到七姐妹悬崖的那片海里。现在她应该正在追赶海鸥吧。

我要感谢我最亲爱的家人——我的妻子萨斯基亚，她既是我的生活伴侣也是商业伙伴。还要感谢我出色的儿子马克斯，现在他已经长大，马上就要上大学了。他们给了我时间和空间（无论是物质上的还是情感上的），让我能挤出研究、塑造和创作这本书所需的时间。现在我知道如何写书了——再次感谢优秀的书语者和培训师贝丝·米勒——我意识到自己不需要闭关几个月也能完成。如果我能规划好咨询工作，并安排好"空中交通管制"（多谢，我的各位客户），写书也

---

[1] 利物浦足球俱乐部足球运动员维吉尔·范迪克（Virgil van Dijk）。
[2] 利物浦足球俱乐部主教练尤尔根·克洛普（Jürgen Klopp）。

可以融入我的生活。我不是一个在周末和深夜也会埋头工作的人。事实上，认识我的人都知道，我下午5点以后就写不出东西了（或者说写出的东西就不值得信任了），当然，老年人板球比赛的观赛报告除外。不过，萨斯基亚和马克斯为我的创作提供了情感基础，以及无尽的鼓励、鞭策和拥抱（有实际存在的，也有精神层面的），让我感觉整个创作过程只是生活的一个正常部分。为此，我非常感谢他们。

感谢劳特利奇出版公司的相关负责人员，特别是我的编辑丽贝卡·马什。你们对我一次、两次、三次成为作者所持有的信心对我来说意味着全世界。我的商业书籍的书脊和封面上都印有你们的R字母标识，我感到很自豪。这本书从初稿到终稿都按流程和规范有条不紊地推进，按一套军事化的商业流程操作，而你和你的团队让这个过程变得简单明了。

最后，感谢我的父亲肯尼斯和我的母亲贝——相隔33年，却在一场真正的希腊悲剧之后走到了一起。虽然飘忽不定的眼神和对感情不忠的天性意味着你们在一起的时间并不长，但感谢你们透过痛苦的余烬彼此注视着对方，并问了一个对我来说是所有问题中最聪明的问题："我们要不要试试？"你们是最好的父母。

更多推荐内容

我精选了一些在我个人探寻了解如何提出更聪明问题的过程中直接或间接地给了我很大启发的书籍和作者。像往常一样，我会在书的结尾部分以文献目录的形式列出"拓展阅读内容"，除了书籍和文章，这些内容还包括TED演讲等材料。谁说书籍已经死了？呸！书籍永垂不朽！

书籍和文章

Aristotle (~330BCE). *The Art of Rhetoric.* In (1991). *The Art of Rhetoric.* Translated by Hugh Lawson-Tancred. Penguin Classics.

Aristotle (~330BCE). *The Metaphysics.* In 1989 Loeb classical library simultaneous translation, Harvard University Press.

Aristotle (~330BCE). *The Poetics.* In (1996). *The Poetics.* Translated by Malcolm Health. Penguin Classics.

Baron-Cohen, Simon (2003). *The Essential Difference: Men, Women, and the Extreme Male Brain.* Allen Lane.

Baron-Cohen, Simon (2020). *The Pattern Seekers: A New Theory of Human Invention.* Allen Lane.

Berger, Warren (2014). *A More Beautiful Question: The Power of Enquiry to Spark Breakthrough Ideas.* Bloomsbury.

Brown, Derren (2010). *Confessions of a Conjuror.* Transworld Publishers.

Camerer, Colin, Loewenstein, George, and Weber, Martin (1989). "The Curse of Knowledge in Economic Settings: An Experimental Analysis". *Journal of Political Economy*, 97 (5: October 1989). https://www.journals.uchicago.edu/doi/abs/10.1086/261651.

Charles, Ashley 'Dotty' (2020). *Outraged: Why Everyone is Shouting and No-one is Talking.* Bloomsbury.

Covey, Steven (1989). *The 7 Habits of Highly Effective People.* Free Press.

Cunningham, Jane, and Roberts, Philippa (2021). *Brandsplaining: Why Marketing is (Still) Sexist and How to Fix It.* Penguin.

Csikszentmihalyi, Mihaly (1990). *Flow: The Psychology of Optimal Experience.* Harper and Row.

Daley, Kevin (2005). *Socratic Selling Skills: The Discipline of Customer-Centered Sales.* Routledge.

D'Angour, Armand (2011). *The Greeks and the New: Novelty in Ancient Greek Imagination and Experience.* Cambridge University Press.

D'Angour, Armand (2021). *How to Innovate: An Ancient Guide to Creative Thinking.* Princeton University Press.

De Bono, Edward (1985). *Six Thinking Hats.* Little Brown and Company

Diggle, James (2021). *The Cambridge Greek Lexicon.* Cambridge University Press.

Eddo-Lodge, Renni (2017). *Why I'm No Longer Talking to White People About Race.* Bloomsbury.

Fadem, Terry (2009). *The Art of Asking: Ask Better Questions, Get Better Answers.* FT Press.

Gallop, Angela (2019). *When the Dogs Don't Bark.* Hodder & Stoughton.

Given, Florence (2020). *Women Don't Owe You Pretty.* Octopus Publishing.

Guilford, J.P., Christensen, P.R., Merrifield, P.R., & Wilson, R.C. (1960). *Alternate Uses.* Sheridan Supply Company.

Harari, Yuval Noah (2015). *Sapiens: A Brief History of Humankind.* Vintage.

Haynes, Natalie (2019). *A Thousand Ships. This is the Women's War.* Mantle.

Haynes, Natalie (2021). *Pandora's Jar: Women in Greek Myths.* Picador.

Heath, Chip, and Heath, Dan (2007). *Made to Stick: Why Some Ideas Survive and Others Die.* Random House. A summary of Elizabeth Newton's 'tappers and listeners' experiment is in the Heaths' 2006 *Harvard Business Review* article at https://hbr.org/2006/12/the-curse-of-knowledge.

Henson, David (2017). *Your Slides Suck!* mPower Ltd.

Herring, Richard (2018). *Emergency Questions: 1001 Conversation Savers for Every Occasion.* Sphere.

Holiday, Ryan (2016). *Ego Is The Enemy.* Penguin.

Holiday, Ryan (2016). *The Daily Stoic.* Profile Books.

Hollweg, Lucas (2011). *Good Things to Eat.* Collins. The book led Lucas to win the 2012 Guild of Food Writers Cookery Journalist of the Year.

Homer (C8th BCE). *The Iliad.* Edited by Jones, Peter; translated by Rieu, Emile Victor (2003). Penguin Classics.

Johns, Tim (2020). *Leading from Home.* Amazon.

Kahneman, Daniel (2011). *Thinking, Fast and Slow.* Penguin.

Kirkbride, John (1978). *That'll Teach You.* Wildwood House Ltd.

Knapp, Jake (2016). *Sprint: How to Solve Big Problems and Test New Ideas in Just Five Days.* Simon & Schuster.

Knowles, Kenneth (1952). *Strikes: A Study in Industrial Conflict.* Basil Blackwell, Oxford.

Knowles, Sam (2004). You were perfectly fine: The effects of alcohol on memory for emotionally significant events. Doctoral thesis, University of Sussex. https://ethos.bl.uk/OrderDetails.do?uin=uk.bl.ethos.407733.

Knowles, Sam (2018). *Narrative by Numbers: How to Tell Powerful and Purposeful Stories with Data.* Routledge.

Knowles, Sam (2020). *How To Be Insightful: Unlocking the Superpower that Drives Innovation.* Routledge.

Lewis, Michael (2021). *The Premonition: A Pandemic Story.* Allen Lane.

Liddell, Henry George, and Scott, Robert (1843). *A Greek-English Lexicon.*

Oxford University Press.

Mehrabian, Albert (1971). *Silent Messages.* Wadsworth Publishing Company, Inc.

Merrington, Chris (2011). *Why do Smart People Makes Such Stupid Mistakes.* Ecademy Press.

McKee, Robert (1999). *Story: Substance, Structure, Style and the Principles of Screenwriting.* Methuen Publishing.

Mlodinow, Leonard (2018). *Elastic: Flexible Thinking in a Constantly Changing World.* Allen Lane.

Nelson, Dean (2019). *Talk to Me: How to Ask Better Questions, Get Better Answers, and Interview Anyone Like a Pro.* Harper Perennial.

Newton, Elizabeth (1990). *The rocky road from actions to intentions,* Stanford University. Her full thesis can be read at https://bit.ly/3jz5Jwm.

Ogilvy, David (1963; 1988). *Confessions of an Advertising Man.* Southbank Publishing.

Pink, Dan (2014). *To Sell is Human.* Canongate Books.

Pinker, Steven (2014). *The Sense of Style: The Thinking Person's Guide to Writing in the 21st Century.* Allen Lane.

Plato (~399 BCE). *Apology.* In (2010) *The Last Days of Socrates: Euthyphro, Apology, Crito, Phaedo.* Penguin Classics.

Randolph, Marc (2019). *That Will Never Work: The Birth of Netflix and the Amazing Life of an Idea.* Endeavour.

Scarry, Richard (1967). *What Do People Do All Day?* Random House Books for Young Readers.

Shotton, Richard (2018). *The Choice Factory.* Harriman House.

Silver, Nate (2012). *The Signal and the Noise: Why So Many Predictions Fail — But Some Don't.* Penguin.

Smithers, Alan (2014). *A-levels 1951–2014.* University of Buckingham.

Solnit, Rebecca (2014). *Men Explain Things to Me.* Haymarket Books.

Sullivan, Wendy, and Rees, Judy (2008; 2019). *Clean Language: Revealing Metaphors and Opening Mind.* Crown House Publishing.

Suzuki, Shunryu (1970). *Zen Mind, Beginner's Mind.* Weatherhill.

Trott, Dave (2021). *The Power of Ignorance.* Harriman House.

Voss, Chris (2016). *Never Split the Difference.* Random House Business.

Winstanley, George (2000). *Under Two Flags in Africa: Recollections of a British Administrator in the Bechuanaland Protectorate and Botswana in 1954 to 1972.* Blackwater Books. The book is out of print, and if you're interested but can't get a copy, there's a summary here https://bit.ly/3CzO0LT.

Wise, Will, and Littlefield, Chad (2017). *Ask Powerful Questions – Create Conversations that Matter.* We and Me Inc.

Wiss, Elke (2021). *How to Know Everything: Ask better questions, get better answers.* Arrow Books.

TED 演讲、视频、播客和网站

Daily Stoic podcast – https://dailystoic.com/podcast/.

D'Angour, Armand (2012). Getting in the flow. TEDxOxbridge. https://bit.ly/3GB2caG.

Dhar, Julia (2021). How to have constructive conversations. TED Salon: DWEN. https://bit.ly/2Zl5PQP.

PolitiFact – https://www.politifact.com.

Ridley, Matt (2010). When ideas have sex. TEDGlobal 2010. https://bit.ly/3D5YV0g Robinson, Ken (2006). Do schools kill creativity. TED 2006. https://bit.ly/3nFmMOq.

Sinek, Simon (2009). How great leaders inspire action. TEDxPuget Sound. http://bit.ly/38DkR4z.

Sinha, Ruchi (2021). 3 steps to getting what you want in a negotiation. The Way We Work. https://bit.ly/3wO6184.

Small Data Forum podcast – https://www.smalldataforum.com.

Tortoise Media – https://www.tortoisemedia.com.